खगोलिय मरीचिकाएँ

खगोलीय मरीचिकाएँ

प्रताप चन्द्र मेवाड़ी

वाणी प्रकाशन

वाणी प्रकाशन
4695, 21-ए, दरियागंज, नयी दिल्ली 110 002

शाखा

अशोक राजपथ, पटना 800 004

फ़ोन : +91 11 23273167 फ़ैक्स : +91 11 23275710

www.vaniprakashan.in
vaniprakashan@gmail.com
sales@vaniprakashan.in

KHAGOLIYA MARICHIKAYEN
by Pratap Chandra Mewadi

ISBN : 978-93-5229-670-5
Science

संस्करण 2005
आवृत्ति 2017

मूल्य : ₹300

बालाजी ऑफ़सेट प्रेस, दिल्ली-110 093 में मुद्रित

वाणी प्रकाशन का लोगो मक़बूल फ़िदा हुसेन की कूची से

लेखकीय

खगोलिकी मनोरंजक ही नहीं, शिक्षाप्रद भी है। यह उन प्रथम विज्ञानों में से एक है, जिनका जन्म मानवजाति के शैशवकाल में ही हो गया था और जो प्रकृति-ज्ञान के मोरचे पर सदा अग्रिम पंक्ति में रही है।

आधुनिक खगोलिकी विशेष तेजी के साथ विकसित हो रही है। रेडियो-टेलीस्कोप से लेकर विभिन्न अंतरिक्षीय उपकरणों जैसे नवीन अन्वीक्षण-साधनों के आविष्कार ने अंतरिक्ष से आने वाली सूचनाओं का प्रवाह तीव्र और विस्तृत कर दिया है और ब्रह्मांड के अध्ययन-क्षेत्र में शब्दशः एक के बाद एक नयी खोजें हो रही हैं।

ये खोजें विशेष हितकारी हैं क्योंकि खगोलिकी हमें प्रकृति का मूलभूत ज्ञान देती है, अर्थात् पदार्थ की संरचना और गति की गहनतम और व्यापकतम नियमसंगतियों का उद्घाटन करती है।

लेकिन खगोलिकी विश्व को समझने के लिए हमें आधुनिक वैज्ञानिक अवधारणाओं से लैस ही नहीं करती, वह हमारी परिवेशी प्रकृति को जानने की प्रक्रिया (अभिज्ञान) के द्वंद्ववादी चरित्र को, सापेक्षिक सत्यों से निरपेक्ष सत्यों की ओर गति का एक ज्वलंत उदाहरण भी प्रस्तुत करती है।

लेकिन विज्ञान में कोई भी नयी बात, चाहे वह कितनी भी मौलिक क्यों न हो, अंततः पूर्व ज्ञान के ही आधार पर विकसित होती है। विभिन्न वैज्ञानिक समस्याओं के हल की विधियों में भी कुछ सामान्य बातें होती हैं, यद्यपि हर वैज्ञानिक समस्या अपने-आपमें अद्वितीय होती है।

इसलिए पुस्तक का अधिकांश भाग उन तथ्यों और अवधारणाओं को अर्पित है, जो आधुनिक खगोलिकी की दृष्टि में पर्याप्त विश्वस्त और सुस्थापित माने जाते हैं।

लेकिन साथ ही आधुनिक खगोलिकी में ऐसे भी अनेक प्रश्न हैं, जिनका

अब तक कोई संतोषजनक उत्तर नहीं मिल सका हैं इनसे संबंधित विभिन्न परिकल्पनाओं पर विचार-विमर्श होता रहता है, जो कभी-कभी तो तर्क की सीमाओं से बाहर चली जाती हैं। यह संभव है कि ब्रह्मांड के बारे में हमारे ज्ञान के विकास के साथ-साथ इनमें से कई परिकल्पनाएँ निरर्थक सिद्ध हो जायेंगी। लेकिन परिकल्पनाओं के बिना, अर्थात् ऐसी वैज्ञानिक मान्यताओं के बिना, जो न सही सिद्ध हुई हैं, न गलत ही, खगोलविदों का काम नहीं चल सकता। वह भी ऐसी परिस्थितियों में, जब यह विज्ञान निस्संदेह अभी और भी तेजी से विकसित होगा और उसे नित्य नये तथ्यों पर मनन करना होगा। परिकल्पना प्रकृति-विज्ञान के विकास का आवश्यक रूप है।

इसलिए लेखक को एक ऐसी विधि का सहारा लेना पड़ा है, जो ललित विज्ञान-साहित्य के लिए कुछ असामान्य सी लगती है--विज्ञान-गल्प का आश्रय लेना, जिसका एक बहुमूल्य गुण है विविक्त विचारों को भी मूर्त्त गुण (सगुणता) प्रदान करना।

विज्ञान-गल्प की सहायता से लेखक ने आधुनिक खगोलिकी की कुछ समस्याओं की ओर पाठकों का विशेष ध्यान आकर्षित करने की, इन समस्याओं को जीवंत और स्पष्ट बनाने की चेष्टा की है, ताकि वे सरल व सुबोध हों।

लेखक आशा करता है कि पाठक उसके विचारों का समर्थन करेंगे।

वि. कोमारोव

प्रताप चन्द्र मेवाड़ी

अंतरिक्ष में 'काले संदूक'

चालिकी (साइबर्नातिक्स) में एक इस तरह की समस्या का अध्ययन होता है। कोई वस्तु है, जिसकी आंतरिक बनावट अज्ञात है। ऐसी वस्तु को काला संदूक कहते हैं (जिसके भीतर क्या है, यह बिल्कुल अंधेरे में है, आँखों से छिपा हुआ है)। लेकिन उसमें एक 'प्रवेश मार्ग' है और एक 'निकास मार्ग'। ये वस्तु पर ब्राह्य घटकों की अभिक्रिया के 'प्रवेश' और इसके उत्तर में वस्तु की प्रतिक्रिया के 'निकास' के लिए हैं।

समस्या है : काले संदूक को 'बिना खोले', सिर्फ प्रवेशरत और निकासरत 'संकेतों' के आधार पर उसकी आंतरिक बनावट के बारे में कोई धारणा निश्चित करना।

मान लें कि आप अपने रेडियो-सेट की बनावट और उसके कार्य-सिद्धांत के बारे में कुछ भी नहीं जानते। सिर्फ इतना पता है कि उसके 'प्रवेश' पर ऐंटेना के माध्यम से वैद्युत संकेत आते हैं और 'निकास'—लाउड स्पीकर—से ध्वनि निकलती है। अब इन्हीं प्रवेशरत और निकासरत संकेतों के आधार पर काले संदूक-रेडियो-सेट-की बनावट का अंदाज लगाना है।

सिद्धांततः समाधान के दो रास्ते हैं। ऐंटेना के माध्यम से आने वाले संकेतों का अभिलेखन कर के उनकी तुलना निकासरत संकेतों के साथ की जा सकती है। यह प्रेक्षण का रास्ता है। दूसरा रास्ता अधिक सक्रिय है। 'प्रवेश' पर खुद ही तरह-तरह के संकेत भेजना और देखना कि 'निकास' पर क्या मिलता है।

स्पष्ट है कि दूसरा रास्ता अधिक कारगर है; विशेषकर वह काले संदूक की बनावट संबंधी अनुमानों और परिकल्पनाओं के द्रुत व सक्रिय परीक्षण की संभावनाएँ प्रस्तुत करता है। प्रवेशरत और निकासरत संकेतों के संबंधों को व्यक्त करने वाली नियमसंगतियों का अध्ययन कर के सिद्धांततः ऐसा प्रतिरूप बनाया जा सकता है, जो काले संदूक की आंतरिक बनावट को पर्याप्त शुद्धता से प्रतिबिंबित कर सके। खभौतिकीविद ऐसी ही समस्याएँ हल करते हैं। अधिकांश

अंतरिक्षी पिंड काले संदूक ही हैं, जिनकी आंतरिक बनावट, अर्थात् उनमें चलने वाली भौतिक प्रक्रियाओं का अध्ययन सिर्फ बाह्य अभिव्यक्तियों के आधार पर संभव है।

लेकिन खगोलविदों की स्थिति दो कारणों से जटिल हो जाती है। एक तो उनके पास प्रयोग करने की संभावना नहीं होती, वे सिर्फ प्रेक्षण कर सकते हैं। और दूसरे, अधिकांश खगोलिक काले संदूक ऐसे हैं, जिनमें 'प्रवेश-मार्ग' नहीं होते।

ये 'प्रवेश-मार्ग' यदि हैं भी तो अभी तक ज्ञात नहीं हैं। उदाहरणार्थ, हम कोई भी ऐसा बाह्य घटक नहीं जानते, जिसकी अभिक्रिया सूर्य में चलने वाली भौतिकीय प्रक्रियाओं का प्रवाह बदल सके। ए. ब्राउन ने एक असाधारण परिकल्पना अवश्य दी थी, जिसके अनुसार सूर्य की क्रियाशीलता में आवर्ती परिवर्तन (दोलन) ग्रहों से ज्वारभाटे के कारण उत्पन्न क्षोभ पर निर्भर करता है। लेकिन अब तक यह अनुमान ही है...

लेकिन अंतरिक्षी पिंडों में कुछ ऐसे भी हैं, जिनके लिए बाह्य घटकों की अभिक्रिया महत्त्वपूर्ण भूमिका निभाती है। विशेषकर द्विनक्षत्री तंत्रों में रोचक संवृत्तियों का पता चला है, जिनमें दो तारे अपने सामूहिक द्रव्यमान-केंद्र के गिर्द परिक्रमा करते रहते हैं। यदि इनमें से एक तारा बहुत बड़ा होता है और उसका गुरुत्वाकर्षण-क्षेत्र अत्यंत शक्तिशाली होता है, तो आधुनिक खभौतिकी, के निष्कर्षों के अनुसार उस पर दूसरे, 'सामान्य' तारे का द्रव्य बह कर आते रहना चाहिए। इस तरह की प्रक्रिया 'प्रवेशरत' संकेत का काम कर सकती है, जो बड़े तारे की अवस्था पर अवलोक्य प्रभाव डालती है।

ग्रहों और धूमकेतुओं जैसे आकाशीय पिंडों के लिए, उदाहरणार्थ, यह सौर क्रियाशीलता का प्रभाव है, धूमकेतुओं के लिए सूर्य के तापीय एवं प्रकाशीय विकिरण का प्रभाव है, सौर समीर की ओर विशाल ग्रहों के गुरुत्वाकर्षण की अभिक्रिया है।

लेकिन सूर्य के अध्ययन में आधुनिक खगोलविदों के पास व्यवहारतः सिर्फ एक वास्तविक संभावना रह जाती है : उसकी बाह्य परतों में उत्पन्न होने वाली संवृत्तियों का अभिलेखन। सूरज-रूपी काले संदूक का 'विकास-मार्ग' यही है।

आँखों का भरोसा नहीं

ब्रह्मांड के अन्वीक्षको को नए तथ्यों की खोज करते वक्त एक और कठिनाई का सामना करना पड़ता है, जो खगोलिकी के लिए ही नहीं, गणित व भौतिकी जैसे विज्ञानों के लिए भी लंछक है। बात दृश्य-सुगम धारणाओं और असली वास्तविकता

के बीच अनुरूपता की है।

प्रकृति-ज्ञान का समस्त अनुभव और विशेषकर खगोलिकी का विकास यही सिद्ध करता है कि वैज्ञानिक प्रश्नों के हल में 'दृश्य-सुगमता' बिल्कुल ही अविश्वसनीय सलाहकार है। यथा, प्राचीन दार्शनिक निम्न तर्क देते थे। मान लें कि ब्रह्मांड की सीमा है और एक आदमी इस सीमा पर पहुँच जाता है। जैसे ही वह अपना हाथ थोड़ा सा भी आगे बढ़ाता है, वह (हाथ) ब्रह्मांड की सीमा से बाहर चला जाता है। लेकिन इसके साथ-साथ वह इस भौतिक जगत की सीमा भी थोड़ा सा आगे बढ़ाता है, तब आदमी नई सीमा तक पहुँच सकता है और फिर वही क्रिया दुहरा सकता है। इसी तरह अनंत बार ... निष्कर्ष निकलता है कि ब्रह्मांड अनंत है।

''ब्रह्मांड का किसी भी ओर अंत नहीं है, नहीं तो उसकी किनारी जरूर होती'',—यह लुक्रेशिया कार ने अपने महाकाव्य 'वस्तुओं की प्रकृति' में लिखा था। (अंग्रेजी में प्रयुक्त Lucretius Carus वस्तुतः लातीनी व्याकरण के अनुसार एक कारक रूप है)।

अफसोस है कि इस तरह के तर्क को गंभीर वैज्ञानिक निष्कर्षों का आधार नहीं बनाया जा सकता। ऐसी अनेक चीजें हैं, जिनकी हम कल्पना नहीं कर सकते, लेकिन इससे कुछ सिद्ध-विद्ध नहीं होता। लुक्रेशिया का तर्क ऊपर से तो ठीक है, लेकिन वास्तविकता में वह हमारी सामान्य पार्थिक धारणाओं पर ही आधारित है, चुपचाप यह मानते हुए कि वे सदा और सर्वत्र सत्य ही रहेंगी।

पोर्तुगाली यात्री मागेलान (Magallanes, 1480-1521) ने जब दुनिया का चक्कर लगाने का विचार प्रस्तुत किया था, तो याद करें, उसके विरुद्ध कैसी आपत्तियाँ उठाई जाती थीं। उनके प्रतिपक्षी दृश्य-सुगमता का ही सहारा ले रहे थे। वे कहते थे : यह कैसे हो सकता है कि एक ही दिशा में चलते जाओ और प्रस्थान-बिंदु पर पहुँच जाओ? इस तरह के निष्कर्ष सामान्य दैनंदिन धारणाओं का विरोध करते थे, इसीलिए असंभव माने जाते थे। लेकिन हम जानते हैं कि वास्तविकता ने मागेलान के अनुमान को ही सच ठहराया।

ऊर्ध्वपादियों की धारणा को भी ऐसी ही आपत्ति का सामना करना पड़ा था : यद्धि पृथ्वी गोल है, तो इसके दूसरी ओर लोग कैसे जीते होंगे? बेचारों को सर नीचे और पैर ऊपर कर के जो चलना पड़ता होगा...

खगोलिक प्रेक्षणों में दृश्य-सुगमता हर कदम पर धोखा देती है। उदाहरणार्थ, हम नित्य देखते हैं कि दिन में सूरज और रात में चाँद-सितारे आकाश में पूर्व से पश्चिम की ओर भ्रमण करते हैं। देखने में यही लगता है कि पृथ्वी अचल है और आकाशीय पिंड उसकी परिक्रमा करते रहते हैं। प्राचीन लोग ऐसा ही सोचते थे,

वे इस दृश्यमान गति को वास्तविक समझते थे। आज स्कूल का हर बच्चा जानता है कि आकाशीय पिंडों की दैनंदिन दृश्यमान गति पृथ्वी के निजी घूर्णन का प्रतिबिंब मात्र है।

सितारों के बीच ग्रहों की दृश्यमान गति समय के लंबे अंतरालों में अत्यंत टिल होती है। ग्रह कभी तो पश्चिम से पूर्व की ओर गतिमान होते हैं, फिर अचानक रुक जाते हैं और पश्चिम की ओर-विपरीत दिशा में-चलना शुरू कर देते हैं। और इसके बाद आकाश में अपनी गति से एक विचित्र-सा फंदा निरूपित करते हुए पुनः पूर्व की ओर अग्रसर होते हैं।

लेकिन वास्तविकता में उनका फंदेनुमा गतिपथ सिर्फ भ्रम है। उसकी उत्पत्ति का कारण यह है कि हम ग्रहों का अवलोकन पृथ्वी से करते हैं, जो स्वयं सूर्य की परिक्रमा करती रहती है। पोलैंड के खगोलविद कोपेर्निक (1473-1543; लातीनीकृत नाम : कोपेरनिकस) ने इस संवृत्ति को न केवल अच्छी तरह समझा, बल्कि साथ-साथ प्रकृतिविज्ञान में एक महत्त्वपूर्ण रीतलोचनी सिद्धांत भी समाविष्ट किया : जरूरी नहीं कि जगत वैसा ही हो, जैसा हम उसे देखते हैं। इसीलिए विज्ञान का लक्ष्य है—बाह्य दृश्यमानता के पर्दे को फाड़ कर संवृत्तियों के वास्तविक सत्त्व का बोध कराना।

यह सिद्धांत कोपेर्निक द्वारा प्रतिपादित सूर्यकेंद्री विश्व-व्यवस्था का ही आधार नहीं रहा। वह आज पूरे प्रकृतिविज्ञान की बुनियादी है।

कोपेर्निक के सिद्धांत को दृश्यसुगम बनाने के लिए एक और उदाहरण है। सूर्य हमें अपेक्षाकृत एक छोटी, लगभग चाँद के बराबर-चकती के रूप में दिखती है। लेकिन यह भी एक भ्रम है; इसका कारण है—सूर्य पृथ्वी से 400 गुना दूर है, वनिस्पत कि चाँद। यदि सूर्य को सौर मंडल के दूरतम ग्रह प्लूटोन के कक्षक से देखा जाए, तो वह बिल्कुल बिंदु-सा लगेगा।

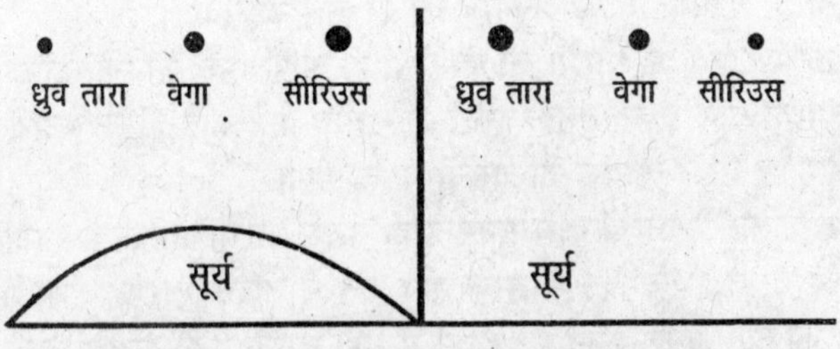

चित्र 1. दूरी पर तारों की दृश्यमान चमक की निर्भरता।

और तारे? वे एक से एक शक्तिशाली टेलीस्कोपों में भी बिंदु से ही लगते हैं, जब कि उनके बीच इतने विराट तारे भी हैं, जो आयतन में सूर्य से लाखों-अरबों गुना बड़े हैं। यह सब कल्पनातीत विशाल दूरियों का खेल है।

दूरियाँ प्रेक्ष्य तारों की चमक में भी अंतर ला देती हैं। कुछ तारे अधिक चमकदार होते हैं, कुछ कम। लेकिन इससे उनके द्वारा वास्तव में विकिरणित प्रकाश की मात्रा का कोई अंदाज नहीं लगाया जा सकता। एक उदाहरण देखें। चार तारे सर्वज्ञात हैं : सूर्य सबसे चमकदार तारा है, लुब्धक (Sirius) रात को आकाश में सबसे चमकदार लगता है; राशि (नक्षत्र-समूह) लीरा (Lyra) में स्थित तारा वेगा (Vega) लुब्धक से चार गुना कम चमकदार है और ध्रुव-तारा इन सबों से क्षीण है (वेगा से 6 गुना क्षीण)।

यदि इन चारों को हम पृथ्वी से समान दूरी पर रख सकते, तो उनकी चमक का पुनर्मूल्यांकन करना पड़ता। सबसे चमकदार ध्रुव-तारा होता, लुब्धक की जगह वेगा ले लेता और सूर्य का नंबर सबसे अंत में आता।

आकाशीय पिंडों का बाह्य रूप हमेशा की भ्रांतिजनक होता है। चाँद ही लें। प्राचीन काल से ही कवि लोग चाँद को चाँदी सा चमकदार कहते आए हैं। पूर्णिमा की रात में यदि आकाश स्वच्छ होता है, तो चाँद की किरणों में सभी पार्थिक वस्तुएँ पर्याप्त स्पष्ट छाया बनाती हैं।

लेकिन वास्तविकता यह है कि चाँद की सतह उस पर आपतित सौर प्रकाश का लगभग सात प्रतिशत अंश ही परावर्तित करती है।

पृथ्वी पर सामान्य परिस्थितियों में यदि वस्तु प्रकाश-किरणों का दशांश से कम भाग परावर्तित करती है, तो उसे हम लोग काली-भूरी कहते हैं।

चाँद की सतह सचमुच काली (अंधेरी) है। सोवियत तथा अमरीकी स्वचल स्टेशनों द्वारा चाँद से भेजे गए टेलीवीजनी चित्र इस बात के साक्षी हैं। अमरीकी अंतरिक्ष-यात्रियों का आँखों देखा वर्णन भी इसी का समर्थन करता है।

सच्चाई के लिहाज से यह बता देना चाहिए कि सभी चंद्र-प्रस्तर काले नहीं हैं। पीले और कत्थई भी हैं। इसके अतिरिक्त, चंद्रतल का रंग वहाँ सूर्य-किरणों के आपतन-कोण पर भी निर्भर करता है। वस्तुगत विधियों से नापने पर चाँद का रंग काला-पीला ज्ञात हुआ है।

फिर चाँद पृथ्वी से आकाश में इतना चमकदार क्यों लगता है? सिर्फ रात को परिवेशी आकाश की काली पृष्ठभूमि के साथ विपर्यास के कारण...

एक और खगोलिकीय भ्रम देखें। भोर के तारे शुक्र को सभी ने देखा होगा। यह सूर्यास्त और सूर्योदय के समय तेज चमकदार बिंदु की तरह दिखता है। अब

इसे टेलीस्कोप से देखें। ज्यादातर वह चंद्र-हँसिया की तरह दिखेगा...

चित्र 2 शुक्र ग्रह का फोटो

किसी अन्य रूप में वह दिख भी नहीं सकता। शुक्र जब दृश्यमान होता है, उसकी स्थिति पृथ्वी व सूर्य को मिलाने वाली रेखा से कुछ हट कर होती है। इसीलिए इस ग्रह का सूर्य से प्रकाशित अर्ध हम पूरा-पूरा कभी नहीं देख सकते। यह तभी संभव होगा, जब शुक्र सूर्य के दूसरी ओर होगा। लेकिन इस स्थिति में वह सूर्य की प्रचंड किरणों में लुप्त हो जाएगा और हम उसे देख नहीं पाएँगे।

शुक्र हमें तारे की तरह गोल बिंदु के रूप में दिखता है, क्योंकि बहुत बड़ी दूरी के कारण हमारी आँख शुक्र-हँसिये की पर्याकृति में भेद नहीं कर पाती।

दृष्टि-भ्रम टेलीस्कोप में प्रेक्षण से भी उत्पन्न हो सकता है। इसका एक ज्वलंत उदाहरण है—मंगल ग्रह पर नहरों की खोज का इतिहास। 1877 में मंगल और पृथ्वी के परस्पर निकट आने के समय इतावली खगोलविद स्किआपारेली (Schiaparelli 1835-1910) ने मंगल की ओर टेलीस्कोप निर्दिष्ट किया। उन्हें ग्रह की सतह पर महीन रेखाओं की जाली सी दिखी; ये रेखाएँ उसे विभिन्न दिशाओं से काटती थीं। इस तरह मांगलिक नहरों की पहेली का जन्म हुआ, जिसके कारण इस रहस्यमय ललछौंह ग्रह पर संभावित उच्च विकसित सभ्यता के बारे में अनेकानेक गल्पिक परिकल्पनाएँ अस्तित्व में आईं।

लेकिन अनेक खगोलविद कह रहे थे कि मंगल पर नहरें नहीं हैं, ये तथाकथित नहरें टेलीस्कोप से प्रेक्षण में उत्पन्न होने वाले प्रकाशिकीय भ्रम मात्र हैं; सच तो यह है कि ग्रह की सतह पर बहुत बड़ी संख्या में परस्पर असंबद्ध विवरण हैं, जो विशाल दूरी के कारण घुल-मिल कर हमारी आँखों को सतत रेखाओं की तरह दिखने लगते हैं।

कुछ उसी तरह की बात हमें टेलीवीजन के स्क्रीन पर देखने को मिलती है। आप जानते हैं कि टेलीवीजन चित्र कुछेक सौ पंक्तियों से बनता है, जिन्हें एलेक्ट्रोनी किरण अंकित करती है। यदि टेलीवीजन के बिल्कुल निकट बैठा जाए, विशेषकर बड़े स्क्रीन वाले टेलीवीजन के पास, तो ये पंक्तियाँ स्पष्ट दिखाई देंगी। लेकिन जैसे ही हम टेलीवीजन से दूर जाएँगे, हमारी आँखें इन पंक्तियों को अलग-अलग देख सकने में असमर्थ हो जाएँगी, क्योंकि वे एक सतत चित्र के रूप में घुल-मिल जाएँगी।

यह सिद्ध करने के लिए कि मंगल की नहरें दृष्टि-भ्रम हैं, कुछ वैज्ञानिकों ने

रोचक प्रयोग किए। उन्होंने एक बड़े कक्ष में ऐसे लोगों को जमा किया, जो मंगल और उसकी नहरों की समस्या से बिल्कुल अनभिज्ञ थे। उनके सामने दीवार पर विशेष चित्र टांग दिए गए, जिनमें तरह-तरह के धब्बे और बिंदु अव्यवस्थित रूप से बिखरे थे। लोगों से इन चित्रों की नकल उतारने को कहा गया।

इन प्रयोगों के परिणाम प्रभावशाली रहे। प्रथम पंक्तियों में बैठे लोग चित्रों को अच्छी तरह देख सकते थे, इसलिए उन्होंने पर्याप्त शुद्ध अनुकृतियाँ बनाईं, जिनमें कोई अतिरिक्त विवरण नहीं था। दूर बैठे लोगों की अनुकृतियों में रेखाएँ भी खिंची हुई थीं, क्योंकि दूर से ये लोग अलग-अलग विवरणों में भेद नहीं कर पाए; उन्हें सतत रेखाएँ दिखाई देती थीं।

बाद में यह सिद्ध हो गया कि इन प्रयोगों के परिणाम वास्तविकता को प्रतिबिंबित करते थे। अंतरिक्षी उपकरणों ने मंगल के निकट से उसकी सतह के जो टेलीवीजनी चित्र भेजे, उनमें कोई नहरें नहीं थीं। मंगल के सामान्य खगोलिक चित्रों में जहाँ नहरें दिखती थीं, वहाँ दरअसल छोटे-मोटे गड्ढों तथा अन्य नन्हें विवरणों की कतारें मिलीं।

खगोलिकीय अन्वीक्षणों में अनिश्चिति अक्सर इसलिए भी उत्पन्न होती है कि अंतरिक्षी पिंडों तक की दूरियाँ हमेशा विश्वसीनयता के साथ निर्धारित नहीं हो पातीं। खमंडल में एक ही स्थान पर दिखने वाले पिंड वास्तव में पृथ्वी से और इसीलिए आपस में भी भिन्न दूरियों पर स्थित होते हैं।

कुछ वर्ष पूर्व अमरीकी खगोलविदों ने खबर दी कि उन्होंने हमारे तारक-तंत्र–आकाश-गंगा–के मध्य भाग में बहुत घनी गैस के अलग-अलग जमघटों की खोज की है। इन जमघटों की गति के लक्षण कुछ ऐसे थे कि वे आकाश-गंगा के केंद्र में एक विराट संहत पिंड की उपस्थिति का आभास दे रहे थे। बाद में सोवियत संघ के सबसे बड़े रेडियो-टेलीस्कोप PATAH-600 से किए गए प्रेक्षणों ने दिखाया कि ये जमघट हमारी आकाश-गंगा के नहीं हैं; वे संयोगवंश ही उसके मध्य भाग में प्रक्षिप्त हुए हैं।

एक और बात है, जो अनिश्चिति को जन्म दे सकती है : अंतरिक्ष में भिन्न प्रकार की भौतिकीय प्रक्रियाएँ विद्युचुंबकीय विकिरण उत्पन्न कर सकती हैं, जिनके गुण लगभग समान होते हैं।

शायद ऐसे अनेक उदाहरण एवं तर्क प्रस्तुत किए जा सकते हैं, जो सिद्ध करते हैं कि ब्रह्मांड के अन्वीक्षकों को न तो प्रत्यक्ष अवलोकनों पर विश्वास करने का अधिकार है, न जल्दबाजी में कोई निष्कर्ष देने का। विशेषकर उन स्थितियों में, जब जटिल एवं अस्पष्ट अंतरिक्षी प्रक्रियाओं का अध्ययन किया जा रहा हो।

बात यह है कि ब्रह्मांड के किसी कोने में चल रही भौतिकीय प्रक्रियाओं और पृथ्वी से प्रेक्षणरत वैज्ञानिकों के निष्कर्षों के बीच ढेर सारी कड़ियों का एक तारतम्य हुआ करता है। हर अगली कड़ी पर पहुँचने में अशुद्धियों और गलत निष्कर्षों के मिलने की संभावना होती है। और प्रत्यक्ष जाँच की सुविधा नहीं रहती, जैसी (उदाहरणतया) भौतिकी और जीवलोचन में होती है।

इसके अतिरिक्त, खगोलिक अन्वीक्षण में प्रयुक्त किसी भी मापक उपकरण का पठन-निर्देशक सूई का विचलन या फोटो प्लेट का काला पड़ना-अपने आप में कोई वैज्ञानिक तथ्य नहीं होता। उसे तथ्य का दर्जा देने के लिए उसकी तदनुरूप व्याख्या करनी पड़ती है। और इस तरह की व्याख्या किसी निश्चित वैज्ञानिक सिद्धांत की सीमा में ही संभव होती है।

"प्रयोग की प्रकृति सरल तथ्य जैसी कभी नहीं होती, जिसकी स्थापना की जा सके," प्रसिद्ध फ्रांसीसी भौतिकविद लुई डि ब्रोइल (Lois de Broglie 1892) ने जोर देते हुए लिखा है। "उसके परिणाम के वर्णन में हमेशा व्याख्या का भी एक अंश होता है, इसीलिए तथ्य हमेशा सैद्धांतिक धारणाओं के साथ मिश्रित होते हैं।"

और यदि विज्ञान के किसी क्षेत्र में एक साथ दो परस्पर प्रतियोगी सैद्धांतिक अवधारणाएँ पनपने लगती हैं, तो एक ही प्रेक्ष्य या प्रायोगिक आँकड़ों की व्याख्या इन अवधारणाओं के अनुसार बिल्कुल अलग-अलग तरह से होने लगती है। किसी भी अंतरिक्षी संवृत्ति की प्रकृति के बारे में दिए गए निष्कर्ष पर्याप्त विश्वस्त हों, इसके लिए इस संवृत्ति को भिन्न दृष्टिकोणों से देखना चाहिए, परस्पर स्वतंत्र रीतियों से उसका अध्ययन करना चाहिए। और प्राप्त परिणामों की आपस में तुलना करनी चाहिए।

उपरोक्त बातें खगोलिकी के लिए ही नहीं, किसी भी अन्य विज्ञान के लिए सही हैं। अंतर इतना ही है कि खगोलविद के लिए यह समस्या विशेष महत्त्वपूर्ण है। कई सदियों से नभ-मंडल के अन्वीक्षण का एक मात्र साधन आँख रही है—प्रेक्षक की आँख। वही सभी सूचनाओं का स्रोत थी और बहुत कुछ इसी बात पर निर्भर करता था कि उस पर अकाट्य रूप से विश्वास किया जाए, या उसकी सहायता से प्राप्त सूचनाओं को आलोचनात्मक दृष्टि से देखा जाए।

खगोलविद भी गलती करते हैं

तथ्यों के सही मूल्यांकन करने में और उनके आधार पर सही निष्कर्ष निकालने में खगोलविद के लिए दृश्य-सुगमता के प्रति सहज मानवीय विश्वास ही नहीं,

कभी-कभी बिल्कुल सामान्य गलतियाँ भी बाधक होती हैं। एक भी विज्ञान, यहाँ तक कि गणित जैसा शुद्ध विज्ञान भी गलतियों से मुक्त नहीं हो सकता। बताते हैं कि एक वैज्ञानिक ने गणित की दसियों पुस्तकों के लेखकों द्वारा छोड़ी गयी गलतियों को जोड़ने का निश्चय किया। उसने इस बात पर मोटी सी कृति लिखी। पता चला कि खुद उसमें भी कुछेक सौ गलतियाँ छूटी हुई थीं।

गलतियाँ भी अलग-अलग प्रकार की होती हैं। कभी वे असावधानी के कारण होती हैं, कभी (और अक्सर) विचाराधीन समस्या के अपर्याप्त अध्ययन और उसके बारे में सीमित ज्ञान के कारण होती हैं। अप्रत्याशित गलतियाँ भी होती हैं, जिनको पहले से रोकने का उपाय नहीं किया जा सकता; उन्हें ढूँढ़ना भी मुश्किल होता है।

गलतियों को यदि ठीक समय पर ढूँढ़ कर उनके कारणों का सही-सही विश्लेषण कर लिया जाए, तो वे शिक्षाप्रद भी होती हैं।

कुछ वर्ष पूर्व खगोलविदों की दुनिया में एक रोचक खबर फैली : फ्रांसीसी वैज्ञानिकों ने ऊपरी प्रोवांस की वेधशाला में वामन सितारे HD 117042 के स्पेक्ट्रम में उदासीन पोटाशियम की विकिरण-रेखाएँ देखीं...ऐसे तारों के स्पेक्ट्रम में पोटाशियम इसके पहले कभी अवलोकित नहीं हुआ था। बाद में भी इस तारे के स्पेक्ट्रोग्राम में ऐसी कोई बात दुहरा कर नहीं दिखी।

लेकिन दो साल बाद 'पोटाशियम की भभक' एक और वामन सितारे-HD 88230-पर दिखाई दी।

कौतूहलग्रस्त खगोलविद सिलसिलेवार खोज में लग गए, लेकिन निराशा ही हाथ आई। बात यहीं खतम हो जाती, लेकिन 1965 में एक तीसरे तारे पर पोटाशियम की भभक दिखाई दे गई।

यह सनसनीखेज खबर थी। इस बार वह ऐसे तारे पर दिखी थी, जिसकी सतह का तापक्रम करीब 12 हजार डिग्री सेंटीग्रेट था। इतने उच्च तापक्रम पर पोटाशियम उदासीन अवस्था में कैसे बना रह सकता था?

उलझन यह भी थी कि इन तीनों तारों पर पोटाशियम की भभक एक-एक बार ही दिखी थी। कुछ घंटे बाद के ही स्पेक्ट्रोग्रामों में इस रहस्यमय पोटाशियम का नामोनिशान भी नजर नहीं आता था। लेकिन तारे के वातावरण का अवयवानुपात इतनी अल्प अवधि में कैसे बदल सकता था वह भी ऐसी हालत में, जब भभक के क्षण पोटाशियम की रेखा काफी चौड़ी और तीव्र थी।

अचानक कैलीफोर्निया में तीन खगोलविदों ने खबर दी कि उन्होंने पहेली का एक अप्रत्याशित हल प्राप्त कर लिया है। उन्होंने बताया कि स्पेक्ट्रोग्रामों में

पोटाशियम की रहस्यमय रेखाएं तथाकथित 'उड़न तश्तरियों' के चित्रों की तरह प्रकाशीय भ्रम नहीं हैं, वे बिल्कुल वास्तविक पोटाशियम की सच्ची रेखाएँ हैं। बात इतनी सी है कि यह पोटाशियम दूरस्थ सितारे पर नहीं, बल्कि बिल्कुल करीब था—वेधशाला के कक्ष में ही, जिससे हो कर तारे की प्रकाश-किरण आती थी, यह तारे के वातावरण की संरचना में नहीं, बल्कि साधारण माचिस की संरचना में था। प्रेक्षण के समय टेलीस्कोप के पास जैसे ही माचिस जलाई जाती थी, स्पेक्ट्रोग्राम में पोटाशियम की रेखा प्रकट हो जाती थी, स्पेक्ट्रोग्राम में पोटाशियम की रेखा पुष्टि अनेकानेक अन्वीक्षणों से भी और इस प्रकार खगोलिकी के इतिहास में एक 'माचिस वाली परिकल्पना' का जन्म हुआ...

वैसे, यह संभव है कि कैलीफोर्निया के वैज्ञानिक भी गलती पर हों। क्योंकि पोटाशियम की रहस्यमयी भभक का अभिलेख लेने वाले तीन प्रेक्षकों में सिगरेट पीने वाले सिर्फ दो थे...

एक और उदाहरण देखें। सौरमंडल में एक ही ऐसा उपग्रह है—शनी का उपग्रह टीटान (Titan) जिसकी बाह्य परत गैसीय है। स्पेक्ट्रमी रीति से उसके रासायनिक गठन का अध्ययन करते वक्त खगोलविद इस निष्कर्ष पर पहुँचे कि वह मुख्यतः मेथेन से बनी है। इस आधार पर काफी निर्भीक अनुमान व्यक्त किए गए कि टीटान पर जैव प्राणियों की उपस्थिति की संभावना है।

लेकिन नवंबर 1980 में शनी के क्षेत्र में गए अंतर्ग्रही स्वचल स्टेशन 'वोयजर-1' (Voyager-1) पर लगे उपकरणों ने कुछ और ही दिखाया। पता चला कि टीटान के वातावरण में 93% नाइट्रोजन है और मेथेन का अनुपात 1% से अधिक नहीं है।

खगोलविद इतनी बड़ी गलती कैसे कर गए? उनके साथ टीटान के वातावरण ने मजाक किया था। टीटान का व्यास (करीब 5 हजार किलो-मीटर) पृथ्वी के व्यास से ढाई गुना कम है, लेकिन उसके वातावरण की परत पृथ्वी के वातावरण की परत से करीब दस गुनी मोटी है। और मेथेन विशेषकर उसकी ऊपरी परतों में जमा है। मेथेन का यह मुखौटा ही वास्तविकता को छिपाए हुए था, जिससे वहाँ के वातावरण का उल्टा चित्र मिला।

सामान्य बुद्धि के विपरीत?

अबतक हम दृश्य-सुगमता शब्द का प्रयोग उसके सरल व प्रत्यक्ष अर्थ में कर रहे थे : 'अपनी आँखों का विश्वास न कर', या और सही कहें तो : 'जो कुछ देखते हो, उसकी भी बार-बार जाँच करो।' लेकिन विज्ञान में दृश्य-सुगमता की समस्या

इतने से ही नहीं खत्म हो जाती। इसका एक दूसरा पक्ष भी है। दृश्य-सुगमता किसी वैज्ञानिक निष्कर्ष की सत्यता के लिए अनिवार्य शर्त है या नहीं? अन्यतः—यदि कोई वैज्ञानिक मान्यता वास्तविकता को सही-सही प्रतिबिंबित करती है, तो क्या इसका यह मतलब है कि हम उससे संबंधित सारी बातों के बारे में दृश्य-सुगम धारणाएँ बना सकते हैं या नहीं? और वह भी इस तरह कि ये धारणाएँ सामान्य बुद्धि का विरोध न करें?

पहली बात—'सामान्य बुद्धि'—क्या है? हम देख चुके हैं कि वास्तविक जगत उसके बारे में हमारी वैज्ञानिक धारणाओं से कहीं अधिक समृद्ध और बहुमुखी है। हमारे अन्वीक्षण कितना भी आगे क्यों न बढ़ जाएँ, हमारे ज्ञान में कुछ न कुछ त्रुटि रह ही जाएगी। हमने यह भी देखा है कि किसी भी वैज्ञानिक सिद्धांत को लागू करने की निश्चित सीमाएँ होती हैं। लेकिन ये सीमाएँ कहाँ से गुजरती हैं, यह अक्सर पहले से ज्ञात नहीं होता। बिल्कुल स्वाभाविक है कि वर्तमान धारणाओं को उसकी प्रयोग-सीमा से बाहर लागू करने पर परिणाम गलत मिलते हैं। लेकिन कुछ समय के लिए ऐसे परिणाम भी सत्य के रूप में स्थापित हो जाते हैं। इस तरह भ्रांतियों का जन्म होता है।

किसी भी विचाराधीन युग की 'व्यावहारिक बुद्धि' यही है—"ज्ञान और इसके साथ की भ्रांतियाँ, जिन्हें हम ज्ञान ही मान लेते हैं।"

यह विरोधाभास सा ही लगता है कि ये भ्रांतियाँ अनिवार्य ही नहीं, आवश्यक भी हैं। ऐसा ज्ञान, जिसमें त्रुटियाँ बिल्कुल स्पष्ट होती हैं, काम में नहीं आ सकता, वह विचाराधीन संवृत्ति का पूर्ण चित्र नहीं देता।

इस तरह भ्रांतियाँ एक विलक्षण 'अस्थायी ज्ञान' हैं, या और सही कहें, तो वे 'ज्ञान के रूप में गृहीत अज्ञान' हैं।

जाहिर है कि मानव के व्यावहारिक अनुभवों के व्यापकीकरण से उत्पन्न सामान्य बुद्धि और वैज्ञानिक ज्ञान-स्तर द्वारा निर्धारित सामान्य बुद्धि में भेद करना चाहिए।

उदाहरण के लिए देखें कि जगत-रचना की प्रथम धारणा-अरस्तू (सन् 384-322 ई.पू.) और टोलेमी (लगभग 90-160 ई.) की धारणा की उत्पत्ति और संस्थापन के युग में सामान्य बुद्धि क्या थी? उस समय विज्ञान के पास क्या था? अचल तारों, नभ-मंडल की दैनिक परिक्रमा और ग्रहों की वार्षिक पेंचीली गति का प्रेक्षण। यही ज्ञान था। लेकिन यह प्रेक्षित संवृत्तियों की व्याख्या और जगत के पूर्ण तर्कसंगत चित्र की प्रस्तुति के लिए पर्याप्त नहीं था।

फल यह हुआ कि आकाशीय पिंडों की पृथ्वी से दृष्टिगोचर गति को

सर्वव्यापक सत्य का दर्जा मिल गया और इस तरह मानव-इतिहास की एक सबसे दीर्घजीवी भ्रांति-ब्रह्मांड में पृथ्वी के केंद्रीय स्थान की धारणा-का जन्म हुआ।

इस भ्रांति की ही सहायता से जगत-रचना का एक सुगठित प्रतिमान बनाया जा सका, जो न केवल आकाशीय पिंडों की दृश्यमान गति की प्रकृति समझाता था, वरन् तारों के बीच ग्रहों की भावी स्थितियाँ भी पर्यापत शुद्धता से कलन करने में सहायक होता था।

अब हम जानते हैं कि अरस्तू तथा टोलेमी की धारणा और इसके द्वारा निर्धारित ज्ञान व भ्रांति का अनुपात प्रकृति-ज्ञान के विकास में एक चरण मात्र था। अगले चरण पर पहुँचने के लिए मानव-जाति की अग्रणी प्रतिभाओं को असाधारण प्रयत्न ही नहीं करना पड़ा था, उन्हें भयंकर प्रतिरोध का भी सामना करना पड़ा था। यहाँ चर्च की ओर से प्रतिरोध की बात नहीं है, जिसने अरस्तू और टोलेमी की धारणा को एकमात्र सत्य घोषित कर रखा था। यहाँ उस युग की सामान्य बुद्धि की ओर से प्रतिरोध की बात चल रही है। यह वही सामान्य बुद्धि है, जो सामान्य भ्रांति को ज्ञान का दर्जा देकर नए ज्ञान को भ्राँति करार करती है...

अंत में जाकर नए ज्ञान की ही विजय होती है। हम जानते हैं कि अरस्तू और टोलेमी की धारणा का स्थान कोपेर्निक की धारणा ने लिया। पुरानी भ्रांति-भू-केंद्रवाद की धारणा-सदा के लिए दूर हो गई। लेकिन कोपेर्निक की धारणा में भी कई भ्रांतियाँ निहित थीं। वे मानते थे कि सभी ग्रह सूर्य के गिर्द बिल्कुल वृत्ताकार पथों पर परिक्रमा करते हैं और उनका कोणिक वेग स्थिर होता है। वे यह भी मानते थे कि ब्रह्मांड अचल सितारों से परिसीमित है।

विश्व के अभिज्ञान में अगला कदम था—ग्रहों द्वारा सूर्य की परिक्रमा के नियमों की खोज। इनके प्रणेता केप्लेर थे। उन्होंने सिद्ध किया कि ग्रह एलिप्साकार (दीर्घवृत्ताकार) पथों पर परिवर्ती वेगों से गति करते हैं। लेकिन इस गति का कारण ढूँढ़ने में वे तत्कालीन भ्रांति का ही प्रश्रय ले रहे थे कि समरूप ऋजुरैखिक गति को बनाए रखने के लिए स्थिर बल की आवश्यकता होती है। वे सौरमंडल में ऐसा बल ढूँढ़ने लगे, जो ग्रहों को 'धक्का' देता रहता है और उन्हें रुकने नहीं देता।

लेकिन यह भ्रांति भी दूर हुई : गैलीली ने जड़त्व-सिद्धांत की स्थापना की, न्यूटन ने गति के मुख्य नियमों और गुरुत्वाकर्षण के नियम की खोज की। इन खोजों ने न केवल सौरमंडल की नियमसंगतियों को पूरी तरह स्पष्ट कर दिया, वरन् साथ ही पृथ्वी के गिर्द अचल सितारों के वर्तुली घेरे की धारणा को भी नष्ट कर दिया।

क्लासिकल भौतिकी इस निष्कर्ष पर पहुँची कि ब्रह्मांड के सभी पिंड अनंत असीम व्योम में स्थित हैं और उसी में गति करते रहते हैं।

लेकिन अपने समय न्यूटन की क्लासिकल भौतिकी भी एक बहुत बड़ी और नई भ्रांति से ग्रस्त थी। प्रकृति की सभी संवृत्तियाँ शुद्ध यांत्रिक प्रक्रियाओं में संरूपित होती हैं—इसमें पूर्ण विश्वास ही यह नई भ्रांति थी। 'परम व्योम', 'परम समय' जैसी 'विशिष्ट' भ्रांतियों की बात तो छोड़ ही दें।

क्लासिकल भौतिकी की दृष्टि से विश्व-रचना की सभी समस्याएँ स्पष्ट हो चुकी थीं और उनका अंतिम रूप से समाधान भी हो चुका था। वैसे लगभग अन्य सभी समस्याओं के साथ भी यही बात थी। लेकिन इस बार भी हाथ आई स्पष्टता भ्रामक सिद्ध हुई और सत्य अधिक जटिल निक़ला। जितना न्यूटन के समय सोचते थे, उससे कहीं अधिक जटिल।

वर्तमान शती के आरंभ में आइंस्टीन द्वारा प्रतिपादित सापेक्षिकता-सिद्धांत ने ब्रह्मांड के ज्यामितिक गुणों और व्योम से संबंधित न्यूटनी धारणाओं को बिल्कुल उलट कर रख दिया, जिसके लोग अब तक पूरी तरह अभ्यस्त हो चुके थे। आइंस्टीन की प्रतिभा इस बात में थी कि उन्होंने पदार्थ के गुणों और व्योम की ज्यामिति के बीच आंतरिक संबंध स्थापित किया।

सामान्य बुद्धि का नया रूपांतरण निम्न कविता में बहुत अच्छी तरह प्रतिबिंबित हुआ है :

> देख विश्व को तिमिरावृत गहन, 'प्रकाशमय हो जगे!'
> निकला वचन और प्रकट हुआ न्यूटन।
> जग जगमगाया, शैतान झल्लाया : निशा, निशा!
> और आइंस्टीन जगत में आया।

दिलचस्प बात यह है कि पहली और अंतिम तीन पंक्तियाँ भिन्न लोगों द्वारा लिखी गई हैं, जिनके बीच करीब 200 वर्षों का अंतर है।

जाहिर है कि इसमें सिर्फ एक बात सच्ची है : व्योम की क्लासिकल धारणा को तिलांजली देनी पड़ी। लेकिन इसका मतलब यह नहीं है कि सापेक्षिकता-सिद्धांत ने विज्ञान को न्यूटन पूर्व अरस्तू के युग में पहुँचा दिया। नई भौतिकी विश्व-रचना की और भी गहरी समझ की दिशा में एक अत्यंत महत्त्वपूर्ण कदम है...

सामान्य बुद्धि में परिवर्तन की यह प्रक्रिया हमारे दिनों भी चल रही है और आगे भी चलती रहेगी... क्योंकि ब्रह्मांड के बारे में हमारा आधुनिक ज्ञान भी कोई अंतिम सत्य नहीं है।

इस तरह विज्ञान में सामान्य बुद्धि अस्थायी व सापेक्षिक होती है और

विचाराधीन युग के ज्ञान-स्तर के अनुरूप होती है। इसीलिए वैज्ञानिकों को विश्व का और भी गहन ज्ञान प्राप्त करने के लिए अनिवार्य रूप से सामान्य बुद्धि के विरुद्ध और उन धारणाओं के विरुद्ध लड़ना पड़ता है, जिनके हम अभ्यस्त हो जाते हैं।

जहाँ तक दृश्य-सुगमता का संबंध है, तो विज्ञान (विशेषकर भौतिकी और खगोलिकी) जितना ही आगे विकसित हो रहा है, उतना ही अधिक हमें दृश्य-सुगम धारणाओं से इन्कार करना पड़ रहा है। यह बात हमें अच्छी नहीं लगती, पर दूसरा कोई चारा नहीं है।

आधुनिक भौतिकी की दुनिया भी अजीब है। यह ऐसी दुनिया है, जिसमें दृश्य-सुगम रूप से कुछ समझना या किसी न किसी धारणा को कल्पनादृष्टि से देख पाना कठिन ही नहीं, असंभव होता जा रहा है। यह बात आधुनिक भौतिकी ही नहीं, आधुनिक खगोलिकी के साथ भी है। विज्ञान अब इस नई दुनिया में प्रवेश कर चुका है और इसके पेंचीले, उतार-चढ़ाव से भरे रास्तों पर चल रहा है।

आज दिन प्रति दिन एक से एक आश्चर्यजनक खोजें हो रही हैं, जिनके विरुद्ध हमारी सामान्य बुद्धि रह-रह कर विद्रोह कर उठती है, क्योंकि इन खोजों का हमारी पुरानी धारणाओं के साथ सामंजस्य नहीं हो पाता। ऐसे समय यह स्मरण रखना अत्यंत महत्त्वपूर्ण है कि हमारी सामान्य बुद्धि में हमारी भ्रांतियाँ भी अंतर्निहित होती हैं।

सिद्धांत से सिद्धांत की ओर

जैसा कि हम देख चुके हैं, ऐसे नए तथ्यों की खोज से, जिन्हें पुराने सिद्धांत से नहीं समझाया जा सकता, नए तथा अधिक व्यापक सिद्धांत का विकास आरंभ होता है, जो अपने में पुरानी धारणाओं को भी समाहित रखता है।

सोवियत अंतरिक्षलोचक अ. जेल्मानोव ने ठीक ही कहा है कि अभिज्ञान-प्रक्रिया में यदि नियमसंगतियों का कोई समूह अधिक व्यापक नियम-संगतियों से निगमित किया जा सकता है, तो इसका यह अर्थ नहीं होता कि प्रथम नियमसंगतियाँ पूर्णतया दूसरों में संरूपित हो सकती हैं। उनकी अपनी विशिष्टताएँ होती हैं। अन्य शब्दों में, 'निगमन' और 'संरूपन' दोनों एक ही बात नहीं हैं। विशेष और सामान्य (व्यापक) सिद्धांतों का आपसी संबंध कहीं अधिक जटिल है।

मान लें कि हमारे पास दो भौतिकीय सिद्धांत हैं, जिनमें से एक विशिष्ट है और दूसरा अधिक व्यापक है। तब विशिष्ट सिद्धांत का प्रयोग-क्षेत्र व्यापक सिद्धांत के प्रयोग-क्षेत्र में अंतर्निहित होगा। इन सिद्धांतों के समीकरण अलग-अलग

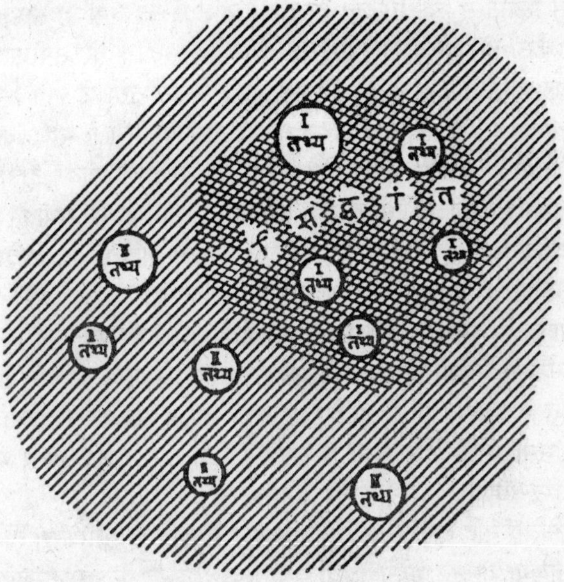

चित्र 3. विशिष्ट नियमों से सामान्य (व्यापक) नियमों की ओर का विकास।

हैं। बात इतनी ही नहीं है कि व्यापक सिद्धांत का समीकरण अधिक शुद्ध है। यदि दोनों समीकरणों में भाग लेने वाली भौतिकीय राशियों का संकुल अलग-अलग देखा जाए, तो वे समान नहीं होंगी : कुछ राशियाँ दोनों ही सिद्धांतों के लिए उभय (सामूहिक) होंगी। लेकिन कुछ राशियाँ भिन्न भी होंगी : ऐसी, जो सिर्फ विशिष्ट सिद्धांत के समीकरण में होंगी और ऐसी, जो सिर्फ व्यापक सिद्धांत के समीकरण में होंगी।

अधिक व्यापक सिद्धांत में नई राशियों के समावेशन का कारण है उसमें नई अवधारणाओं का उपयोग। विशिष्ट सिद्धांत से व्यापक सिद्धांत की ओर संक्रमण की प्रक्रिया में यह स्पष्ट होता है कि विशिष्ट सिद्धांत की **अवधारणाएँ** (अवधारणाएँ ही, समीकरण नहीं) **सन्निकृत** होती हैं, वास्तविकता को एक नियत शुद्धता-कोटि के साथ ही प्रतिबिंबित करती हैं। अधिक व्यापक सिद्धांत में प्रयुक्त नई अवधारणाएँ अधिक शुद्ध होती हैं।

इस तरह विशिष्ट से व्यापक सिद्धांत की ओर संक्रमण में अवधारणाओं का भंजन होता है। यही कारण है कि विशिष्ट और व्यापक सिद्धांतों के बीच गुणात्मक अंतर होते हैं।

इस स्थिति में एक सिद्धांत दूसरे का विशिष्ट रूप कैसे हो सकता है, उससे निगमित कैसे हो सकता है? अधिक व्यापक सिद्धांत के समीकरण में एक विश्व-स्थिरांक अधिक होता है। वर्तमान समय में इस तरह के तीन स्थिरांक ज्ञात हैं : गुरुत्वाकर्षण-स्थिरांक, तथाकथित अभिक्रिया-क्वाटंम (या प्लांक का स्थिरांक) और प्रकाश-वेग (अक्सर प्रकाश-वेग की प्रतीप राशि ही प्रयुक्त होती है)।

उदाहरण के लिए, न्यूटन की क्लासिकल यांत्रिकी के समीकरणों में कोई विश्व-स्थिरांक नहीं है। न्यूटन की यांत्रिकी क्वांटम-यात्रिकी का विशिष्ट रूप है, जिसके समीकरण में प्लांक का स्थिरांक सन्निहित है।

व्यापक से विशिष्ट सिद्धांत प्राप्त करने के लिए समीकरणों का तदनुरूप रूपांतरण करना चाहिए और 'अतिरिक्त' स्थिरांक को शून्य की ओर प्रवृत्त कराते हुए सीमांत रूप प्राप्त करना चाहिए। सीमांत रूप में संक्रमण से प्राप्त समीकरण आरंभिक समीकरणों के समतुल्य नहीं होंगे। दोनों में गुणात्मक अंतर होगा, उनके अर्थ भी भिन्न होंगे।

इसीलिए यदि हमारे पास सिर्फ विशिष्ट सिद्धांत के समीकरण होंगे और हम विलोम संक्रिया करना चाहेंगे, अर्थात विशिष्ट सिद्धांत के समीकरणों से व्यापक सिद्धांत के समीकरण प्राप्त करना चाहेंगे, तो यह संभव नहीं होगा, क्योंकि विशिष्ट सिद्धांत के समीकरणों के रूप से यह अनुमान करना असंभव होगा कि व्यापक सिद्धांत के समीकरण कैसे होने चाहिए। इसके लिए अधिक उच्च स्तर की समझ चाहिए, जैसे दार्शनिक स्तर की समझ। इसका अर्थ बेशक यह नहीं है कि सीधा दार्शनिक समझ या मान्यताओं से ही समीकरण या अन्य मूर्त भौतिकीय परिणाम नियमित किए जा सकते हैं। लेकिन दार्शनिक सिद्धांत ज्ञान-विकास के सबसे संभावित पथ निर्धारित करने में सहायक होते है, नए सिद्धांतों के विभिन्न संबंध विकल्पों के सही चयन में मार्ग-प्रदर्शक होते हैं।

इतिहास की दृष्टि में विशिष्ट से व्यापक सिद्धांत की ओर संक्रमण एक क्रांति है, जो सिद्धांततः नए और कभी-कभी तो बिल्कुल 'पागल' विचारों की माँग करती है, नई अवधारणाओं के जन्म की अपेक्षा करती है।

यहाँ हम गुरुत्वाकर्षण के न्यूटनी सिद्धांत और व्यापक सापेक्षिकता-सिद्धांत का उदाहरण दे सकते हैं। पहला सिद्धांत यूक्लिडी व्योम और इस पर निराश्रित समय (काल) में कार्यशील होता है; दूसरा सिद्धांत दिक्कालिक सातत्य का अध्ययन करता है, जिसमें अन-यूक्लिडी गुण होते हैं। इन सिद्धांततः नई अवधारणाओं की ओर संक्रमण गुरुत्वाकर्षण के अध्ययन में एक क्रांति सिद्ध हुआ।

इस प्रकार, विशिष्ट और व्यापक सिद्धांत गुणात्मक रूप से भिन्न होते हैं।

यदि हम विशिष्ट सिद्धांत को विशिष्ट न कह कर व्यापक सिद्धांत का सीमांत रूप कहते, तो यह ज्यादा शुद्ध होता।

सौर परिवार

पृथ्वी और दोलक

विज्ञान के इतिहास में ऐसी अनेक समस्याएँ ज्ञात हैं, जिनके हल में मानव-जाति की अग्रणी प्रतिभाओं का सदियों लंबा श्रम लगा है और भ्रामक धारणाओं से दीर्घकालीन संघर्ष की आवश्यकता पड़ी है। स्पष्टता के लिए अथक प्रत्यन करना पड़ा है। लेकिन कई उदाहरण ऐसे भी हैं कि बाद में ठीक वैसे ही परिणाम या तो कहीं अधिक सरल साधनों से प्राप्त हो जाते हैं, या नवीनतम खोजों और उपलब्धियों के सरल निष्कर्षों के रूप में।

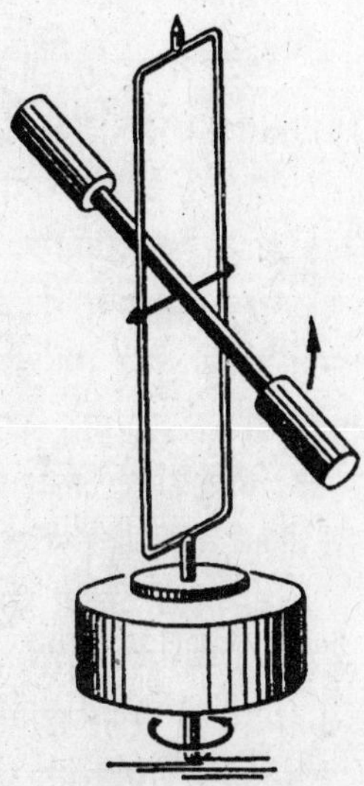

चित्र 4 पोशेखोनोव का दोलक

इस तरह की एक समस्या अपने अक्ष के गिर्द पृथ्वी के घूर्णन से संबंधित है। लोग लंबे समय तक सिद्ध नहीं कर पा रहे थे कि वे एक घूर्णनरत ग्रह पर जीते हैं 'क्योंकि यह बात इतनी मामूली नहीं है, जितनी पहली नजर में लग सकती है।

सामान्य तौर पर घूर्णनरत तंत्रों में घूर्णन से संबंधित त्वरण (तथाकथित कोरियोलिस-त्वरण) ज्ञात किया जा सकता है। यही वह त्वरण है, जिसके कारण पृथ्वी के उत्तरी गोलार्ध में नदियों के दायें तट कटते रहते हैं और दक्षिण गोलार्ध में–बायें तट।

लेकिन पहली बात तो यह है कि कोरियोलिस का त्वरण पिंड के स्थानांतरण के दौरान ही उत्पन्न होता है और दूसरे कि वह हमारे ग्रह के घूर्णन का सिर्फ अप्रत्यक्ष प्रमाण ही हो सकता है।

ऐसी संवृतियाँ अधिक विश्वसनीय होती हैं, जो त्वरण का नहीं, सीधे ग्रह के घूर्णन का उदघाटन कर सकती हैं। पृथ्वी के दैनिक घूर्णन का अकाट्य लक्षण आकाश में सूर्य की दृश्य गति और दिन-रात का आपसी परिवर्तन हो सकता है। लेकिन खेद की बात है कि ये लक्षण हमें इस हालत में भी मिलते, जब पृथ्वी स्थिर

होती और सूर्य समेत सभी आकाशीय पिंड उसकी परिक्रमा करते रहते।

अन्य आकाशीय पिंडों का घूर्णन प्रत्यक्ष प्रेक्षण से निर्धारित किया जा सकता है।

यथा, सूर्य के घूर्णन का पता और धब्बों के स्थानांतरण से लग सकता है, मंगल ग्रह के घूर्णन का पता उसकी सतह पर दिखने वाले विवरणों की गति से लग सकता है। लेकिन अपने ग्रह पृथ्वी को लोग उससे अलग हो कर देखने में असमर्थ थे।

पृथ्वी के घूर्णन का दृश्य-सुगम और विश्वसनीय प्रमाण फूको (Foucault-1819-1868) ने दोलक की सहायता से एक प्रयोग में प्रस्तुत किया।

दोलक, अर्थात् धागे से लटका हुआ बोझ बनावट में सबसे सरल, लेकिन बहुत ही अद्भुत उपकरण है। दोलक के साथ प्रयोग का भौतिकीय सार निम्न है : दोलनरत दोलक पर क्रियाशील बल, पृथ्वी का गुरुत्वाकर्षण-बल और धागे का तनाव-बल-ये तीनों एक ही तल (दोलन-तल) पर स्थित होते हैं। इसी लिए स्वतंत्र लटके दोलक की गति प्रदान करने पर वह हमेशा एक ही तल में दोलन करता रहेगा। भौतिकविद् दोलक के इस गुण को निम्न शब्दों में व्यक्त करते हैं : ''दोलक का दोलन-तल व्योम में अपनी स्थिति अपरिवर्तित रखता है।''

दोलनरत दोलक की सहायता से पृथ्वी के घूर्णन का प्रमाण सर्वविदित है और यहाँ हम उसे दुहरायेंगे नहीं। सिर्फ इस बात की ओर ध्यान दिला लेते हैं कि इस प्रयोग में एक महत्वपूर्ण अवगुण है। पार्थिक घूर्णन के कारण दोलक के दोलन-तल में घुमाव विश्वसनीयता के साथ ज्ञात करने के लिए काफी लंबे समय तक प्रतीक्षा करनी पड़ती है।

हमारी शतक के छठे दशक के आरंभ में सोवियत इंजिनियर पोशेखोनोव ने पृथ्वी का दैनिक घूर्णन प्रमाणित करने के लिए एक मौलिक उपकरण का निर्माण किया। सारतः यह भी दोलक ही है, लेकिन यह एक विशेष प्रकार का दोलक है और प्रमाण भी एक बिल्कुल अन्य सिद्धांत पर आधारित है।

यह उपकरण एक आयताकार फ्रेम है, जो एक नन्हें से स्टैंड पर लगा होता है और अपने उदग्र अक्ष के गिर्द घूर्णन कर सकता है। इसके बीच में क्षैतिज अक्ष पर एक छड़ लगी होती है, जिसके सिरों पर बोझ होते हैं। छड़ भी घूर्णन कर सकती है। बस, उपकरण यही है। इस निराले दोलक का कार्य आवेग (गतिमात्रा) के आघूर्ण-संरक्षण के नियम पर आधारित है।

गतिमात्रा का आघूर्ण-यह विचाराधीन पिंड के द्रव्यमान m, उसके रैखिक वेग V और घूर्णनाक्ष से उनकी दूरी R (घूर्णक, भुजा) का गुणनफल है। लेकिन

रैखिक वेग V घूर्णक भुजा R और पिंड के कोणिक वेग ω के गुणनफल के बराबर होता है ($V=R\omega$)।

इस तरह, $N=m\omega R^2$ जहाँ m एक स्थिर राखि है।

अब मान लें कि R घट रहा है, अर्थात् पिंड घूर्णनाक्ष के निकट जा रहा है। चूँकि m स्थिर है, इसलिए गुणनफल ωR^2 अपरिवर्तित रहे, इसके लिए जरूरी है कि ω का मान बढ़े।

अन्य शब्दों में : घूर्णनरत द्रव्यमान जैसे-जैसे घूर्णनाक्ष के निकट आता है, उसका कोणिक वेग बढ़ता है।

अक्सर यहाँ नर्तक का उदाहरण दिया जाता है, जो एक ही जगह पर 'घूर्णन' कर रहा होता है। वह अपने हाथ फैला कर या उन्हें वक्ष के समीप ला कर अपना कोणिक वेग नियंत्रित करता है। पैराशूटिस्ट अपनी निलंबित छलांग के वक्त और अंतरिक्षयात्री की स्थिति में स्वतंत्र रूप से तैरते वक्त यही करते हैं।

अब अपने दोलक की ओर लौटें। उसे एक अचल चबूतरे पर स्थित करके छड़ को क्षैतिज अक्ष के गिर्द घूर्णन प्रदान करते हैं। वह तब तक घूर्णन करती रहेगी, जब तक बेयरिंग में घर्षण के कारण रुक नहीं जाएगी। यह सब स्थिर चबूतरे पर होगा।

अब मान लें कि स्टैंड उदग्र अक्ष के गिर्द समरूप गति से घूर्णन करता है, अर्थात् दोलक घूर्णनरत चबूतरे के केंद्र में स्थित होता है। इस स्थिति में बिल्कुल दूसरा चित्र मिलेगा।

जिस समय छड़ उदग्र स्थिति में होती है, अर्थात् बोझ उदग्र अक्ष से दूर होते हैं, दोलक चबूतरे के साथ-साथ घूर्णन करता है। लेकिन जिस क्षण छड़ उदग्र स्थिति में आती है और इसके सिरों पर स्थित बोझ स्टैंड के घूर्णनाक्ष पर आ जाते हैं, फ्रेम का कोणिक वेग उदग्र अक्ष के सापेक्ष बढ़ जाता है। फलस्वरूप फ्रेम स्टैंड के घूर्णन से आगे बढ़ते हुए 'झटका-सा' देता है।

इस तरह, यदि हमारा दोलक घूर्णनरत चबूतरे पर रखा होगा, तो छड़ का घूर्णन-तल धीरे-धीरे घूमता रहेगा। आप समझ सकते हैं कि इस सिद्धांत के आधार पर स्टैंड का घूर्णन उस स्थिति में भी ज्ञात किया जा सकता है, जब हम उसका प्रत्यक्ष अवलोकन करने में असमर्थ होंगे।

इसका मतलब है कि पृथ्वी के घूर्णन का पता लगाने में ऊपर वर्णित दोलक का उपयोग सफलता-पूर्वक किया जा सकता है। स्थानांतरण का अवलोकन-प्रभाव फूको के प्रयोग की तुलना में कहीं जल्द प्राप्त होगा।

यूँ तो लगता है कि पृथ्वी का अच्छी तरह अध्ययन करने के लिए उसका

कोना-कोना छानना चाहिए, उसकी गहराइयों में उतरना चाहिए, उसकी सतह पर होनेवाली सभी संवृत्तियों पर ध्यान रखना चाहिए। वैज्ञानिक यही करते भी हैं।

लेकिन कई ऐसी स्थितियाँ हैं, जिनमें अपने ग्रह से दूर अंतरिक्ष में जाने पर पृथ्वी से संबंधित समस्याओं का हल बहुत सरल हो जाता है। यदि गंभीरता से सोचा जाए, तो इसमें आश्चर्य की कोई बात नहीं है। प्रकृतिविज्ञान में एक अघोषित नियम काम करता है : यदि हम किसी वस्तु का अध्ययन करना चाहते हैं, तो हमें सिर्फ इस वस्तु पर ही नहीं, संवृत्तियों के बहुत विस्तृत क्षेत्र पर विचार करना चाहिए। यह अनिवार्य है। अंतरिक्ष में जाने से विशेषकर पृथ्वी के घूर्णन का बहुत विश्वसनीय और साथ ही दृश्यसुगम प्रमाण मिला। यह पृथ्वी के कृत्रिम उपग्रह की गति से ही मिल गया था।

पृथ्वी के निकटवर्ती कक्षक पर गतिमान स्पूतनिक (कृत्रिम उपग्रह) पर वास्तविकता में सिर्फ पृथ्वी का गुरुत्वाकर्षण बल लगता है, जो उस कक्षक के तल पर स्थित करता है (यहाँ हम उन विचलनों की अपेक्षा करेंगे जिनका संबंध इस तथ्य से है कि पृथ्वी कोई आदर्श समज गोला नहीं है; कुछ अन्य सूक्ष्म प्रभाव भी हैं, जिन्हें हम नजरअंदाज करेंगे)। इसी के कारण स्पूतनिक के कक्षक का तल तारों के सापेक्ष बदलता। यदि पृथ्वी का गोला अपने अक्ष के गिर्द घूर्णन नहीं करता, तो स्पूतनिक हर परिक्रमा में धरातल के समान बिंदुओं के ऊपर गुजरता। लेकिन चुंकि पृथ्वी पश्चिम से पूरब की ओर घूर्णन करती है, इसीलिए स्पूतनिक का पथ (धरातल पर उसकी गति का प्रक्षेप) निरंतर पश्चिम की ओर स्थानांतरित होता रहता है।

आप जानते होंगे कि 200-300 किलोमीटर की ऊँचाई पर गतिमान स्पूतनिक पृथ्वी की एक परिक्रमा लगभग 90 मिनट (डेढ़ घंटे) में पूरा करता है। सरलता से कलन किया जा सकता है कि इतने समय में पृथ्वी 22.5° के कोण पर घूम जाती है। पृथ्वी के विषुवक की लंबाई (या विषुवक पर पृथ्वी की परिधि) करीब 40 हजार किलोमीटर है। इस तरह 22.5° का घुमाव 2500Km के अनुरूप है। अतः स्पूतनिक किसी भी परिक्रमा में विषुवक को जिस जगह काटता है, अगली परिक्रमा में उससे 2500Km पश्चिम जाकर काटता है। लगभग एक अहर्निश की अवधि में पृथ्वी का 16 चक्कर लगा कर स्पूतनिक अपने प्रस्थान-बिंदु के ऊपर से गुजरता है।

स्मरण करें कि 1969 में एक साथ उड़ने के लिए सोवियत अंतरिक्ष-यान 'सोयुज-6' 'सोयुज-7' व 'सोयुज-8' को लगभग चौबीस-चौबीस घंटों के अंतराल पर छोड़ा गया था।

तारक-मंडित नभ

क्या आपने कभी सोचा है कि दिन में तारे क्यों नहीं दिखते? हवा तो दिन में भी उतनी ही पारदर्शक होती है, जितनी रात में। बात यह है कि दिन में वातावरण सूर्य के प्रकाश को प्रकीर्णित करता है।

मान लें कि शाम को आप एक प्रकाश से जगमगाते कमरे में बैठे हैं। इस स्थिति में खिड़की के शीशे से बाहर की तेज बत्तियाँ तो आप को अच्छी तरह दिखेंगी, लेकिन मंद प्रकाशित वस्तुओं को देख पाना मुश्किल होगा। लेकिन कमरे में प्रकाश बुझाते ही, शीशा उन चीजों को देखने में बाधक नहीं रह जाएगा।

कुछ ऐसी ही बात आकाश को देखते वक्त भी होती है। दिन में हमारे ऊपर वातावरण तीव्र प्रकाशित होता है और उसके पार सूर्य दिखाई देता है, लेकिन सुदूर सितारों की क्षीण प्रकाश-किरणें उसे पार करने में असमर्थ होती हैं। लेकिन जब सूर्य क्षितिज के नीचे डूब जाता है और उसका प्रकाश (साथ-साथ हवा में प्रकीर्णित भी) 'बुझ' जाता है, तब तारों को देख पाना संभव होता है।

अंतरिक्ष में बात दूसरी है। जैसे-जैसे अंतरिक्षयान ऊपर उठता जाता है, वातावरण की घनी परतें नीचे छूटती जाती हैं और आकाश अंधेरा होता जाता है।

"आकाश बिल्कुल काला होता है। सितारे उसमें अधिक चमकदार होते हैं और काले आकाश की पृष्ठभूमि में अधिक स्पष्ट दिखते हैं,"—इन शब्दों में यू. गागारिन ने अपना अनुभव व्यक्त किया था।

फिर भी अंतरिक्ष-यान से आकाश के दिन वाले भाग में सभी तारे नहीं दिखते, सिर्फ सब से चमकदार तारे ही दृष्टिगोचर होते हैं। सूरज का प्रकाश आँखें चकाचौंध कर देता है।

यदि पृथ्वी से आकाश देखा जाए, तो स्पष्ट लगता है कि तारे झिलमिला रहे हैं। वे कभी बुझते हैं, तो कभी फिर उग आते हैं, तरह-तरह की वर्णाभाएँ छिटकाते हैं। तारा जितना ही नीचे, क्षितिज के निकट होता है, उसका झिलमिलाना भी उतना ही तेज होता है।

तारों की झिलमिलाहट का कारण भी वातावरण की उपस्थिति है। तारे से निकली प्रकाश-किरण हमारी आँखों तक पहुँचने से पहले वातावरण से गुजरती है। वातावरण में हमेशा ही हवा की अपेक्षाकृत गर्म व ठंडी धाराएँ होती हैं। किसी भी क्षेत्र में हवा का घनत्व उसके तापक्रम पर ही निर्भर करता है। एक क्षेत्र से दूसरे में प्रवेश करते वक्त प्रकाश-किरणें अपवर्तित होती हैं। उनकी प्रसरण-दिशा बदल जाती है। इसके कारण धरातल से ऊपर वे कहीं-कहीं संकेंद्रित हो कर घनी हो

जाती है और कहीं-कहीं अपेक्षाकृत विरल हो जाती हैं। इन क्षेत्रों के वायु-पिंड निरंतर स्थानांतरित होते रहते हैं इसीलिए प्रेक्षक को तारों की चमक कभी तेज तो कभी क्षीण दिखाई देती है। लेकिन चूँकि भिन्न रंग की किरणों का अपवर्तन भिन्न होता है, इसलिए अलग-अलग रंग एक साथ तेज या क्षीण नहीं होते।

इसके अतिरिक्त, तारों की झिलमिलाहट में अन्य प्रकार के कहीं अधिक जटिल प्रकाशिकीय प्रभाव भी नियत भूमिका निभा सकते हैं।

हवा की ठंडी व गर्म परतों की विद्यमानता और वायु-पिंडों के तीव्र स्थानांतरण का प्रभाव टेलीस्कोपिक बिंब पर भी पड़ता है।

खगोलिक प्रेक्षणों के लिए सब से अच्छी परिस्थितियाँ कहाँ होती हैं : पहाड़ी इलाक़ों में या मैदानी में, सागर-तट पर या महादेश के भीतर, जंगल में या मरुभूमि में? खगोलविद के लिए क्या लाभकर है : पूरे महीने के दौरान दस बादलहीन रातें, या सिर्फ एक स्वच्छ (निर्मल आकाश वाली) रात जब हवा आदर्श रूप से शांत और पारदर्शक होती है?

इस तरह के अनेकानेक प्रश्न हैं, जिन्हें वेधशाला के निर्माण और विशाल टेलिस्कोपों के संस्थापन के वक्त हल करना पड़ता है। ऐसी समस्याओं का अध्ययन विज्ञान के एक विशेष क्षेत्र-खगोलिकीय जल-वायुलोचन-में होता है।

कुछ वर्ष पूर्व हमारे देश में विश्व का सब से बड़ा टेलिस्कोप लगाया गया, जिसके दर्पण का व्यास छह मीटर है। यह संयुक्त राज्य अमेरिका में स्थित पालोमार के टेलिस्कोप के दर्पण के व्यास से पूरा एक मीटर अधिक है।

खगोलविद के लिए एक अतिरिक्त मीटर का क्या महत्त्व है? इससे ब्रह्मांड का प्रेक्ष्य क्षेत्र लगभग 1.2 गुना बढ़ जाता है।

नए टेलिस्कोप की संस्थापना से पहले सोवियत विज्ञान अकादमी की पुल्कोव स्थित मुख्य खगोलिक वेधशाला के वैज्ञानिकों ने कई वर्षों तक सोवियत संघ के विभिन्न क्षेत्रों का जलवायविक अन्वीक्षण किया। अन्वीक्षणाधीन क्षेत्रों में से मुख्य थे : कुबान के स्तेपी (मैदानी इलाके), काकेशस, जार्जिया, आर्मेनिया, पामीर, त्यान शान, इसिक-कूल झील और उस्सूरी इलाका। इन खोजों के पश्चात उत्तरी काकेशस का एक क्षेत्र स्ताव्रोपोल चुना गया। छह मीटर चौड़े दर्पण वाला विशाल टेलीस्कोप यहीं लगाया गया।

सच पूछा जाए, तो सोवियत संघ में खगोलिक प्रेक्षणों के लिए इससे कहीं बेहतर क्षेत्र भी हैं, जैसे मध्य एशिया और पामीर। लेकिन ये क्षेत्र दुर्गम हैं, यहाँ बृहत-वेधशाला के निर्माण में अधिक तकनीकी कठिनाइयाँ हैं, अधिक खर्च है। इस के अतिरिक्त, ये क्षेत्र अन्य बड़े अध्ययन-केंद्रों से बहुत दूर हैं। इसी लिए उत्तरी

काकेशस को वरीयता दी गई।

खगोलिक प्रेक्षणों की उत्तम परिस्थितियाँ निश्चय ही वातावरण से बाहर, अर्थात् अंतरिक्ष में हैं। यहाँ तारे झिलमिलाते नहीं हैं, शांत शीतल प्रकाश देते हुए जलते रहते हैं।

आम नक्षत्र-पुंज अंतरिक्ष से ठीक उसी तरह दिखते हैं, जैसे पृथ्वी से। तारे हमसे विराट दूरियों पर स्थित हैं और धरातल से कुछके सौ किलोमीटर दूर जाने पर उनकी दृश्यमान पारस्परिक स्थिति में कोई अंतर नहीं आएगा। यहाँ तक कि प्लूटोन से भी नक्षत्र-पुंज के चित्र ठीक ऐसे ही मिलेंगे।

पृथ्वी के निकटवर्ती कक्षक पर गतिमान अंतरिक्षयान से एक परिक्रमा के दौरान पार्थिव खमंडल के लगभग सभी नक्षत्र-पुंज देखे जा सकते हैं। अंतरिक्ष से तारों के प्रेक्षण में दो अभिरुचियाँ हैं : खगोलिकीय और खनाविकीय (यान चालन संबंधी)। वातावरण से अछूते और अपरिवर्तित तारक-प्रकाश का प्रेक्षण भी विशेष महत्त्वपूर्ण है।

अंतरिक्ष में तारों के सहारे यान-चालन का भी महत्त्व कम नहीं है। दिशा-निर्धारण के लिए पहले से चुने गए तारों के आधार पर यान का दिशाभिमुखन ही नहीं, व्योम में उसकी स्थिति का निर्धारण भी किया जा सकता है।

लंबे समय से खगोलविद चाँद की सतह पर वेधशाला के सपने देख रहे थे। आशा की जाती थी कि पृथ्वी के प्राकृतिक उपग्रह पर वातावरण की अनुपस्थिति चंद्र-रात्रि में भी और चंद्र-दिन में भी खगोलिक प्रेक्षणों के लिए आदर्श परिस्थितियाँ प्रस्तुत करेगी।

चाँद पर खगोलिक प्रेक्षण की परिस्थितियों के अध्ययन के लिए विशेष अन्वीक्षण संपन्न किए गए। सोवियत स्वचल एवं सुचल प्रयोगशाला 'लुनोखोद-2' पर विशेष उपकरण-खगोलिक प्रकाशमापी (फोटो-मीटर)—लगाया गया, जिसे सोवियत विज्ञान अकादमी की क्रीमिया स्थित वेधशाला के वैज्ञानिकों ने बनाया था। उपकरण को 'लुनोखोद' पर इस तरह लगाया गया था कि उसका प्रकाशिकीय अक्ष सदा चंद्र-नभ के ठीक मध्य की ओर निर्दिष्ट रहता था।

मापों के परिणाम कुछ अप्रत्याशित निकले। पता चला कि चाँद पर दृश्य-किरणों तथा विशेषकर पराबैंगनी किरणों में आकाश की प्रदीप्ति आशा से बहुत अधिक है। इस प्रदीप्ति के लंछकों (विशेषता-सूचक राशियों) के अध्ययन से स्थापित किया गया है कि इसका कारण चंद्रवर्ती व्योम में धूल-कणों की उपस्थिति है।

इस संबंध में अनुमान लगाया गया कि चाँद के गिर्द धूल-कणों के विरल समूह हैं, जो चंद्रतल (चाँद की सतह) पर उल्काओं और सूक्ष्म उल्काओं की

बमबारी के कारण उत्पन्न होते हैं। ये कण चाँद की सतह से कुछ ऊँचाई पर विद्युस्थैतिक बल के प्रभाव से रुके रहते हैं। वे सूर्य ही नहीं, पृथ्वी के भी प्रकाश को प्रकीर्णित करते हैं। चंद्र-नभ में पृथ्वी 40 गुना अधिक प्रकाशमान पिंड लगता है, बनिस्बत कि पार्थिव आकाश में चाँद।

तुंगुस्का की उल्का

साइबेरिया, 1908 में एक रहस्यमय घटना घटी थी, जो आज भी लोगों का ध्यान आकर्षित करती है।

उस वर्ष 30 जून की सुबह तैगा की शतियों पुरानी नीरवता अचानक पहली बार भंग हुई थी। इस का कारण था आकाश में विशाल वेग से उड़ता हुआ एक अति चमकदार पिंड। उस ने कुछ क्षणों के लिए सूर्य को भी निस्तेज कर दिया था। अपने पीछे गाढ़ा काला धुआँ छोड़ता हुआ वह तेजी से क्षितिज के पार ओझल हो गया। लेकिन क्षण भर बाद ही पोदकामेन्नाया तुंगुस्का नदी के क्षेत्र में स्थित वानोवार वाणिज्य-केंद्र के समीप एक विशाल अग्नि-स्तंभ उत्पन्न हुआ, जिसे 450 किलोमीटर की दूरी से भी अच्छी तरह देखा जा सकता था। साथ-साथ धुएँ का बहुत बड़ा गुबार भी था। विस्फोट की आवाज 100 किलोमीटर तक गूँज उठी थी। विशाल क्षेत्र पर मानो भूडोल आया हुआ था, इमारतें दहल रही थीं, खिड़की-दरवाजों के शीशे टूट रहे थे, लटकी चीजें तेजी से झूल रही थीं। उस समय पृथ्वी के अनेक भुकंपलेखी केंद्रों ने धरती का कंपन अभिलेखित किया था। चोट से उत्पन्न वायवी तरंगें पृथ्वी की कई बार परिक्रमा कर चुकी थीं...

तुंगुस्का के पास इस दैवी प्रकोप के स्थल पर पहली खोज-अभियान सिर्फ अक्टुबर क्रांति के बाद सन् 1017 ई. में ही सोवियत विज्ञान अकादमी द्वारा संगठित किया जा सका। 1928-1930 के बीच सिर्फ दो अतिरिक्त अभियान संगठित किए गए, 1938 में प्रकोप-क्षेत्र की हवाई फोटोग्राफी की गई, लेकिन यह पूर्ण नहीं थी।

इसके बाद द्वितीय महायुद्ध के समय अन्वीक्षण-कार्य रोक देने पड़े। तुंगुस्का-क्षेत्र में अगला अभियान सिर्फ 1958 में संगठित हो सका। पिछले वर्षों में तुंगुस्का प्रकोप-क्षेत्र का अध्ययन कई स्वतंत्र (अनधिकृत) अभियानों ने किया, वे अन्वीक्षण के अच्छे साधनों एवं उपकरणों से लैस थे। इस क्षेत्र में सोवियत अकादमी के अभियानों ने भी काम किया।

प्रथम अन्वीक्षणों से ही कई रहस्यमय बातें सामने आईं। पहली बात कि जमीन में एक भी गड्ढा नहीं मिला, जो अक्सर अंतरिक्षी पिंडो के गिरने से बन

जाता है। कोई उल्का-खंड भी नहीं मिला। जंगल दसियों किलोमीटर के विस्तृत क्षेत्र में ध्वस्त हो गया था। गिरे हुए पेड़ों के तने साफ-साफ विस्फोट केंद्र की दिशा दिखा रहे थे। लेकिन केंद्र में, जहाँ ध्वंस सबसे अधिक होना चाहिए था, पेड़ अपनी जगह पर खड़े थे। सिर्फ उनकी फुनगियाँ और लगभग सभी टहनियाँ इस तरह टूटी हुई थीं, मानो वायवी तरंग ने उनपर ऊपर से चोट की हो।

अनुमान लगाया गया कि उल्का-विस्फोट जमीन से बहुत ऊँचाई पर हवा में ही हो गया था। वस्तु-स्थिति को देखते हुए निष्कर्ष निकाला गया कि यह बिंदु-प्रकृति का विस्फोट था, अर्थात् सेकेंड के कुछ शतांशों में ही संपन्न हो गया था। यदि ऐसा नहीं होता, तो पेड़ ठीक विस्फोट-केंद्र से निकलती त्रिज्य-दिशाओं में नहीं गिरते। इस आधार पर रहस्यमय पिंड के बारे में तरह-तरह की परिकल्पनाएँ आईं, जिनमें कुछ तो बिल्कुल गल्पिक थीं, जैसे : किसी अन्य ग्रह से आए लोगों का अंतरिक्ष-यान पृथ्वी पर आया था, जिसके साथ तुंगुस्का के क्षेत्र पर उड़ते समय नाभिकीय दुर्घटना हो गई थी।

लेकिन जितने भी अनुमान व्यक्त किए गए (यहाँ सिर्फ वैज्ञानिक परिकल्पनाओं की बात चल रही है), उनमें कोई न कोई गंभीर त्रुटि निकलती रही, वैज्ञानिक लोग किसी एक मत पर नहीं पहुँच सके।

तुंगुस्का की उल्का के उदाहरण से एक रोचक नियमसंगति दिखाई जा सकती है, ज़ो प्रकृति की ऐसी रहस्यमय संवृत्तियों के अध्ययन से संबंधित है, जिनका लंबे समय तक कोई पूर्ण वैज्ञानिक स्पष्टीकरण नहीं मिल पाता। नियमसंगति है : ऐसी संवृत्तियों को स्पष्ट करने के लिए तदनुरूप विज्ञानों की हर नई मूलभूत खोज का उपयोग होता है।

जब प्राथमिक कणों की भौतिकी में एंटीकण तथा एंटीद्रव्य की खोज हुई, तो किसी ने अनुमान व्यक्त किया कि तुंगुस्का की उल्का एंटीद्रव्य का ही एक टुकड़ा था। अरबों वर्ष से अंतरिक्षी व्योम में भ्रमण करता हुआ वह हमारे ग्रह से आ टकराया। सुविदित है कि जब द्रव्य और एंटीद्रव्य परस्पर स्पर्श विद्युचुंबकीय विकिरण में परिणत हो जाते हैं और विराट मात्रा में ऊर्जा उत्सर्जित होती है। नई परिकल्पना के जन्मदाता तुंगुस्का की उल्का के विनाशकारी प्रभाव को इसी तरह समझाने की कोशिश कर रहे थे।

तुंगुस्का में गिरी उल्का की 'एंटीप्रकृति' का अनुमान विशेष लोकप्रिय नहीं हुआ, क्योंकि इस बात का कोई उत्तर नहीं मिल रहा था कि एंटीद्रव्य का टुकड़ा इतने वर्षों तक अंतरिक्ष में कैसे भटक सकता था। अंतरातारक एवं अंतराग्रही व्योम में अनेकानेक कण (सामान्य कण) बिखरे हुए हैं, जो उससे टकरा-टकरा कर

उसे कब का नष्ट (प्रतिलीन) कर चुके होते।

तुंगुस्का की घटना को समझाने की एक और कोशिश हुई थी, जिसमें हमारी शती की एक अन्य महत्त्वपूर्ण भौतिकीय खोज का सहारा लिया गया था—क्वांटमी जनित्र, अर्थात् लेसर की खोज का।

नए विचार के अनुसार तुंगुस्का क्षेत्र में हुए 'उत्पादों' का कारण यह था कि उस क्षण कोई शक्तिशाली अंतरिक्षी-लेसर-किरण हमारे ग्रह पर फिसल आई थी, जिसका स्रोत ज्ञात नहीं है...लेकिन यह व्याख्या इतनी गल्पिक लग रही थी कि उसे किसी ने भी गंभीरता से नहीं लिया।

बिल्कुल हाल के वर्षों में तुंगुस्का की दुर्घटना को नए भौतिकीय विचारों के साथ जोड़ने का एक और प्रयत्न हुआ था। इस बार 'काले विवर' की परिकल्पना का उपयोग किया गया; जिसे भौतिकविद और खगोलविद तेजी के साथ विकसित कर रहे थे। काले विवर ऐसे पिंड को कहते हैं, जिसमें द्रव्य इस हद तक संपीडित होता है कि खुद के गुरुत्वाकर्षण में 'कैद' हो जाता है। इस तरह का पिंड परिवेशी द्रव्य को सिर्फ अवशोषित कर सकता है, लेकिन उससे कोई भी कण या विकिरण उत्सर्जित नहीं हो सकता (काले विवरों के बारे में सविस्तार देखें अध्याय 3 में)। इसी के आधार पर टेक्सास विश्वविद्यालय के भौतिकविद ए. जेक्सन और एम. रिआन ने यह अनुमान व्यक्त किया, कि तुंगुस्का की उल्का एक छोटा-मोटा काला विवर था, जो विशाल वेग से पार्थिव वातावरण में प्रविष्ट हो गया था।

लेकिन विभिन्न देशों के भौतिकविदों द्वारा संपन्न कलनों ने दिखाया कि पृथ्वी के साथ काले विवर के टकराने पर जिस तरह की संवृत्तियाँ प्रेक्षित होनी चाहिए थीं, उनका तुंगुस्का की घटना के साथ कोई मेल नहीं बैठता।

लेकिन साथ-साथ तुंगुस्का की घटना का गंभीर वैज्ञानिक अन्वीक्षण भी चलता रहा।

भूभौतिकी-संस्थान में सोवियत वैज्ञानिकों ने तुंगुस्का की उल्का के विस्फोट का प्रतिमान प्राप्त करने के लिए अत्यंत रोचक प्रयोग संपन्न किए। विशेष कक्ष में दुर्घटनाग्रस्त क्षेत्र की तदनुरूप पैमाने पर अनुकृति तैयार की गई, जिसमें पेड़ों के तनों की जगह तार के टुकड़े लगे हुए थे। फिर इस अनुकृति पर भिन्न ऊँचाइयों व बिंदुओं पर बारूद से छोटे-छोटे विस्फोट किए गए। उन्हें भिन्न कोणों पर भिन्न वेगों के साथ संपन्न किया गया था। ऐसे हर प्रयोग में 'जंगली पेड़ों' के गिरने का अलग-अलग चित्र मिला। कुछ परिस्थितियों में वैसे चित्र भी मिले, जैसे तुंगुस्का के दुर्घटनाग्रस्त क्षेत्र में थे।

प्राप्त परिणामों के विश्लेषण से निर्धारित किया जा सका कि तुंगुस्का की

उल्का 30-50Km/s के वेग से गतिमान थी और विस्फोट 5 से 15 किलोमीटर की ऊँचाई पर हुआ था। विस्फोट की शक्ति 20-40 मेगाटन त्रिनीट्रोटोलुएन के विस्फोट के संमतुल्य थी। जहाँ तक दुर्घटनाग्रस्त क्षेत्र में ध्वंस का संबंध है, तो उसका कारण अभिघाती तरंग थी। यह तरंग विस्फोट-स्थल से नीचे आई थी और धरती से परावर्तित हो कर पुनः ऊपर चली गई थी।

एक रोचक परिकल्पना विख्यात सोवियत खगोलविद और उल्का-विशेषज्ञ वी. फेसेन्कोव ने प्रस्तुत की। उनके अनुसार 1908 की गर्मियों में पृथ्वी का वास्ता धूमकेतु के बर्फीले नाभिक से पड़ा था। सोवियत वैज्ञानिक के स्तान्युकोविच ने कलन द्वारा दिखाया कि धूमकेतु की सुगलनीय बर्फ परास्वनिक वेग से पार्थिव वातावरण में प्रवेश करने के बाद पहले तो अपेक्षाकृत धीरे-धीरे वाष्पित हुई, लेकिन बाद में जब बर्फ का सारा पिंड पर्याप्त गर्म हो गया (यह हवा की निचली, अधिक घनी परतों में होना था), वह क्षण भर में गैसीय पिंड में परिणत हो गया। यही शक्तिशाली विस्फोट था।

तदनुरूप कलनों से पता चला कि ऐसी परिकल्पना तुंगुस्का की दुर्घटना के समय और उसके बाद की सभी संवृत्तियों की पर्याप्त संतोषजनक व्याख्या प्रस्तुत कर सकती है। लेकिन इस परिकल्पना को वरीयता देने के लिए अतिरिक्त तथ्यों की आवश्यकता थी। विशेषकर इसलिए कि सन् 1908 ई. में सूर्य के निकट कोई धूमकेतु नजर नहीं आया था। जाहिर है, कि छोटा-मोटा धूमकेतु अनवलोकित रह गया हो, फिर भी इस परिकल्पना की पुष्टि के लिए अन्य स्वतंत्र तथ्य आवश्यक थे। बाद में वे मिले भी।

खगोलविदों ने बहुत पहले ही ध्यान दिया था कि जब आकाश में बहुत बड़ी उल्का-संवृत्ति दिखाई देती है (अर्थात् जब कोई पर्याप्त बड़ा आकाशीय पिंड पार्थिव वातावरण में प्रविष्ट होकर हवा के साथ घर्षण की गर्मी से जल उठता है और चिनगारियाँ छोड़ते हुए चमकदार गोले के रूप में आगे बढ़ता है), सामान्यतः उस क्षेत्र में जमीन पर कोई उल्काश्म नहीं गिरता। इस बात की पुष्टि पिछले वर्षों चेखोस्लोवाकी तथा अमरीकी खगोलविदों के प्रेक्षणों से हुई, जिन्होंने बड़ी उल्काओं की फोटोग्राफी के लिए विशेष केंद्रों का एक जाल संगठित किया है।

इस तरह निष्कर्ष यही निकलता है कि पार्थिव वातावरण में प्रविष्ट होने वाले अधिकांश अंतरिक्षी पिंड धरती तक नहीं पहुँच पाते। लेकिन पत्थर या लोहे पर्याप्त बड़े उल्काश्मों को धरती पर गिरना ही चाहिए। इन्हीं बातों से यह विचार उठता है कि तुंगुस्का क्षेत्र में दुर्घटना लाने वाले पिंड और वृहत उल्का की संवृत्ति उत्पन्न करने वाले पिंडों की भौतिकीय प्रकृति अवश्य ही समान रही होगी।

हाल में मास्को के खगोलविद वि. ब्रोंश्तेइन ने 33 चमकदार वृहत उल्काओं से संबंधित आँकड़ों की तुलना तुंगुस्का की उल्का के आँकड़ों से की। वे इस निष्कर्ष पर पहुँचे कि तुंगुस्का की उल्का और उन अधिकांश वृहत उल्काओं के बीच भौतिकीय साम्यताएँ हैं, जो अंतराग्रही व्योम से पार्थिव वातावरण में प्रवष्टि हो कर बड़े गोले के रूप में जल उठती हैं, लेकिन धरातल तक कभी नहीं पहुँचतीं। अन्य शब्दों में, इन सभी पिंडों का घनत्व और उनकी दृढ़ता कम होती है, ये वातावरण में गति करते समय सरलता से नष्ट हो जाते हैं।

पिछले वर्षों में एक और परिकल्पना का जन्म हुआ है, जिसे एक तरह से धूमकेतु में बर्फीले नाभिक होने के विचार का विकास माना जा सकता है। इसके जन्मदाता सोवियत वैज्ञानिक अकादमीशियन गि. पेत्रोव हैं। इनके कलनों के अनुसार तुंगुस्का में दुर्घटना लाने वाली उल्का बर्फ का एक विशाल पिंड थी, जिसका नाभिक (मध्य भाग), बेहद भुरभुरा था। पिंड बर्फ के क्रिस्टलों से बना था, उसका द्रव्यमान लगभग 100 हजार टन था, व्यास करीब 300 मीटर था और औसत घनत्व पानी के घनत्व से दसियों गुना कम था।

ध्वनि-वेग के सौ गुना से भी अधिक वेग से पार्थिव वातावरण में प्रविष्ट होते ही बर्फ का पिंड गर्म हो उठा और तेजी से वाष्पित होने लगा। धरातल के निकट कुछ ऊँचाई पर पहुँचते-पहुँचते पिंड का बचा-खुचा भाग और वाष्पन के कारण उसके पीछे छूटती हुई गैसें क्षण भर में प्रसारित हो गईं, जिससे शक्तिशाली अभिघाती तरंग उत्पन्न हुई। इसी तरंग ने दसियों किलोमीटर व्यास वाले जंगली क्षेत्र में पेड़ों को त्रिज्य दिशाओं में गिराया था।

यह परिकल्पना तुंगुस्का की उल्का के हवाई विस्फोट को और साथ ही जमीन में गड्ढे या उल्का-खंडों की अनुपस्थिति को अच्छी तरह समझाती है। फिर भी यह स्वीकार करना चाहिए कि तुंगुस्का की दुर्घटना के संबंध में सभी विशेषज्ञ आज भी एकमत नहीं हैं। और उसमें बहुत सी बातें आज भी अस्पष्ट हैं।

लेकिन एक बात विवादरहित है कि तुंगुस्का की उल्का प्रकृति की एक अनुपम घटना है और इसके प्रति वैज्ञानिकों की स्थायी रुचि निरर्थक नहीं है। संभव है कि इस आश्चर्यजनक घटना के और आगे अध्ययन से अंतरिक्षी तथा भूभौतिकीय प्रक्रियाओं का कोई नया पक्ष सामने आ जाए।

खनाविकी से खगोलिक ज्ञान की जाँच

क्या वस्तु का दूर से अन्वीक्षण कर के विश्वसनीय सूचनाएँ प्राप्त की जा सकती हैं?

इस प्रश्न का खगोलिकी के साथ बिल्कुल सीधा संबंध है, क्योंकि अंतरिक्षी पिंड पृथ्वी से विराट दूरियों पर स्थित होते हैं। ब्रह्मांड के अन्वीक्षकों के पास अभी हाल तक उनके प्रत्यक्ष अध्ययन की कोई संभावना नहीं थी। पिछले वर्षों में उसकी संभावना बढ़ी है, क्योंकि राकेट-तकनीक का द्रुत विकास हुआ है, अंतरिक्षी व्योम पर मनुष्य का अधिकार बढ़ता जा रहा है। हमारे देखते-देखते अंतरिक्षी खगोलिकी का जन्म हुआ है : अंतरिक्ष-यान मापक एवं टेलीवीजनी उपकरणों को आकाशीय पिंडों के निकटतम क्षेत्रों में या उनकी सतह पर भी पहुँचा देते हैं।

अब वास्तविक संभावनाएँ उत्पन्न हो चुकी हैं कि सौर मंडल से संबंधित ज्ञान की, जो संतति दर संतति संचित होता आ रहा है, नए अंतरिक्षी आँकड़ों के साथ तुलना की जा सके। तुलना का परिणाम क्या हुआ?

इस प्रश्न का कुछ विरोधाभासी रूप में ही सही, लेकिन एक खूबसूरत उत्तर सोवियत विज्ञान अकादमी के उम्मीदवार-सदस्य ई. श्क्लोव्स्की ने अपने एक भाषण में दिया था :

"अंतरिक्षी उपकरणों की सहायता से सौर-मंडल के अध्ययन की महान उपलब्धि यह है कि इस क्षेत्र में कोई महान खोज नहीं हुई। ऐसा नहीं हुआ कि पुराना ज्ञान गलत सिद्ध हो गया। खगोलिकी ने विकास के 'पार्थिव चरण' पर रह कर सौर-मंडल में चलने वाली प्रक्रियाओं का जो सैद्धांतिक आरेख प्राप्त किया था, उसकी पूर्णतया पुष्टि हो गई..."

यह निष्कर्ष अत्यंत महत्त्वपूर्ण है। दूरियों और उनसे उत्पन्न कठिनाइयों के बावजूद भी खगोलिक अन्वीक्षण हमें ब्रह्मांड के बारे में विश्वसनीय ज्ञान प्रदान करते हैं।

लेकिन यह सोचना भी भोलापन होगा कि खगोलिकी का काम सिर्फ पुष्टि करना ही है। यदि ऐसा होता, तो शायद उसे इतना विकसित करने की आवश्यकता भी नहीं थी। अंतरिक्षी पिंडों के अध्ययन की नई रीति कई स्थितियों में परंपरागत रीतियों से अधिक कारगर है। इसकी सहायता से सिद्धांततः नई सूचनाएँ प्राप्त की जा सकती हैं, जिन्हें पृथ्वी से प्राप्त करना संभव नहीं; अंतरिक्षी प्रक्रियाओं और संवृत्तियों के महत्त्वपूर्ण पक्षों को स्पष्ट किया जा सकता है, इन प्रश्नों के उत्तर प्राप्त किए जा सकते हैं, जो चिरकाल से स्पष्ट नहीं थे।

उदाहरणतया, चाँद पर अंतरिक्षी उपकरण भेजने से पहले तक वहाँ की मिट्टी के गुणों के बारे में बहस ही चलती रही थी। लोगों का यह विचार था कि अरबों वर्षों से उल्का-पिंडों की बमबारी चाँद की ऊपरी परत की महीन धूल में परिणत कर चुकी होगी, यह परत इतनी मोटी होगी कि वहाँ उतरने वाले यान उसमें डूब जाएँगे। इस परिकल्पना की जाँच का काम गोर्की रेडियो-भौतिकी संस्थान ने अपने

ऊपर लिया।

चाँद की सतह के अध्ययन के लिए उस पर नर्म रेडियो-किरणें भेजी गईं। निष्कर्ष निकला : चाँद पर धूल की मोटी परत नहीं है, वहाँ की जमीन पर्याप्त कठोर है और यांत्रिक गुणों के अनुसार गीली रेत की याद दिलाती है। जाहिर है कि चाँद की ऊपरी परत गीली नहीं है। यहाँ यांत्रिक गुणों की साम्यता की बात चल रही है।

इस निष्कर्ष की पुष्टि चाँद पर उतरने वाले अनेक अंतरिक्षी उपकरणों ने की, यहाँ तक कि सोवियत 'लुनोखोदों' (चंद्रचरों) और अमरीकी चंद्र-अभियान के सदस्यों ने भी।

पहले इस प्रश्न का उत्तर देने के लिए उन सिद्धांतों से परिचित होना चाहिए, जिनपर ये रीतियाँ आधारित हैं। मुख्य सिद्धांत यह है कि अध्ययन स्वयं अंतरिक्षी पिंडों का नहीं, बल्कि उनके विकिरण (विद्युचुंबकीय एवं कणिकीय विकिरण) का होता है। इस विकिरण के गुण उसके स्रोतों के गुणों पर निर्भर करते हैं। यदि अन्य शब्दों में कहें, तो विकिरण में अंतरिक्षी पिंडों और ब्रह्मांड में चलने वाली विभिन्न प्रक्रियाओं के गुणों से संबंधित सूचनाएँ अंतर्निहित होती हैं।

इस तरह खगोलिक अन्वीक्षण वस्तुतः अंतरिक्ष से आने वाले विभिन्न विकिरणों का प्रेक्षण और अभिलेखन, उनका विश्लेषण और उनसे तदनुरूप सूचनाओं का निष्कर्षण है। इनकी रीतियाँ ऐसी हैं, जिन्हें भौतिकविद पृथ्वी की प्रयोगशालाओं में सफलता-पूर्वक उपयोग में ला रहे हैं या जिनकी सर्वमुखी प्रायोगिक जाँच संभव है।

पिछली शती में फ्रांसीसी वैज्ञानिक औगुस्ट कोंट ने खुलेआम घोषित किया था कि आदमी सितारों का रासायनिक गठन कभी भी नहीं जान सकता। लेकिन जैसा कि अन्य अनेक निराशावादी अनुमानों के साथ हुआ है, यह मनहूस भविष्यवाणी भी सत्य नहीं उतरी। इसका बहुत जल्द ही खंडन हो गया। दूरस्थ पिंडों का रासायनिक गठन निर्धारित करने की एक बहुत ही विश्वसनीय तथा कारगर रीति ज्ञात हो गई, जो भौतिकविदों द्वारा विकसित की गई थी और पृथ्वी की प्रयोगशालाओं में अनेकानेक बार जांची जा चुकी थी। यह प्रकाशीय विकिरण के स्पेकट्रमी विश्लेषण की रीति थी। स्पेकट्रमी अन्वीक्षणों से अंतरिक्षी विकिरण-स्रोतों का रासायनिक गठन ही नहीं, उनकी भौतिक अवस्था, उनका तापक्रम, चुंबकीय गुण, व्योम में उनका वेग आदि भी निर्धारित किया जा सकता है। इनसे अनेक अन्य प्रश्नों के भी उत्तर मिल सकते हैं, जिनमें वैज्ञानिकगण रुचि रखते हैं।

यही बात अन्य खगोलिक अन्वीक्षण-रीतियों के बारे में भी कही जा

सकती है।

अंत में इस बात की ओर भी ध्यान दिलाना आवश्यक है कि अंतरिक्षी खगोलिकी अपनी 'बहन' पार्थिक खगोलिकी की बिल्कुल उपेक्षा नहीं कर सकती। अंतरिक्षी संवृत्तियों के अध्ययन से संबंधित अनेक ऐसी समस्याएँ हैं, जिनके लिए साथ-साथ प्रकाशिकीय रेडियो-खगोलिक अन्वीक्षणों, विभिन्न रीतियों से प्राप्त आँकड़ों की तुलना भी अत्यावश्यक है। अंतरिक्षी कक्षकों से संपन्न प्रेक्षणों का भौतिकीय सार सिर्फ इन्हीं परिस्थितियों में स्पष्ट किया जा सकता है। पार्थिव खगोलिकीय संकुल के बिना ब्रह्मांड से संबंधित विज्ञान का सुगठित विकास असंभव है।

एक परिकल्पना की किस्मत

मंगल ग्रह के दो नन्हें उपग्रह हैं : फोबोस (Phobos) और देइमोस (Deimos) देइमोस ग्रह से 23 हजार किलो मीटर दूर स्थित कक्षक पर परिक्रमा करता है और फोबोस 9 हजार किलोमीटर दूर स्थित कक्षक पर। याद करें कि चाँद पृथ्वी से 385 हजार किलोमीटर दूर है। यह मंगल से फोबोस की दूरी से करीब 40 गुनी अधिक है।

फोबोस और देइमोस के अध्ययन का पूरा इतिहास आश्चर्यजनक घटनाओं और रोचक रहस्यों से भरा पड़ा है। खुद ही देख लें : मंगल के इन दो छोटे उपग्रहों का प्रथम वर्णन किसी वैज्ञानिक कृति में नहीं, बल्कि जोनाथन स्विफ्ट की विख्यात कृति 'गुलिवर की यात्राएँ' के पृष्ठों पर मिलता है, जो 18-वीं शति के आरंभ में लिखी गई थी।

गुलिवर एक बार एक उड़न-द्वीप लापूता पर पहुँच गया था। वहाँ के खगोलविदों ने बताया कि उन्होंने दो नन्हें उपग्रहों की खोज की है; जो मंगल की परिक्रमा करते हैं।

वास्तविकता में मंगल के इन 'चंद्रमाओं' की खोज इस उपन्यास के प्रकाशन के डेढ़ सौ वर्ष बाद 1877 में ए. हौल ने की थी, जब मंगल महा वियुति की स्थिति में था। खोज ऐसे समय हो सकी थी, जब वातावरणीय परिस्थितियाँ अपवाद रूप से अनुकूल थीं, फिर भी कई दिनों तक श्रमसाध्य प्रेक्षण जारी रखना पड़ा था, उपकरण और आदमी की आँख को पूर्ण क्षमता के साथ काम करना पड़ा था।

यह कहना मुश्किल है कि स्विफ्ट ने किस आधार पर मंगल के उपग्रहों के होने का अनुमान लगाया था। कम से कम टेलीस्कोपिक प्रेक्षण के आधार पर तो नहीं ही। शायद स्विफ्ट यह मान कर चले थे कि सूर्य से दूर होने पर ग्रहों के

उपग्रहों की संख्या बढ़नी चाहिए। उस समय यह ज्ञात था कि शुक्र का कोई उपग्रह नहीं है, वृहस्पति के चार उपग्रह हैं, जिनकी खोज गैलीली ने 1610 में की थी। इस तरह एक गुणोत्तर श्रेणी बनती थी, जिसमें खाली जगह मंगल ग्रह के लिए थी, अतः उसके दो उपग्रह होने चाहिए थे।

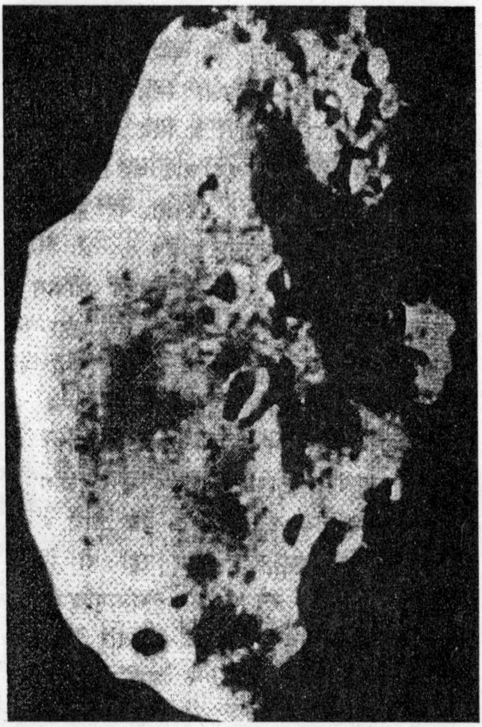

चित्र 5 : मंगल का उपग्रह—फोबोस।

लेकिन स्विफ्ट ने सिर्फ फोबोस और देइमोस की विद्यमानता ही नहीं बताया, बल्कि यह भी भविष्यवाणी की कि मंगल के निकटतम उपग्रह के कक्षक का व्यास मंगल के व्यास का तिगुना होना चाहिए और दूरस्थ उपग्रह का पाँच गुना होना चाहिए। मंगल के व्यास का तिगुना-इसका अर्थ है लगभग 20 हजार किलोमीटर। देइमोस का कक्षक लगभग इतना ही चौड़ा है। यह बात और है कि यह कक्षक भीतरी उपग्रह का नहीं है, जैसा कि स्विफ्ट ने बताया था, बल्कि बाहरी का है। ऐसा संयोग आश्चर्यजनक है, फिर भी यह संयोग ही है।

मंगल के उपग्रहों की ओर अगली बार हमारी सदी के उत्तरार्ध में ध्यान दिया गया। अलग-अलग वर्षों के प्रेक्षणों की तुलना के आधार पर खगोलविद इस निष्कर्ष पर पहुँचे कि मंगल के निकटतम उपग्रह फोबोस की गति धीरे-धीरे मंदित हो रही है, जिसके कारण वह ग्रह की सतह के निकट होता जा रहा है। यह सवृत्ति रहस्यमय थी, क्योंकि प्रेक्ष्य मंदन को किसी भी ख-यांत्रिकीय प्रभाव द्वारा समझाने में सफलता नहीं मिल रही थी।

सिर्फ एक चारा बचा था—यह मान लेना कि फोबोस का मंदन मंगलीय वातप्रवेगिक प्रतिरोध से संबंधित है। लेकिन कलन से सिद्ध हुआ कि यदि मंगल

का गैसीय आवरण 7 हजार किलोमीटर की ऊँचाई पर ऐसा प्रतिरोध उत्पन्न करता है, तो फोबोस का घनत्व अविश्वसनीय रूप से कम होना चाहिए।

उसी समय यह मौलिक विचार उत्पन्न हुआ : फोबोस का घनत्व इतना कम होने का कारण यह है कि वह भीतर से खोखला है। लेकिन हम कोई ऐसी प्राकृतिक प्रक्रिया नहीं जानते, जिसके फलस्वरूप खोखले आकाशीय पिंड बनते हों। विचार यही आता था कि फोबोस और शायद देइमोस भी मंगल के कृत्रिम उपग्रह हैं, जिन्हें लाखों वर्ष पूर्व किन्हीं संबुद्ध प्रणियों ने बनाया था, जो मंगल पर ही रहते थे या अंतरिक्ष के किसी अन्य भाग से उड़ कर आए थे।

आज अंतरिक्षी उपकरणों की सहायता से मंगल के उपग्रहों के फोटो पर्याप्त निकट से खींचे जा चुके हैं और अब उनकी नैसर्गिक उत्पत्ति में कोई संदेह नहीं रह गया है, इसीलिए हो सकता है कि इस काल्पनिक विचार की याद दिलाना आवश्यक न लगे। लेकिन इसका संबंध एक रोचक घटना के साथ है, जो बहुत ही शिक्षाप्रद है।

एक तरफ तो विज्ञान है और दूसरी तरफ विज्ञान-गल्प है। उपरोक्त परिकल्पना किस क्षेत्र में आती है, यह कहना कठिन है। यदि फोबोस की गति सचमुच मंद हो रही है, तो इसका मतलब यह हो सकता है कि मंगल का उपग्रह खोखला है। यह एक ठीक-ठाक वैज्ञानिक परिकल्पना है। इसका आधार खगोलिक आँकड़ें हैं और यह तदनुरूप गणितीय कलनों की सहायता से एक निश्चित प्रकार का निष्कर्ष देती है। वैज्ञानिक परिकल्पना का सामान्य आरेख अक्सर निम्न रूप में दिया जा सकता है : "यदि वह है, तो यह है।" इस आरेख के बाहर की बातें विज्ञान-गल्प के क्षेत्र में आती हैं।

उपरोक्त परिकल्पना का भविष्य पहले से ही निश्चित था : किसी भी अन्य वैज्ञानिक परिकल्पना की भाँति इसे भी सत्य उतरना था, या खंडित हो जाना था। बहुत कुछ इसी बात पर निर्भर करता था कि फोबोस के मंदन का प्रेक्षण कहाँ तक शुद्ध है। प्रेक्षण की शुद्धता के खगोलिक उपकरण अपनी परिशुद्धता की सीमा पर काम कर रहे थे। शंका सही निकली...

जब मंगल के अध्ययन के लिए स्वचल अंतरिक्षी स्टेशन जैसे शक्तिशाली साधन अस्तित्व में आए, तो सारी बात अपनी जगह पर आ गई। अंतरिक्षी फोटो-चित्रों में साफ-साफ दिख रहा था कि फोबोस और देइमोस अनियमित आकृति के विशाल पिंड हैं और उनकी उत्पत्ति निस्संदेह नैसर्गिक है।

यदि अंतरिक्षी स्टेशनों द्वारा प्रेक्षित परिणामों की तुलना की जाए, तो निम्न तथ्य ज्ञात होंगे। फोबोस की परिमाप 27 गुणा 21 और देइमोस की परिमाप 15

गुणा 12 किलोमीटर है। वे मंगल की परिक्रमा उसके विष्वक तल पर स्थित लगभग वृत्ताकार कक्षकों पर उसके दैनंदिन घूर्णन की दिशा में करते हैं। देइमोस एक परिक्रमा 30 घंटे 18 मिनट में पूरा करता है और फोबोस 7 घंटे 39 मिनट में यदि यह ध्यान में रखा जाए कि मंगल ग्रह का एक अहर्निश 24½ घंटे से कुछ ज्यादा होता है, तो यह समझना मुश्किल नहीं होगा कि फोबोस का परिक्रमण-वेग मंगल के अहर्निशी घूर्णन-वेग से बहुत ज्यादा है। मंगल की सतह से हम देखते कि फोबोस और देइमोस के वृहत अक्षार्ध सदा मंगल के केंद्र की ओर निर्दिष्ट रहते हैं। (स्मरण करें कि हमारा चाँद भी पृथ्वी की परिक्रमा इसी प्रकार करता है, पृथ्वी की ओर सदा उसका एक ही हिस्सा उन्मुख रहता है।)

फोबोस के द्रव्यमान का मूल्यांकन पहले-पहल स्वचल स्टेशन 'वीकिंग-1' की उड़ान से संभव हुआ था। जब इस स्टेशन का कक्षकीय उपकोष्ठ मंगल के उपग्रह से 100 किलोमीटर की दूरी पर गुजरा, तो फोबोस के गुरुत्वाकर्षण के कारण उसके गतिपथ में उत्पन्न क्षोभ को अमरीकी वैज्ञानिकों ने निर्धारित किया। अब ऐसे आँकड़ों के आधार पर क्षोभक पिंड (अर्थात् फोबोस) का द्रव्यमान कलन करना कठिन नहीं था। फिर उसके आकार के आधार पर उसका औसत घनत्व भी ज्ञात किया जा सकता था। फोबोस का औसत घनत्व करीब 2 ग्राम प्रति घन सेंटीमीटर निकला। यह बिल्कुल सामान्य घनत्व है—उतना ही जितना अधिकांश उल्काश्मों का होता है। इस प्रकार, मंगल के उपग्रह की खोखली बनावट वाली परिकल्पना की आवश्यकता नहीं रही।

अब स्पष्ट हुआ कि इस परिकल्पना में कमजोर कड़ी कहाँ थी। यह फोबोस की गति के बारे में आरंभिक खगोलिक आँकड़ों में थी।

फोबोस का द्रव्यमान ज्ञात होने पर यह कलन किया जा सकता है कि उसकी सतह पर गुरुत्व-बल कितना होगा। वह पृथ्वी से करीब 2 हजार गुना कम होगा। लेकिन यह न सोचें कि अगर फोबोस की जमीन पर कोई अंतरिक्ष-यात्री उतरे, तो वह हल्की छलांग से ही वहाँ से अंतरिक्ष में निकल आए। कलन से ज्ञात होता है कि फोबोस की गुरुत्वाकर्षण-शक्ति को 'लांघ' कर उससे दूर जाने के लिए आवश्यक अल्पतम वेग (अर्थात् फोबोस के लिए द्वितीय अंतरिक्षी वेग) का औसत मान लगभग 11.7 मीटर प्रति सेकेंड है। यह कुछ कम नहीं है। पृथ्वी पर इतना वेग सिर्फ कोई खिलाड़ी ही प्राप्त कर सकता है, और वह भी ढाई मीटर ऊँचा उछलने के लिए। चूँकि पेशियों का प्रयत्न-बल सर्वत्र समान रहता है, इसलिए आप निश्चित रह सकते हैं कि पृथ्वी पर कोई ऐसा आदमी पैदा नहीं हुआ है, जो फोबोस से छलांग लगा कर उससे हमेशा के लिए दूर हो जाए।

फोबोस और देइमोस के फोटो-चित्र भी कम रुचिकर नहीं हैं। वे अंतरिक्षी स्टेशनों द्वारा सिर्फ कुछेक दस किलोमीटर की दूरी से लिए गए थे। मंगल के दोनों उपग्रहों की सतह पर चाँद की तरह ही ढेर सारे क्रेटर दिखाई देते हैं। फोबोस पर सबसे बड़े क्रेटर का व्यास 10 किलोमीटर है।

रोचक बात यह है कि जिस समय फोबोस के अल्प घनत्व की समस्या पर विवाद चल रहा था, उस समय एक ऐसा अनुमान भी व्यक्त किया गया था, जिसके अनुसार फोबोस के अल्प घनत्व का कारण उसका खोखलापन नहीं, वरन् उल्काओं की बमबारी के फलस्वरूप फोबोस के द्रव्य में सरंध्रता की उत्पत्ति थी। यह तब की बात है जब चाँद के ही क्रेटरों की उत्पत्ति पर बहस चल रही थी कि वे उल्काओं के गिरने से बने हैं या ज्वालामुखियों से। विज्ञान के इतिहास में ऐसे कई मजेदार उदाहरण मिलते हैं, जब गलत तथ्यों के आधार पर सही अनुमान लगाए गए थे।

फोबोस के चित्र में क्रेटरों के अतिरिक्त कत्तल (खाँचे) भी दिखते हैं, जो लगभग समांतर हैं और सौ-सौ मीटर तक चौड़े हैं। ये दूर-दूर तक फैले हैं। इन रहस्यमय पट्टियों की उत्पत्ति अबतक अस्पष्ट है। हो सकता है कि कोई बहुत शक्तिशाली उल्का गिर कर फोबोस को 'चनका' दी हो, जिससे उसमें ढेर सारे गहरे विदार बन गए। हो सकता है कि इन रहस्यमय खाँचों के बनने का कारण मंगल की ओर से ज्वार-भाटे का प्रभाव हो। इस अनुमान के समर्थन में एक तथ्य यह है कि मंगल से काफी दूर स्थित देहमोस पर ऐसे विवरण नहीं मिले हैं। यह तो आप जानते ही होंगे कि गुरुत्वाकर्षण का प्रभाव दूरी के वर्ग के अनुपात में कम होता है।

जहाँ तक फोबोस और देइमोस की उत्पत्ति का प्रश्न है, तो संभव है कि ये उडुज पिंड (क्षुद्रग्रह) रहे हों और मंगल की चपेट में आ गए हों। हो सकता है कि वे मंगल ग्रह से भी पहले के बने हों। जो भी हो, इनके अध्ययन से सौरमंडल की उत्पत्ति पर प्रकाश पड़ सकता है।

क्रेटर सर्वत्र हैं

जब से लोगों ने चाँद को दूरबीन में देखना शुरू किया है, तब से यह धारणा बनी हुई है कि हमारे प्राकृतिक उपग्रह की सबसे बड़ी विशेषता वलयाकार पर्वतों, अर्थात् क्रेटरों की बहुलता है। चंद्र-वर्तुल के दृश्य-क्षेत्र का अधिकांश भाग इन्हीं विरचनाओं के अधीन है। इनमें से कुछ के व्यास तो दो सौ, तीन सौ किलोमीटर हैं।

चंद्र-क्रेटरों की उत्पत्ति पर भी लंबे समय तक दो विचारों का संघर्ष चलता रहा था—वे उल्कापात से बने हैं या ज्वालामुखियों से। चाँद पर वलयाकार पर्व अंतरिक्षी पिंडों, अर्थात उल्काओं के गिरने से बने हुए गड्ढे हैं या बुझे हुए ज्वालामुखी पर्वत हैं—इस प्रश्न का जवाब देने के लिए चंद्र-अन्वीक्षकों के पास पर्याप्त मात्रा में आवश्यक आँकड़े नहीं थे। इस तरह के आँकड़े अंतरिक्षी उपकरणों द्वारा हमारे प्राकृतिक उपग्रह के अध्ययन से ही उपलब्ध हो सके। ये इस बात के साक्षी हैं कि चाँद पर अधिकांश क्रेटर चोट के फलस्वरूप उत्पन्न हुए हैं।

एक विशेष बात भी है : सौरमंडल के व्योम में भिन्न कालावधियों में भ्रमणशील उल्काओं की संख्या ऐसी थी (वर्तमान मूल्यांकनों के अनुसार) कि इससे चंद्रतल के विभिन्न क्षेत्रों में विद्यमान क्रेटरों की संख्या को समझाया जा सकता है। उदाहरणार्थ, आयु के अनुसार क्रेटरों की गिनती से पता चला कि चाँद पर उल्काओं की बमबारी उसके अस्तित्व के प्रथम एक अरब वर्ष में उससे अधिक तीव्रता से हुई थी। सौरमंडल के क्षेत्र में जैसे-जैसे उल्काओं की संख्या घटती गई, चंद्रतल पर उल्काघातों की भी संख्या कम होती गई। इससे इस तथ्य की भी व्याख्या हो जाती है चंद्र-सागरों में, जो महादेशीय क्षेत्रों की अपेक्षा कुछ बाद में बने थे, क्रेटरों की संख्या करीब तीस गुना कम है।

उल्लेखनीय है कि वर्तमान समय में चाँद पर उल्कापात की तीव्रता बहुत कम है : लगभग दो सौ किलोमीटर त्रिज्या वाले क्षेत्र में एक किलोग्राम की उल्का महीने में औसतन करीब एक बार गिरती है।

चंद्रतल पर सूक्ष्म उल्काएँ भी अपेक्षाकृत कम गिरने लगी हैं, लेकिन यदि खगोलिक कालांतर लिए जाएं, तो पूरे चाँद की सतह पर उनकी अभिक्रिया आज भी स्पृश्य ज़ोगी। इस बात के साक्षी सूक्ष्म क्रेटर-अंतरिक्षी द्रव्य के सूक्ष्मतम कणों की टक्कर से उत्पन्न सूक्ष्म गड्ढे—हैं, जो चाँद की मिट्टी में कंकड़ों पर पाए जाते हैं (यह पृथ्वी पर लाए गए उसके नमूनों में देखा गया है)। चाँद पर जहाँ-जहाँ से मिट्टी का नमूना लिया गया है, उसमें उल्का-द्रव्य का मिश्रण सर्वत्र मिला है।

चाँद पर वलयाकार पर्वतों की उत्पत्ति उल्कापात से हुई है, इस धारणा के समर्थन में एक आश्चर्यजनक तर्क मंगल के सुपरिचित उपग्रह फोबोस के अध्ययन से मिलता है। यह निस्संदेह कुछ विचित्र-सा लगता है।

एक रोचक बात स्पष्ट हुई। बताया जा चुका है कि फोबोस की सतह क्रेटरों से पटी हुई है। और वे निश्चय ही टक्करों के कारण उत्पन्न हुए हैं, क्योंकि मंगल का यह उपग्रह बहुत छोटा है—सिर्फ 27 किलोमीटर के करीब लंबा। स्पष्ट है कि उसकी गहराइयों में कोई भी ज्वालामुखीय प्रक्रिया नहीं चल सकती। इसका

मतलब यह है कि चाँद पर भी इस तरह के क्रेटर उल्कापात से ही बने होंगे। चाँद पर जिस प्रकार के क्रेटर हैं, वैसे क्रेटर सिर्फ फोबोस पर ही नहीं, सौरमंडल के अन्य पिंडों पर भी पाए गए हैं। यहाँ तक कि मंगल ग्रह पर भी। अंतरिक्षी फोटो-चित्रों में देखा जा सकता है कि इस ग्रह के अनेक क्षेत्र क्रेटरों से भरे हैं, जो चंद्र-क्रेटरों की याद दिलाते हैं। उसके भी अधिकांश क्रेटर उसकी अवधि में बन चुके थे, जिसमें चाँद के क्रेटर बने थे—करीब 3.5-4 अरब वर्ष पूर्व। इनमें से कुछ तो आज भी सुरक्षित हैं, कुछ बुरी तरह ध्वस्त हो चुके हैं और कुछ के निशान मात्र बचे हुए हैं।

अंतरिक्षी उपकरणों की सहायता से अनेक उल्का-जनित क्रेटर सूर्य के निकटतम ग्रह बुध पर भी दृष्टिगोचर हुए हैं। इस आकाशीय पिंड की लगभग सारी सतह क्रेटरों से ही भरी है। इसके सबसे बड़े क्रेटरों का व्यास दसियों किलोमीटर है और अंतरिक्ष से प्रेषित टेलीवीजनी चित्र में देखे जा सकने लायक सबसे छोटे क्रेटरों का व्यास लगभग पचास मीटर है। इस प्रकार, बुध के क्रेटर औसतन रूप से चाँद के क्रेटरों से छोटे हैं।

बुध के अनेक बड़े क्रेटरों में छोटी वलयाकार विरचनाएँ भी देखी जा सकती हैं, जो शायद बाद में बनी होंगी। इसका मतलब है कि बुध के आरंभिक जीवनकाल में उसपर भिन्न आकार के अंतरिक्षी ढोंके गिरा करते थे, जिनमें से कुछ तो बहुत ही बड़े हुआ करते थे, लेकिन समय के साथ-साथ अंतरिक्षी व्योम में सिर्फ छोटे आकार की उल्काएँ बचती गईं। इस निष्कर्ष के समर्थन में एक और तथ्य है : चाँद के सागरों में स्थित क्रेटर उसके प्राचीनतर महादेशीय क्रेटरों की तुलना में काफी छोटे हैं। यहाँ यह बता देना निरर्थक नहीं होगा कि बुध की सतह लगभग उसी काल में बनी थी, जिसमें चाँद की सतह, अर्थात् आज से करीब 4-4. 5 अरब वर्ष पूर्व।

रडारीय मापों से शुक्र ग्रह पर भी क्रेटर जैसी विरचनाएँ ज्ञात हुई हैं। सुविदित है कि टेलीस्कोप से इस ग्रह की सतह नहीं दिखती, क्योंकि उस पर सर्वत्र अपारदर्शक बादल छाये रहते हैं। लेकिन रेडियो-तरंगें बादलों की इस परत को पार कर लेती हैं और ग्रह की सतह से परावर्तित होकर उसकी तलाकृति से संबंधित सूचनाएँ ले आती हैं। शुक्र के विषुवक क्षेत्र के एक भाग के रेडियो-प्रेक्षण से दस से अधिक वलयाकार क्रेटर दर्ज किए गए, जिनके व्यास 35 से 150 किलोमीटर हैं। एक करीब 300 किलोमीटर चौड़ा और 1 किलोमीटर गहरा क्रेटर भी दिखा था। इसका नाम एक विख्यात भौतिकविद लीजा माइटनेर के नाम पर रखा गया, जिनकी गणना रश्मिसक्रियता के प्रथम अन्वीक्षकों में होती है।

चाँद की तुलना में शुक्र के क्रेटर काफी अधिक चिकने हो चुके हैं।

इसके अतिरिक्त, शुक्र पर क्रेटर से मिलती-जुलती एक वलयाकार संरचना भी मिली है, जिसकी आकृति काफी नियमित है। वह बुरी तरह से ध्वस्त दुहरे बराज से घिरी हुई है। घेरे का व्यास करीब 2600 किलोमीटर है। इस संरचना की उत्पत्ति के कारण पर लोग एकमत नहीं हैं।

जैसा कि ज्ञात है, बृहस्पति और शनि हाइड्रोजन व हीलियम से आच्छादित ग्रह हैं। लेकिन इनके बहुसंख्य उपग्रह पृथ्वी जैसे ही पिंड हैं। और जैसा कि पिछले वर्षों के प्रेक्षणों ने दिखाया है, अपने जमाने में ये भी उल्कापात के शिकार रहे हैं। उदाहरणार्थ, बृहस्पति के गैलीलियन उपग्रहों हानीमेद और विशेषकर कालिस्तो की सतह पर उल्कापात के असंख्य चिन्ह मिले हैं। ये दोनों ही उपग्रह बर्फ के मोटे कवच से आच्छादित हैं, इसीलिए इनपर क्रेटरों की वर्णाभा कहीं अधिक हल्की है, बनिस्बत कि चाँद पर। हानीमेद के चित्र में एक बहुत बड़ा ताल दिखता है, जिसका व्यास 3000 किलोमीटर से भी अधिक है। संभव है कि यह हानीमेद के साथ उडुज जैसे किसी विशाल पिंड के टक्कर का 'निशान' है।

शनि ग्रह के भी कतिपय उपग्रहों की सतह पर स्पष्ट उल्कज क्रेटर नजर आते हैं। उदाहरणार्थ मीमास की सदा शनि की ओर उन्मुख सतह पर एक विशाल क्रेटर बहुत अच्छी तरह दिखता है; इसकी चौड़ाई (व्यास) 130 किलोमीटर है और इसका क्षेत्रफल पूरे मीमास का तिहाई है। कलन दिखाते हैं कि यदि यह क्रेटर बनाने वाली टक्कर कुछ और जोर की लगती, तो मीमास कई टुकड़ों में बँट गया होता। मीमास की बाकी सतह भी क्रेटरों से भरी पड़ी है, जिससे वह चाँद के सदृश दिखती है। अन्य क्रेटर (चौड़ाई) में कम हैं, लेकिन बहुत गहरे हैं।

चित्र 6 : वृहस्पति का उपग्रह कालिस्तो (अंतरिक्षी उपकरण 'वोयजर-1' से प्राप्त फोटो)।

शनि के दूसरे उपग्रह-दिओना-की सतह पर भी बड़े-बड़े क्रेटर हैं। सबसे बड़े का व्यास करीब 100 किलोमीटर है। कुछ

क्रेटरों से मानो आलोकमान किरणें फूटती हैं, जो शायद विशाल उल्कापिंडों की टक्कर के वक्त द्रव्य के विक्षेप (छिटके) के कारण बनी हैं। लेकिन यह भी संभव है कि जिन किरणों के बारे में बात चल रही है, वे दिओना की सतह पर जम कर बर्फ बनी ओस के कारण दिखती हैं।

विशालतम क्रेटर शनि के उपग्रह रेआ पर दिखते हैं। उनकी चौड़ाई 300 किलोमीटर तक पहुँचती है। अनेकों के केंद्र में शिखर भी अवलोकित होता है। सच कहा जाए, तो रेआ का बाह्य रूप बिल्कुल चाँद या बुध की याद दिलाता है।

चित्र 7 शनि का उपग्रह रेआ (अंतरिक्षी उपकरण 'वोयजर-1' से प्राप्त फोटो)।

स्वचल अंतर्ग्रही स्टेशन 'वोयजर-2' की सहायता से, जो अगस्त 1981 के अंत में शनि के क्षेत्र में पहुँचा था, इस ग्रह के उपग्रह तेफी पर करीब 4-5 सौ किलोमीटर चौड़ा क्रेटर दर्ज किया गया था। विशेषज्ञों का मत है कि यह क्रेटर भी शायद तेफी के साथ किसी विशाल पिंड के टकराने से बना है।

करीब 100 किलोमीटर चौड़ा क्रेटर शनि के उपग्रह हीपेरिओन की सतह पर भी मिला है। यह भी पता चला कि इस उपग्रह की आकृति अनियमित आलू जैसी है। वैज्ञानिकों का अनुमान है कि हीपेरिओन को ऐसी असाधारण आकृति किसी अंतरिक्षी टक्कर के फलस्वरूप मिली हैं।

इस प्रकार, उल्का-पिंडों के गिरने से क्रेटरों की उत्पत्ति पृथ्वी जैसे ग्रहों तथा विराट ग्रहों के उपग्रहों के लिए समान रूप से लाक्षणिक है। इसीलिए यह प्रश्न उठना बिल्कुल स्वाभाविक है कि तब हमारी पृथ्वी पर इस प्रकार के वलयाकार पर्वत (या संरचनाएँ) अर्थात क्रेटर क्यों नहीं हैं।

यह सच है कि उल्कापात से बने गड्ढे पृथ्वी पर भी हैं। इस तरह का एक

क्रेटर संयुक्त राज्य अमरीका के ऐरिजोन प्रांत में है। इसका व्यास करीब 1200 मीटर है और इसकी गहराई 174 मीटर तक है। एस्टोनिया (सोवियत संघ के एक गणतंत्र) की सीमा में साअरेमाआ द्वीप-समूह पर उल्कज क्रेटरों का एक पूरा समूह ही मिला है। इनमें से सबसे बड़े का व्यास 110 मीटर है; यह पानी से भरा है।

लेकिन इन क्रेटरों की चाँद के (उदाहरणतया) विशालतम क्रेटरों के साथ कोई तुलना नहीं की जा सकती। और अबतक यही माना जाता था कि इतने बड़े क्रेटर पृथ्वी पर हैं ही नहीं।

यह स्थिति आश्चर्यजनक लगती थी, क्योंकि पृथ्वी का आविर्भाव उसी युग में हुआ था, जिसमें उसके पड़ोसी नभ-पिंडों का हुआ था। इसीलिए सुदूर अतीत में उसकी सतह पर भी विशाल उल्कापिंड गिरने चाहिए थे। इसका एक संभव कारण यह है कि उल्कापात के स्थलों पर बने विशाल गड्ढों पर अरबों-खरबों वर्ष ऐसे अनेक प्राकृतिक घटक क्रियाशील हैं, जो सिर्फ पृथ्वी के लिए ही लाक्षणिक हैं, जैसे : वर्षा, हवा, तापक्रम में मौसमी उतार-चढ़ाव, भू-पर्पटी में विभिन्न गतियाँ, आदि। इसके अतिरिक्त, पृथ्वी पर जीवमंडल भी है जो हमारे ग्रह की सतही परतों के निर्माण में महत्त्वपूर्ण रूपांतरकारी भूमिका निभाता है।

लेकिन साथ ही, विशाल उल्कज क्रेटरों जैसी भूलोचनी संरचनाएँ शुद्ध पार्थिव प्रक्रियाओं के फलस्वरूप भी बन सकती थीं, जिनका अंतरिक्ष के साथ कोई संबंध नहीं होता। विशाल गोल गड्ढे उत्पन्न करने की क्षमता रखने वाली इन संवृत्तियों में निम्न की गणना होती है (उदाहरणार्थ) : कार्स्तसम* क्षेत्रों में सतही परतों का धँसना, चिरंतन हिमाच्छादित क्षेत्रों में हिम-पिंडों का ऊपर तैर आना और विशेषकर ज्वालामुखीय प्रक्रियाएँ।

क्या प्राचीन विराट उल्कज क्रेटरों-इन्हें आस्त्रो ब्लेम (शब्दशः-उडुव्रण) कहते हैं—और (उदाहरणतया) ज्वालामुखी से बने क्रेटरों में अंतर किया जा सकता है? सिद्धांततः यह संभव है। बात यह है कि ज्वालामुखीय प्रक्रियाएँ विचाराधीन इलाके में भू-पर्पटी की एक निश्चित प्रकृति वाली बनावट के साथ जुड़ी होती हैं, वे उस इलाके के संपूर्ण विकास-क्रम द्वारा निर्धारित होती हैं। उल्कज क्रेटरों की अवस्थिति बिल्कुल सांयोगिक होती है, क्योंकि उल्काओं के गिरने की संभाव्यता हमारे ग्रह के सभी बिंदुओं पर एक समान है। अन्यतः, उल्कज क्रेटरों की अवस्थिति भूलोचनीय संरचनाओं पर निर्भर नहीं करती।

चूँकि विशाल उल्का पिंडों के गिरने से टक्कर के वक्त विशाल ऊर्जा

---

* युगोस्लाविया के एक स्थान कार्स्त सरीखे अन्य क्षेत्र, जहाँ भूगत नदी-नालों का जाल हो।—अनु.

उत्सर्जित होती है, इसलिए उल्कज क्रेटरों में शैल-चट्ट नियमतः त्रिज्य दिशाओं में स्थानांतरित हो जाते हैं। इस स्थानांतरण का पता लगाया जा सकता है। इसके अतिरिक्त, विशाल उल्कज क्रेटरों के क्षेत्रों में शैल-चट्ट के चूर होने के कारण उस क्षेत्र के लिए चुंबकीय बल-रेखाओं की लंछक अवस्थिति बिगड़ जाती है।

अंत में, विशाल उल्काओं के गिरने की जगहों पर एक विशेष प्रकार की शंक्वाकार विरचना मिलती है, जिसकी परिमाप कुछ सेंटीमीटरों से कुछ मीटरों तक हो सकती हैं; इनकी उत्पत्ति के लिए अति उच्च दाब की आवश्यकता होती है।

चित्र 8 आरीजोना-स्थित उल्काजनित क्रेटर।

अत्यधिक शक्तिशाली चोट के कारण क्वार्त्स (क्वार्ट्स) में एक विशेष प्रकार का रूपांतरण हो जाता है, जिसमें असामान्य भौतिकीय गुण आ जाते हैं।

विशाल उल्काओं के गिरने से उत्पन्न संवृत्तियों की विराटता का मूल्यांकन करने के लिए ज्वालामुखी के विस्फोट जैसी शक्तिशाली प्राकृतिक प्रक्रिया के साथ ही उसकी तुलना पर्याप्त रहेगी। कामछात्का के ज्वालामुखी पर्वत 'बेनाम' (बेज-इम्यान्नी) के विस्फोटकाल में उत्पन्न प्रहारी तरंग में दाब करीब 3-5 किलोबार* तक पहुँच जाता है। यह अधिकतम दाब है, जो किसी भूलोचनी प्रक्रिया में विकसित हो सकता है। लेकिन विशाल उल्काओं के गिरने पर दाब 250

* किलोबार : सामान्य वातावरणीय दाब से करीब हजार गुना अधिक दाब (1 bar »0.98 atm)–अनु.

या इससे भी अधिक किलोबार तक पहुँच सकता है।

इस प्रकार सिद्धांततः प्राचीन उडुव्रणों को इन्हीं जैसी भूलोचनी विरचनाओं से अलग किया जा सकता है। और यह बहुत महत्वपूर्ण है : विशाल वलयाकार संरचनाओं की उल्कीय प्रकृति को स्पष्ट करने से सैद्धांतिक ही नहीं व्यावहारिक लाभ भी हैं। यदि इस तरह की किसी संरचना की उत्पत्ति ज्वालामुखीय न होकर उल्कज है, तो उस क्षेत्र में उपयोगी खनिजों की उपस्थिति का मूल्यांकन भी दूसरी तरह से होगा।

1970 में क्रास्नोयार्स्क अंचल में विश्व का सबसे रोचक उडुव्रण ज्ञात हुआ—पोपीगाइ नामक स्थान पर। उसकी चौड़ाई 100 किलोमीटर तक है और गहराई 200-250 मीटर तक। कलन दिखाते हैं कि इतना बड़ा उडुव्रण उत्पन्न करने वाली उल्का की भी चौड़ाई कुछेक किलोमीटर से कम नहीं रही होगी। यह अंतरिक्षी पिंड करीब 4 करोड़ वर्ष पूर्व गिरा था। दिलचस्प बात यह है कि पोपीगाइ के उडुव्रण में वनस्पति दो प्रकार की है—वन्य (वृक्ष आदि) और तूंद्रा जैसी (काई, छोटी-मोटी विरल झाड़ियाँ)। लार्च (श्रीदारू) के पेड़ वहाँ विशेष रूप से बहुतायत में हैं। लेकिन उडुव्रण के इर्द-गिर्द वनस्पति नहीं के बराबर है। यहाँ तक कि उससे काफी दक्षिण तक तूंद्रा ही है (जबकि दक्षिण की ओर वनस्पति का अधिक बाहुल्य होना चाहिए)। इसका एक कारण यह हो सकता है कि उडुव्रण एक खड्ड है, जिसकी तली इर्द-गिर्द की जमीन से काफी नीची है। यह भी हो सकता है इस खड्ड में पृथ्वी के गर्भ से तीव्र तापीय प्रवाह आता हो। इस रोचक प्रश्न का उत्तर विशेष अन्वीक्षणों से ही मिल सकता है।

वर्तमान समय सोवियत संघ के क्षेत्र में दसियों वलयाकार संरचनाएँ ज्ञात हो चुकी हैं (इनमें से करीब 20 तो सिर्फ कजाखस्तान में हैं। ये उल्कज हैं या नहीं, यह अभी संदेहयुक्त है।

इस प्रकार, पृथ्वी और सौर मंडल में स्थित ग्रहों जैसे अन्य सभी आकाशीय पिंड अपने जीवन के एक निश्चित अंतराल में तीव्र उल्कापात के शिकार रहे हैं। यह इस बात का एक अतिरिक्त प्रमाण है कि सभी ग्रहों की उत्पत्ति एक ही प्रक्रिया के अंतर्गत हुई है। इससे एक निष्कर्ष यह भी निकलता है (जो सौर मंडल की उत्पत्ति और विकास की नियमसंगतियों को समझने में महत्त्वपूर्ण भूमिका निभाता है) : सौर मंडल के इतिहास में एक ऐसा अंतराल था, जब सूर्यवर्ती व्योम में विशाल उल्का-पिंड बहुत बड़ी संख्या में घूम रहे थे।

उल्कज क्रेटरों के और आगे अध्ययन से पृथ्वी और सौर मंडल के इतिहास को समझने में सहायता मिलेगी।

विराट ग्रहों के वलय

सौर मंडल के ग्रहों के बीच शनि का रूप अनोखा है। उसके चारों ओर एक अति सुंदर निराली विरचना है, जिसे शनि का चक्र कहते हैं। यह कई वलयों से मिलकर बना होता है और ये वलय बर्फ के कणों तथा दसियों मीटर चौड़े ढोकों द्वारा ग्रह के गिर्द वलन-गति (ग्रह की परिक्रमा) के कारण दिखते हैं।

लंबे समय तक शनि के चक्र को ग्रह-परिवार में एक अनुपम और अपनी तरह की एकमात्र विरचना माना जाता था। लेकिन 1976 में पृथ्वी से प्रेक्षणों द्वारा सौर मंडल के सातवें ग्रह वरुण (युरेनस) के गिर्द भी कुछेक वलय दिखे। इसके कुछ समय बाद अंतरिक्षी स्टेशन 'वोयजर-1' ने बृहस्पति ग्रह के गिर्द भी एक क्षीण (हल्का) वलय दर्ज किया। इसकी मुटाई करीब 1 किलोमीटर है और यह मिक्रोमीटर से लेकर कुछेक मीटर चौड़े पिंडों से बना हैं।

चित्र 9 शनि का चक्र (अंतरिक्षी उपकरण 'वोयजर-1' से प्राप्त फोटो)।

जहाँ तक शनि के वलयों का प्रश्न है, तो पृथ्वी की वेधशालाओं से दीर्घकालीन प्रेक्षणों के आधार पर लोग अबतक यही सोचते थे कि उनकी संख्या सिर्फ चार है। बाहरी से भीतरी वलयों को क्रमशः A, B, C व D से द्योतित किया

गया था, लेकिन बाद में एक और भी बाहरी वलय का पता चला, जिसे E से द्योतित किया गया।

1979-1981 में अमरीकी अंतर्ग्रही स्टेशनों 'पोयोनियर-11', 'वोयजर-1' व 'वोयजर-2 के उपकरणों द्वारा शनि के अन्वीक्षण से वलयों के अध्ययन में एक नया युग आरंभ हुआ। खासकर 'पायोनियर-11' ने दूरतम वलय (F) का पता लगाया और 'वोयजेर-1' ने वलय D व E के चित्र पृथ्वी पर भेजे जिनकी विद्यमानता में कुछ हद तक संदेह अवश्य था। इसके अतिरिक्त, 'वोयजेर-1' से प्राप्त चित्रों के विश्लेषण से वैज्ञानिकगण इस निष्कर्ष पर पहुँचे कि शायद शनि का एक सातवां वलय भी है।

लेकिन असली सनसनीखेज बात कुछ और थी। शनि छे-सात चौड़े वलयों से नहीं बल्कि सैकड़ों सहकेंद्री सँकरे वलयों से घिरा हुआ है। विशेषज्ञों का अनुमान है कि इनकी संख्या 500 से 1000 तक की है! 'वोयजर-2' से प्राप्त फोटोचित्रों में दिखता है कि ये सँकरे वलय और भी महीन वलयों के मिलने से बने हैं। यह भी कम आश्चर्यजनक बात नहीं है कि सभी सँकरे लय नियमित आकृति के नहीं हैं। उदाहरणार्थ, इनमें से एक वलय की मुटाई में जगह-जगह पर 25 से 80 किलोमीटर तक की भिन्नता अवलोकित होती है।

वलयों की ऐसी संरचना को किस तरह समझाया जा सकता है? सबसे रोचक अनुमान यह है कि वलयों का बहुसंख्य 'धागों' के रूप में बँटने का कारण शनि के उपग्रहों की गुरुत्वाकर्षण अभिक्रिया है; इसमें शनि के नन्हें से नन्हें उपग्रह भी अपनी भूमिका निभाते हैं, जिन से कइयों की विद्यमानता हाल ही में अंतरिक्षी उपकरणों की सहायता से ज्ञात हुई है।

वलय F की अपेक्षाकृत अल्प चौड़ाई भी बरबस ध्यान आकर्षित करती है। शायद इसका कारण भी शनि के दो छोटे उपग्रहों के प्रभाव द्वारा समझाया जा सकता है; ये भी पहले अज्ञात ही थे, इनका व्यास करीब 200 किलोमीटर है। इनमें से एक उपग्रह वलय F की बाह्य किनारी पर है और दूसरा भीतरी किनारी पर है। कलन दिखाते हैं कि ये उपग्रह अपनी अभिक्रिया से कणों को वलय के भीतर 'खदेड़ते' रहते हैं, इसीलिए इन्हें 'चरवाहों' की संज्ञा मिली है। ये एक तरह से वलयों की संरचना सुरक्षित रखने का काम करते हैं।

शनि-वलयों की एक और आश्चर्यजनक विशेषता है—'तीलियाँ' जो त्रिज्य दिशाओं में कई हजार किलोमीटर दूर जाती हुई दिखती हैं। चक्के की तीलियों की तरह वे भी ग्रह के गिर्द घूमती रहती हैं; उन्हें कई घूर्णनों के अंतराल में देखा जा सकता है। यदि ये तीलियाँ वलयों का अंग होतीं, तो बहुत जल्द ही नष्ट हो जातीं,

क्योंकि वलय के कण ग्रह से अपनी अपनी दूरियों के अनुसार अलग-अलग कोणिक वेगों से गतिमान होते हैं। अंतरिक्षी स्टेशनों से भेजे गए फोटोचित्रों के विश्लेषण से स्थापित हुआ कि 'तीलियों' के एक घूर्णन का समय शनि द्वारा अपनी धुरी के गिर्द एक घूर्णन के समय के बराबर है। इसीलिए अनुमान व्यक्त किया गया है कि 'तीलियाँ' वलय-तल से ऊपर स्थित कणों से बनती हैं और वे विद्युस्थैतिक बलों की कैद में रहती हैं। उनके घूर्णन का कारण यह है कि शनि का चुंबकीय क्षेत्र अपने घूर्णन के साथ-साथ उन्हें भी घसीटता रहता है।

एक रहस्य और है : वलय F पर कहीं-कहीं स्थूलण दिखता है और लगता है कि अलग-अलग 'धागे' मानों रस्सी की तरह बटे हुए हैं। इस संवृत्ति को सामान्य यांत्रिकी की सहायता से समझाना कठिन है। इसका भी संबंध शायद विद्युचुंबकीय अभिक्रियाओं के साथ ही है।

वृहस्पति और वरुण पर वलयों की खोज यह आभास देती है कि ऐसी संरचनाएँ विशाल ग्रहों के लिए एक नियमसंगति हैं। लगता यही है कि ऐसी विरचनाएँ ग्रह-पूर्व के गुबार से ग्रह के निकट उसके उपग्रहों के बनने की अपूर्ण प्रक्रिया का प्रतिफल हैं। वैसे, अन्य परिकल्पनाएँ भी हैं।

सौर मंडल के ज्वालामुखी

आधुनिक खगोलिकी में तुलनात्मक अध्ययन का प्रयोग बहुत अधिक होता है। यदि हम किसी अंतरिक्षी वस्तु के विकास और उसकी बनावट का अध्ययन करना चाहते हैं, तो इसकी एक बहुत कारगर रीति यह है कि ब्रह्मांड में उससे मिलती-जुलती अन्य वस्तुएँ खोजते हैं और इनके साथ विचाराधीन वस्तु की समानताएँ व भिन्नताएँ निर्धारित करते हैं। समानताओं और भिन्नताएँ निर्धारित करते हैं। समानताओं और भिन्नताओं का कारण ज्ञात कर लेने के बाद हम अपने लक्ष्य के काफी करीब पहुँच जाते हैं।

समानताएँ विचाराधीन अध्ययन-वस्तुओं के विकास को प्रभावित करने वाले समान प्रकार के निश्चित कारणों एवं घटकों की ओर इंगित करती हैं, जबकि असमानताएँ (या भिन्नताएँ) उन परिस्थितियों को ढूँढ़ने में सहायक होती हैं, जो उनके भिन्न विकास-पथों को पूर्वनिश्चित करती हैं।

सबसे विविक्त (सबसे अमूत्त) वैज्ञानिक समस्याओं के अध्ययन का भी अंतिम उद्देश्य यही है कि प्राप्त ज्ञान का मानव-जीवन में व्यावहारिक उपयोग हो। यह बिल्कुल स्वाभाविक है। विज्ञान मानवीय कार्यकलापों का ही एक रूप है और उसमें ऐसी सदिष्टता, ऐसी सोद्देश्यता उसकी सामाजिक प्रकृति के कारण उत्पन्न

होती है। खगोलिकी इसका कोई उपवाद नहीं है। अंतरिक्षी संवृत्तियों का अध्ययन करते वक्त भी खगोलविद् पहले धरती के बारे में ही सोचते हैं। यह बात विशेषकर सौर मंडल के अन्य ग्रहों के अध्ययन पर लागू होती है, जिसकी सहायता से हम अपने खुद के अंतरिक्षी घर, अर्थात् अपनी पृथ्वी की बनावट की ज्यादा अच्छी तरह समझ पाते हैं। ऐसे कार्य में एक प्रमुख समस्या है ज्वालामुखियों का अध्ययन।

ज्वालामुखिय प्रक्रियाएँ हमारे ग्रह के आंतरिक जीवन की एक विशिष्ट अभिव्यक्ति है, जिसकी गूँज अनेक भूभौतिक प्रक्रियाओं को प्रभावित करती है। पृथ्वी पर ज्वालामुखीय प्रक्रियाओं के प्रसार का अंदाज आप निम्न आँकड़ों से लगा सकते हैं : हमारे ग्रह पर लगभग 540 ज्वालामुखी पर्वत ऐसे हैं, जिनके कम से कम एक विस्फोट की बात मानवजाति को अवश्य याद है। इनमें से 360 पर्वत प्रशांत महासागर के गिर्द तथाकथित अग्नि-मेखला पर स्थित हैं और 68 पर्वत कामछात्का व कुरील द्वीपों पर हैं।

पिछले वर्षों के दौरान यह स्पष्ट हुआ है कि समुद्र-तल पर कहीं अधिक बड़ी संख्या में ज्वालामुखी पर्वत पाए जाते हैं। सिर्फ प्रशांत महासागर के मध्य भाग में ही उनकी संख्या कम से कम 200 हजार है।

मध्यम शक्ति के सिर्फ एक ज्वालामुखीय विस्फोट से इतनी ऊर्जा मिलती है, जितनी 400 हजार टन बदानी इंधन से मिलती है।* यदि ज्वालामुखी की ऊर्जा की तुलना पत्थर-कोयला में निहित ऊर्जा से की जाए, तो एक बड़ा विस्फोट करीब 50 लाख टन पत्थर-कोयले की ऊर्जा के समतुल्य होगा।

विस्फोट के समय पृथ्वी के गर्भ में असंख्य ठोस कण विक्षिप्त होते हैं। वे वातावरण में फैलते हैं और सौर किरणों को प्रकीर्णित करते हुए पृथ्वी पर आने वाली तापीय ऊर्जा की मात्रा को प्रभावित करते हैं। ऐसे साक्षी-तथ्य भी हैं जिनके अनुसार हमारे ग्रह के इतिहास में दीर्घकालीन शीत-प्रसार की कुछ अवधियाँ तीव्र ज्वालामुखीय सक्रियता के बाद ही शुरू हुई थीं।

आधुनिक विज्ञान के पास ऐसे अनेक तथ्य हैं, जो इस बात के साक्षी हैं कि ज्वालामुखी संवृत्तियाँ सिर्फ पृथ्वी पर ही नहीं, पृथ्वी जैसे गुणों और बनावट वाले ग्रहीय प्रकार के अन्य आकाशीय पिंडों पर भी होती हैं।

हमारा निकटतम आकाशीय पिंड चाँद है। इसके सारे लक्षण यही बताते हैं

---

* बदानी इंधन : ऐसा इंधन, जिसकी 1 किलोग्राम मात्रा जलाने पर 7000 किलोकैलोरी तापीय ऊर्जा प्राप्त होती है।—अनु.

कि इसकी विरचना लगभग वैसी ही परिस्थितियों में हुई है, जिनमें हमारे ग्रह की। इसलिए चाँद के साथ तुलना से विशेष लाभ की आशा की जाती है।

सुविदित है कि अंतरिक्षी उपकरणों द्वारा चाँद के अध्यन से स्पष्ट हो गया है कि वहाँ अधिकांश क्रेटर उल्काओं के टकराने से बने हैं। फिर भी हमारे प्राकृतिक उपग्रह की सतह पर ज्वालामुखीय सक्रियता के भी स्पष्ट चिन्ह मिलते हैं। उदाहरणार्थ, चाँद पर ज्वालामुखियों से उत्पन्न बाजाल्ट सर्वत्र उपलब्ध है। कहीं-कहीं जमे लावा के निकास-स्थल भी हैं। चाँद के कृत्रिम उपग्रहों ने कुछ चंद-सागरों के तल के नीचे द्रव्यमान-संकेंद्रणों-मास्कोनों*-का पता लगाया है; अनुमान किया जाता है कि ये जमे हुए लावा के डाट हैं।

चाँद पर ऐसी विरचनाएँ विद्यमान हैं, जो ज्वालामुखीय प्रक्रियाओं के साथ शायद और भी अधिक घना संबंध रखती हैं। यहाँ तथाकथित गुंबदों की बात चल रही है, जो गोल, ढालू और थोड़ा फूले होते हैं। इनकी चोटियों पर गहरा गड्ढा सा बना है, जो ज्वालामुखीय कुंड (क्रेट के गिर्द ध्वस्त क्षेत्र) की याद दिलाता है। ऐसी गुंबदनुमा विरचनाएँ पृथ्वी पर पर्याप्त बड़ी संख्या में मिलती हैं। यह पृथ्वी के गर्भ से ज्वालामुखीय विस्फोटों के निकासस्थल पर भूपर्पटी का फुलाव है, जिसे वैज्ञानिक भाषा में लाक्कोलिथ (शब्दशः-कुंडाश्म) कहते हैं। उत्तरी काकेशिया में इस तरह के अनेक पर्वत हैं, जैसे माशुक, बेश्ताऊ, ज्मेइका आदि।

सच पूछा जाए, तो चाँद की तलाकृति बनाने में बाह्य (बहिर्जनित) तथा आंतरिक (अंतर्जनित) दोनों ही प्रकार की प्रक्रियाओं का हाथ रहा है। इन घटकों की मिली-जुली अभिक्रिया के उदाहरण गोल सागर हैं। चाँद के अन्वीक्षकों ने जो तथ्य प्राप्त किए हैं, उनके आधार पर गोल सागरों की उत्पत्ति का चित्र लगभग सही-सही प्राप्त किया जा सकता है। विशाल उल्का-पिंड की टक्कर से दसियों किलोमीटर गहरा गड्ढा बनता है। कालांतर में चन्द्रपर्पटी की प्रत्यास्थता के कारण गड्ढे की तली पुनः सीधी होने लगती है; करीब 50 करोड़ वर्ष बाद 200 किलोमीटर की गहराई से लावा फूट कर बाहर निकलता है और गड्ढे की तली को भरता हुआ जम कर समतल सतह बना देता है। चौरस तली वाले चंद्र-क्रेटरों का विरचन लगभग इसी तरह हुआ था।

इनके अतिरिक्त एक और बात है : चाँद के कृत्रिम उपग्रहों से खींचे गए चित्रों के अध्ययन से पता चलता है कि चाँद की सतह पर लावा की जमी हुई धाराएँ और झील अनेक स्थलों पर हैं। विशेषज्ञों का अनुमान है कि चाँद पर

* मास्कोन : अंग्रेजी mass concentration का संक्षेपण।—अनु.

सक्रिय ज्वालामुखीय प्रक्रियाएँ मूलतः उसकी उत्पत्ति के प्रथम डेढ़ अरब वर्षों में चलती रही थी। इस अनुमान का आधार है—चाँद की ज्वालामुखीय शैल-चट्टों से लिए गए नमूनों की आयु का निर्धारण। यह आयु 3 अरब वर्ष से कम नहीं है।

ज्वालामुखी के कारनामों के स्पष्ट चिन्ह सूर्य के निकटतम ग्रह बुध के भी फोटोचित्रों में देखे जा सकते हैं। बुध की सतह लगभग पूरी तरह असंख्य क्रेटरों से भरी पड़ी है। यद्यपि चाँद की तरह ये क्रेटर भी टक्कर से ही बने हैं, इनमें से कुछ की तली पर लावा फूटने के चिन्ह अच्छी तरह देखे जा सकते हैं।

ऐसे अनेक तथ्य हैं, जिनके आधार पर कहा जा सकता है कि शुक्र ग्रह पर ज्वालामुखी पर्वत आज भी सक्रिय हैं। इस ग्रह की सतह का तापक्रम 500° सेल्सियस तक पहुँचता है। इतने ऊँचे तापक्रम का कारण शायद तापोद्यानी प्रभाव* है, जिससे सौरागत ताप शुक्र के वातावरण की निचली परतों में जमा होता है। लेकिन इसमें ज्वालामुखीय प्रक्रियाओं के और विशेषकर शुक्र की सतह पर निकलने वाले गर्म लावा के योगदान की संभावना से बिल्कुल इंकार नहीं किया जा सकता। कुछ आँकड़ों के अनुसार शुक्र के गैसीय आवरण में ठोस कणों की मात्रा बहुत अधिक है। संभव है कि इसका संबंध भी ज्वालामुखीय विस्फोटों के साथ ही हो।

इस ग्रह के वातावरण में कार्बन डायक्साइड गैस की बहुत बड़ी मात्रा में उपस्थिति (97 प्रतिशत) भी एक ध्यान देने योग्य तथ्य है। सभी जानते हैं कि कार्बन डायक्साइड गैस का विरेचन ज्वालामुखीय संवृत्तियों का एक विशेष गुण है।

शुक्र पर क्रेटरों की उत्पत्ति किस प्रकार हुई है—ज्वालामुखियों से या उल्काओं से, यह हम अभी नहीं जानते। लेकिन वहाँ तीन 'श्वेत' धब्बे दिखाई दिए हैं; ये ऐसे क्षेत्र हैं, जो रेडियो-तरंगों को अच्छी तरह परावर्तित करते हैं।

एक धब्बे का व्यास 400 किलोमीटर तक है। विशेषज्ञों का विचार है कि ये धब्बे लावा-प्रवाहों से बने हैं।

माक्सवेल नामक पर्वतीय क्षेत्र में शुक्र से सबसे ऊँचे पहाड़ की चोटी पर 100 किलोमीटर चौड़ा गड्ढा है, जिसकी उत्पत्ति शायद ज्वालामुखीय ही है।

ग्रीक वर्ण 'बीटा' द्वारा द्योतित इलाके पर गुरुत्वाकर्षण क्षेत्र में बहुत अधिक क्षोभ दर्ज किया गया है। पार्थिव परिस्थितियों में इस तरह की संवृत्ति युवा

---

* तापोद्यानी प्रभाव-प्रकाश के लिए पारगम (पारदर्शक) वातावरण द्वारा तापीय किरणों के अवशोषण से ग्रह के औसत तापक्रम में वृद्धि। पृथ्वी पर अवशोषण का काम वातावरण में उपस्थित जल-वाष्प, कार्बन डायक्साइड, ओजोन आदि के अणु करते हैं। पौधों को ठंड से बचाने के लिए काँच से घिरे उद्यानों (तापोद्यानों) में यह प्रभाव अधिक स्पष्ट हो उठता है।—अनु.

ज्वालामुखी पर्वतों के क्षेत्रों पर ही दिखती है (युवा से तात्पर्य यह नहीं है कि वे सक्रिय ही हों)। अनुमान किया जाता है कि बीटा से किरणों की तरह अपसृत दिखने वाली विरचनाएँ लावा की जमी हुई धाराएँ हैं। बीटा शायद ढालनुमा ज्वालामुखी है, जिसका व्यास करीब 800 किलोमीटर लंबा है और कुंड (शिखर पर गड्ढा) करीब 80 किलोमीटर चौड़ा है।

शुक्र पर वर्तमान समय में ज्वालामुखीय संवृत्तियाँ अस्तित्व रखती हैं, इस अनुमान का समर्थन तड़ित जैसे बहुसंख्य वैद्युत निरावेशन करते हैं, जिन्हें सोवियत स्टेशन 'वेनेरा-11,12 व 13' ने शुक्र के कुछ पर्वतीय क्षेत्रों में दर्ज किया है। ऐसी संवृत्तियाँ पार्थिव ज्वालामुखीय विस्फोटों के समय भी अनेक बार अवलोकित हुई हैं।

शुक्र के वातावरण में गैसीय पिंडों के विशाल वेग भी हमारा ध्यान आकर्षित करते हैं। ग्रह का निजी घूर्णन अपेक्षाकृत मंद है (अपने अक्ष के गिर्द एक पूर्ण घूर्णन का समय 243 पार्थिव अहर्निश के बराबर है), इसलिए वातावरणीय परिसंचार का वेग 4-5 अहर्निश होता है। लेकिन उपरोक्त प्रकार के झंझा जैसे वेग में ऊर्जा की विशाल मात्राएँ खर्च होती हैं। संभव है कि यह ऊर्जा सूर्य से ही नहीं ग्रह की गहराइयों से भी आती होगी।

मंगल के बारे में मुख्यतः अंतरिक्षी उपकरणों से प्राप्त नए आँकड़ों के विश्लेषण से पता चलता है कि इस ग्रह पर भी तलाकृति की रचना में ज्वालामुखीय प्रक्रियाओं की महत्त्वपूर्ण भूमिका रही है। यथा, मंगल पर कुछ क्रेटरों के बीच में एक पहाड़ी होती है, जिसके शिखर पर काला बिंदु दिखाई देता है। संभव है कि ये बुझे हुए ज्वालामुखी पर्वत हों।

मंगल पर ऐसे पर्वत भी हैं, जिनकी ज्वालामुखीय उत्पत्ति में संदेह नहीं किया जा सकता, जैसे करीब 24 किलोमीटर ऊँचा एक पर्वत-ओलिंप। तुलना के लिए याद दिला दें कि पृथ्वी की सबसे ऊँची चोटी एवरेस्ट की ऊँचाई 9 किलोमीटर से कम ही है। 1971 में जब मंगल पर धूल की तेज आंधी छाई हुई थी, ओलिंप का शिखर काफी ऊँचा होने के कारण उससे अछूता ही रहा।

इसी क्षेत्र में तीन अन्य विशाल सुषुप्त ज्वालामुखी पर्वत भी हैं, जिनकी ऊँचाई कुछ ही कम है। विशेषज्ञों का मूल्यांकन है कि यह पर्वत-समूह करोड़ों वर्ष पूर्व विस्फोट करता था। विस्फोट के समय राख की विशाल मात्रा निकलती थी, जो आज भी ग्रह के अनेक क्षेत्रों पर छाई हुई है। मंगल पर इतने ऊँचे ज्वालामुखी पर्वत इस बात के साक्षी हैं कि वहाँ ज्वालामुखीय प्रक्रियाओं की शक्ति अपार रही होगी, जिससे ग्रह का आंतरिक द्रव्य विशाल मात्राओं में सतह पर पहुँचता होगा।

अंतरिक्षी उपकरणों की सहायता से हुई खोजों में शायद सबसे रोचक हैं वृहस्पति के उपग्रह 'यो' पर 8-9 सक्रिय ज्वालामुखी पर्वत। ये धूल और उत्तप्त गैस 200 किलोमीटर की ऊँचाई तक उगलते हैं।

पृथ्वी पर ज्वालामुखीय प्रक्रियाओं का संबंध तत्त्वों के रश्मिसक्रिय क्षय के कारण आंतरिक द्रव्य के अभितप्त होने के साथ है। जहाँ तक 'यो' का संबंध है, तो वहाँ अभितापन का कारण वृहस्पति के शक्तिशाली गुरुत्वाकर्षण-क्षेत्र में पड़ोसी उपग्रहों की ओर से उत्पन्न ज्वारीय क्षोभ हो सकता है।

यह तथ्य भी निस्संदेह रोचक है कि 'वोयजर-1' व 'वोयजर-2' द्वारा 'यो' का फोटो खींचने के बीच कई महीनों का अंतराल था, लेकिन खोजे गए सक्रिय ज्वालामुखी पर्वतों में से छे पर्वतों का विस्फोट इस बीच जारी रहा था। इतने दीर्घकालीन विस्फोटों का कारण क्या हो सकता है? इस संबंध में एक रोचक परिकल्पना सोवियत खगोलविद गि. लेइकिन ने प्रस्तुत की।

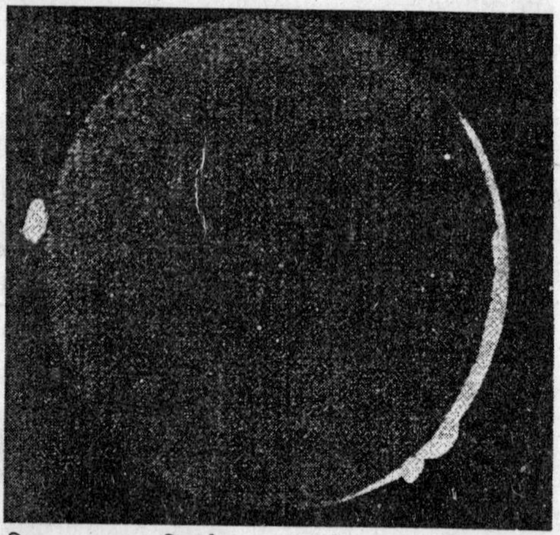

चित्र 10 वृहस्पति के उपग्रह 'यो' पर ज्वालामुखी का विस्फोट (अंतरिक्षी उपकरण 'वोयजर-1' से प्राप्त फोटो)।(अंतरिक्षी उपकरण 'वोयजर-1' से प्राप्त फोटो)।

यदि 'यो' का निजी चुंबकीय क्षेत्र है, तो संभव है कि उसकी सतह पर वृहस्पति के विकिरण-कटिबंधों से कण बरसते रहते हों। यह भी संभव है कि ज्वालामुखीय विस्फोट के क्षेत्रों में चुंबकीय विसंगति हो, जो उन जैसे कणों को उन स्थलों पर जमा करने में सहायक होती है। उनकी अभिक्रिया से सतह के द्रव्य का 'वाष्पन' हो सकता है, जो ज्वालामुखीय प्रक्रियाओं को उत्प्रेरित करता है।

ज्वालामुखीय प्रक्रियाएँ शनि के उपग्रह टिटान पर भी चल सकती हैं, जो सौर मंडल का एक सबसे बड़ा उपग्रह है। लेकिन वहाँ विस्फोट से तप्त लावा नहीं, द्रव मिथेन और अमोनिया के घोल निकलेंगे।

इस प्रकार, लगता यही है कि ज्वालामुखीय प्रक्रियाओं में इतनी विविधता एवं बहुरूपता होने के बावजूद भी वे पृथ्वी जैसे अन्य आकाशीय पिंडों के विकास

में एक अनिवार्य नियमसंगत चरण हैं। इसीलिए सौर मंडल के अन्य ग्रहों पर ज्वालामुखीय संवृत्तियों के अध्ययन से पृथ्वी के आंतरिक जीवन का ज्ञान भी निस्संदेह गहन होगा।

चाँद और प्राथमिक कण

पदार्थ की संरचना का अध्ययन करने वाले भौतिकविदों के लिए अंतरिक्षी किरणें ऐसी प्रयोगशाला का काम करती हैं, जिसका स्थान दूसरा कुछ नहीं ले सकता। अंतरिक्षी विकिरण-प्रवाह में इतनी अधिक ऊर्जा वाले कण भी होते हैं, जिन्हें हम सबसे शक्तिशाली त्वरित्रों में भी नहीं प्राप्त कर सकते।

लेकिन 'अंतरिक्षी किरणों की प्रयोगशाला' में एक महत्त्वपूर्ण कमी है : यदि विरल गुणों वाले किन्हीं कणों की खोज करनी हो, तो उसकी प्रतीक्षा दसियों वर्ष तक करनी पड़ सकती है। पहले से यह किसी तरह नहीं जाना जा सकता है कि विचाराधीन कण व्योम के उस बिंदु पर कब पहुँचेगा, जहाँ उस क्षण उसे दर्ज करने वाला उपकरण मौजूद होगा।

चित्र 11 फोटो-इमल्शन में प्राथमिक कणों की गति के चिन्ह।

भौतिकविद इस कठिनाई को दूर करने का प्रयत्न करते हैं—वे पर्वतीय क्षेत्रों में विशेष फोटोप्लेटें तैनात कर देते हैं, जिनपर इमल्सन की बहुत मोटी परत चढ़ी होती है। ऐसे इमल्सन को बेधते वक्त अंतरिक्षी किरणें अपना चिन्ह-लीक-छोड़ जाती हैं।

लेकिन पहली बात तो यह है कि ऐसे प्रेक्षण अभी समय के बहुत छोटे अंतरालों में ही संभव हैं। और दूसरे-ऊँचा से ऊँचा पर्वत-शिखर भी अंतरिक्ष में नहीं पहुँचता। बात यह है कि पार्थिव वातावरण की मोटी परत को बेध कर उसे सभी कण पार नहीं कर सकते। तकनीकी विकास से भौतिकविदों को विमानों और उड़न-गुब्बारों की सहायता से अपने उपकरणों को और भी अधिक ऊँचाई पर ले जाने की सुविधा मिली, लेकिन इन साधनों से अल्पकालीन प्रेक्षण ही संभव है।

अपेक्षाकृत हाल में अंतरिक्षी उपकरणों का विकास हुआ, जो अंतरिक्षी

किरणों के अध्ययन में सच्ची क्रांति ला सकेंगे। इनकी सहायता से अन्वीक्षकों के हाथ एक ऐसी प्रयोगशाला लगी है, जहाँ अंतरिक्षी किरणों को दर्ज करने का काम करोड़ों वर्ष से चल रहा है। यह प्रयोगशाला भी प्राकृतिक ही है : पृथ्वी का उपग्रह-चाँद।

हम जानते हैं कि चंद्रतल के गिर्द वातावरण का कवच नहीं है। और उस पर अंतरिक्षी किरणों के कणों की वर्षा होती रहती है। इन कणों की चोट से बने चिन्ह चाँद की मिट्टी में सुरक्षित रहते हैं। इन चिन्हों का अध्ययन शुरू हो गया है।

प्रथम खबरें आनी शुरू हुईं, जो बहुत ही रोचक थीं। भारतीय वैज्ञानिकों डी. लाल और एन. भौदरी ने चाँद से लाई गई मिट्टी का विशेष संसाधन करने के बाद उसके क्रिस्टलों पर किन्हीं कणों की असाधारण रूप से लंबी लीकें देखीं। एक की लंबाई तो 18 मिक्रोमीटर थी। तुलना के लिए यह बताया जा सकता है कि युरेनियम परमाणु के नाभिकीय विघटन से उत्पन्न कणों की लीकें सिर्फ 14 मिक्रोमीटर तक लंबी होती हैं।

अमरीकी वैज्ञानिक बी. प्राइस ने चाँद की मिट्टी में करीब पचास गुनी अधिक लंबी लीक की खोज की।

इतनी लंबी लीकें किस प्रकार के कणों से बन सकती हैं?

जहाँ तक भारतीय वैज्ञानिकों द्वारा खोजी गई लीक का प्रश्न है, तो वे अतिभारी परायुरेनियम-तत्वों के नाभिक-खंडों से बनी हो सकती हैं।

सुविदित है कि मेंदेलीव की आवर्त-सारणी में अंतिम बानवेवां स्थान लंबे समय तक युरेनियम का था। नाभिकीय भौतिकी के विकास से वैज्ञानिकों को अनेक परायुरेनियम-तत्त्व कृत्रिम रूप से संश्लिष्ट करने में सफलता मिली।

ऐसे संश्लेषण में मुख्य कठिनाई यह है कि परायुरेनियम-तत्त्व बहुत ही अस्थायी होते हैं। नाभिक जितना ही भारी होता है, वह उतना ही जल्द क्षयित होता है। इसीलिए उम्मीद की जाती थी कि न. 103 से ऊपर के तत्त्वों की प्राप्ति कठिन क्या, बिल्कुल असंभव है। लेकिन मास्को के निकटस्थ दुब्ना में जब तत्त्व न. 104 (कुर्छातोवियम) संश्लिष्ट कर लिया गया, तो पता चला कि उसका जीवनकाल लगभग तीन सेकेंड है।

इस तथ्य के साथ-साथ कुछ अन्य तथ्यों के विश्लेषण से सिद्धांतविद इस निष्कर्ष पर पहुँचे कि परायुरेनियम-तत्त्वों की दुनिया में टिकाऊ एलेक्ट्रोनी अभ्रों वाले परमाणु भी जरूर होंगे, जिन्हें एक तरह से 'स्थायित्व-द्वीपों' की संज्ञा दी जा सकती है। अनुमान है कि ऐसे द्वीप 106-114-वें तथा 124-126-वें तत्त्वों के परासों में होंगे।

लेकिन यदि कतिपय परायुरेनियम तत्त्वों का जीवनकाल सचमुच बड़ा है, तो उन्हें प्रकृति में विद्यमान होना चाहिए। उदाहरण के लिए, हो सकता है कि वे कहीं पर किसी प्रचंड अंतरिक्षी प्रक्रिया के फलस्वरूप उत्पन्न हुए हों और किसी प्रकार से पृथ्वी तक पहुँच गए हों। इसका मतलब है कि उनका चिन्ह ढूँढ़ना निरर्थक नहीं होगा।

पिछले वर्षों से ऐसी खोजें विभिन्न माध्यमों में काफी तीव्रता के साथ चल रही हैं : भूपर्पटी में, आर्कटिक के हिम में, समुद्र की तली पर प्राचीन अवसादनों में और यहाँ तक कि पुराने काँच और दर्पणों में भी।

लेकिन ऐसी खोजों के लिए सबसे उपयुक्त परिस्थितियाँ शायद चाँद पर ही हैं।

यह कितना बड़ा कण रहा होगा, जिसने चाँद के द्रव्य पर लगभग एक मिलिमीटर बड़ा चिन्ह छोड़ा है? संभव है कि यह रहस्यमय एकध्रुवक (मोनोपोल) रहा हो। एकध्रुवक एक परिकाल्पनिक कण है, जिसकी उपस्थिति का अनुमान 1931 में अंग्रेज भौतिकीय सिद्धांतविद पी. डिराक ने किया था।

आप जानते होंगे कि वैद्युत आवेश-धन या ऋण-एक दूसरे से स्वतंत्र अस्तित्व रख सकते हैं। प्रकृति में एलेक्ट्रोन और पोजीट्रोन हैं, प्रोटीन हैं, एंटीप्रोटीन हैं...लेकिन चुंबकीय आवेश-उत्तरी और दक्षिणी-परस्पर स्वतंत्र अस्तित्व नहीं रख सकते; वे अविछिन्न रूप से जुड़े होते हैं। एकध्रुवक और एंटी-एकध्रुवक न तो बनाए जा सके हैं, न प्रेक्षित हुए हैं। अन्यतः, चुंबकीय ध्रुव एक दूसरे से अलग नहीं किए जा सके हैं।

डिराक के कलनों के अनुसार एकध्रुवक का चुंबकीय आवेश एलेक्ट्रोन के वैद्युत आवेश से करीब 70 गुना अधिक होता है। इसीलिए क्षीण से क्षीण चुंबकीय क्षेत्र में भी एकध्रुवक विशाल ऊर्जा प्राप्त कर ले सकता है। यदि हमारे पास एकध्रुवक होते, तो पर्याप्त सरल साधनों से ही असाधारण शक्ति वाले त्वरित्र बनाए जा सकते थे। यही नहीं, एकध्रुवक का अस्तित्व प्रमाणित हो जाने से अंतरिक्षी किरणों की उत्पत्ति के सिद्धांत की अनेक समस्याओं का समाधान हो जाता, विशेषकर कुछ अंतरिक्षी कणों की असाधारण रूप से उच्च ऊर्जा का कारण समझ में आ जाता।

इसके अतिरिक्त, डिराक के कलनानुसार एकध्रुवक का द्रव्यमान भी बहुत अधिक होना चाहिए। और उनके बीच व्यतिक्रिया प्राथमिक वैद्युत आवेशों की पारस्परिक क्रिया से कई हजार गुनी अधिक तीव्र होनी चाहिए। इस दृष्टिकोण से एकध्रुवकों को शुद्ध रूप में अलग करना कहीं ज्यादा कठिन है, बनिस्बत कि सामान्य प्राथमिक कणों को। लेकिन दूसरी तरफ से, उनके पारस्परिक प्रतिलयन

की संभाव्यता भी अत्यल्प होती। एकध्रुवक इस वजह से परमाणुक तापों के लिए उत्तम 'गोलों' का काम कर सकते थे, जिनसे विभिन्न प्राथमिक कणों पर चोट की जा सकती थी; ये 'गोले' विशाल ऊर्जाओं तक त्वरित किए जा सकते थे और बारंबार प्रयुक्त हो सकते थे। इन बातों से आकर्षित हो कर ही अनेक भौतिकविद एकध्रुवक की खोज में प्रयत्नशील हुए, लेकिन कोई नतीजा नहीं निकला।

लेकिन प्रश्न उपरोक्त व्यावहारिक लाभों का ही नहीं है, जो हमें एकध्रुवकों से मिल सकते थे। प्राथमिक चुंबकीय कणों के अस्तित्व का प्रश्न सैद्धांतिक दृष्टि से भी बहुत महत्त्वपूर्ण है।

एकध्रुवक की खोज या उसके अस्तित्व को नकारने वाले नियम की खोज से विश्व-रचना से संबंधित भौतिकीय अवधारणाओं के विकास में बहुत बड़ी सहायता मिलती।

अदृश्य उपग्रह

भिन्न ग्रहों के अधीन उपग्रहों की संख्या भिन्न है। सौर मंडल में उनका (उपग्रहों का) वितरण समरूप नहीं है। विशाल वृहस्पति के पास 15 उपग्रह हैं, शनि के पास कुछ आँकड़ों के अनुसार 20 या इससे कुछ अधिक है, लेकिन जैसे-जैसे हम सूर्य के निकट जाते हैं, उपग्रहों की संख्या तेजी से कम होती है। मंगल के सिर्फ दो उपग्रह हैं—फोबोस और देइमोस। बुध और शुक्र के पास एक भी उपग्रह नहीं है।

पृथ्वी के पास प्राकृतिक उपग्रह सिर्फ एक है—चाँद।

वैसे, पहले यह निश्चित कर लेना चाहिए कि उपग्रह किसे कहा जाए। हम इस बात के आदी हो गए हैं कि हमारा चाँद एक वर्तुली (गोलाकार) पिंड है, लेकिन यदि व्यापक तौर पर देखा जाए, तो ग्रहों के उपग्रह अन्य प्रकार के भी हो सकते हैं। महत्त्वपूर्ण सिर्फ यही है कि वे विचाराधीन ग्रह के साथ गुरुत्वाकर्षण-शक्ति द्वारा जुड़े हों।

अंतरिक्ष में ठोस द्रव्य किन रूपों में रह सकता है? अनियमिताकार ढोंके के रूप में, धूल-कण के रूप में, धूल के बादलों के रूप में...जहाँ तक अलग-थलक ढोंकों का सवाल है, तो संभव है कि पृथ्वी के पास ऐसे कई उपग्रह हों। लेकिन उनके प्रेक्षण में किसी को सफलता नहीं मिली है, उनके अस्तित्व के सिर्फ परोक्ष प्रमाण मिले हैं।

और धूल-कणों जैसे उपग्रह?

प्रसिद्ध फ्रांसीसी गणितज्ञ लाग्रांज (Lagrange) 18 वीं शती में ही तीन व्यतिकारी पिंडों की गति से संबंधित प्रश्न हल करते समय इस निष्कर्ष पर पहुँचे

थे कि नियत परिस्थितियों में ये पिंड व्योम में बहुत रोचक समबाहु त्रिभुज बना सकते हैं।

जाहिर है कि समय के साथ-साथ तीनों पिंड एक सामूहिक द्रव्यमान-केंद्र के गिर्द अपने-अपने कक्षकों पर घूमते रहेंगे। लेकिन असली बात तो यह है कि उनका स्थानांतरण किसी भी तरह क्यों न हो, वे हर समय समबाहु त्रिभुज के शीर्षों पर स्थित रहेंगे। खुद इस त्रिभुज का आकार निरंतर बदलता रहेगा, वह कभी सिकुड़ेगा, तो कभी लमड़ेगा, द्रव्यमान-केंद्र के सापेक्ष घूमता रहेगा। लेकिन त्रिभुज हमेशा समबाहु ही रहेगा। इस तरह, तीन पिंडों के व्यूह (या तंत्र) में अपने विशेष ढंग के 'संतुलन-बिंदु' हो सकते हैं।

लेकिन यदि व्यूह दो पिंडों का है, जैसे पृथ्वी और चाँद का, तो क्या होगा? तब उसमें एक अव्यक्त 'संतुलन-बिंदु' होगा, जो दोनों पिंडों के साथ मिलकर समबाहु त्रिभुज के शीर्ष बनाएगा (दो शीर्षों में से प्रत्येक पर एक-एक पिंड होगा और तीसरे शीर्ष पर अव्यक्त संतुलन-बिंदु)। जिस समतल पर दोनों पिंड गतिमान होंगे। उस पर उन दोनों पिंडों को एक-एक शीर्ष मानकर दो समबाहु त्रिभुज खीचें जा सकते हैं। दोनों पिंडों को मिलाने वाले कर्ण या रेखा खंड को एक भुजा मानकर इस बात से स्पष्ट है कि दो पिंडों के व्यूह में सदा दो ''सन्तुलन-बिंदु'' होने चाहिए, यद्यपि कुछ समय तक से बिंदु खाली (पिंड विहीन) रह सकते हैं। लेकिन यदि कोई पिंड लाग्रांज-बिंदु (अव्यक्त संतलुन-बिंदु) पर पहुँच जाए और साथ ही पृथ्वी व चाँद दोनों के सापेक्ष अपनी गति क्षण भर में खो दे, तो वह एक तरह से गुरुत्वाकर्षण के फंदे में आ जाएगा और वहीं रुक जाएगा—सदा के लिए नहीं, तो कम से कम लंबे समय के लिए जरूर ही।

शुरू-शुरू जब 'फंदा' खाली रहता है, वह ठीक से काम नहीं करता। अधिक संभावना इसी बात की रहती है कि कण संतुलन-क्षेत्र से निर्बाध गुजर जाएँगे। लेकिन जैसे-जैसे फंदा भरता जाता है, उसकी पकड़ में आने की प्रक्रिया भी त्वरित होती जाती है। इस स्थिति में उड़ते हुए कण इस अदृश्य जाल में पहले से फँसे कणों से टकरा कर अपना वेग खोते हैं और खुद भी कैद में आ जाते हैं।

यह प्रक्रिया बहुत ही धीमी है, फिर भी आशा की जा सकती है कि दसियों करोड़ वर्षों के दौरान व्यूह 'पृथ्वी-चाँद' के लाग्रांज-बिंदुओं पर द्रव्य की पर्याप्त बड़ी मात्रा जमा हो गई होगी, क्योंकि पृथ्वीवर्ती व्योम में भ्रमणशील कणों की संख्या बहुत है, इनके बीच बड़े पिंड भी हो सकते हैं।

वर्तमान शति के आरंभ में ही ऐसे उपग्रहों की खोज हो चुकी थी, जो व्यूह 'वृहस्पति-सर्यू' के लाग्रांज बिंदुओं पर स्थित थे। इन बिंदुओं के निकट कई उडुज

भी मिले हैं।

इन सबों को प्राचीन ग्रीक महाकाव्य त्रोय-युद्ध-गाथा के पात्रों का नाम दिया गया है। बड़े समूह को 'ग्रीकवासी' कहा जाने लगा और छोटे समूह को 'त्रोयवासी' (इन्हीं दोनों के बीच युद्ध हुआ था)।

लाग्रांज के सिद्धांत से जो निष्कर्ष निकलते हैं, उनके अनुसार ऐसे उपग्रह पृथ्वी के पास भी होने चाहिएँ, लेकिन वे लंबे समय तक अनवलोकित रहे। बात यह है कि ऐसे उपग्रह को तभी देखा जा सकता है, जब तदनुरूप लाग्रांज-बिंदु पार्थिव खमंडल में सूर्य से विपरीत दिशा में होता है और साथ-साथ आकाश-गंगा की प्रकाशमान पट्टी से भी बहुत दूर होता है। इसके अतिरिक्त, रात भी अमावस की होनी चाहिए।

इतने सुसंयोगों का मेल प्रकृति में बहुत मुश्किल से मिलता है। खगोलविद कई वर्षों तक लाग्रांज-बिंदु का फोटो खींचते रहे, लेकिन वहाँ ठोस द्रव्य का कोई चिन्ह नहीं मिला। सिर्फ कुछ वर्ष पूर्व हमारे अदृश्य उपग्रह का फोटो खींचा जा सका। वह काफी बड़ा निकला : उसका व्यास पृथ्वी के व्यास के साथ तुलनीय है।

पृथ्वी के इस उपग्रह को धूल का बादल ही कहना चाहिए। अंतरिक्षी पैमाने के अनुसार उसका द्रव्यमान बहुत ही कम है—मात्र 20 हजार टन के करीब। घनत्व तो उसका और भी कम है—एक घनमीटर में एक धूल-कण। कोई आश्चर्य नहीं, यदि उसे ढूँढ़ पाना इतना कठिन निकला।

फिर भी, अंतरिक्षयानों का गतिपथ चयन करते वक्त 'संतुलन-बिंदुओं' के पास स्थित धूल के इन बादलों पर गंभीरता से ध्यान देना पड़ेगा।

दूसरी ओर, लाग्रांज-बिंदुओं पर अंतरिक्षी कक्षकीय स्टेशन स्थापित करने का लोभ भी संवरण नहीं किया जा सकता। यहाँ व्योम में उसकी स्थिति में लंबे समय तक के लिए किसी सुधार की आवश्यकता नहीं रहेगी। लेकिन तब इन क्षेत्रों में एकत्रित द्रव्य को हटाना पड़ेगा, क्योंकि वह स्टेशन की परिरचना के लिए खतरनाक सिद्ध हो सकता है और प्रेक्षण में भी बाधा पहुँचा सकता है।

जड़त्ववश गति संभव है?

गैलीली द्वारा अन्वेषित जड़त्व-नियम ने आकाशीय पिंडों, विशेषकर सौर मंडल के ग्रहों की गति को समझने में महत्त्वपूर्ण भूमिका निभाई है।

उस जमाने में, जब यह नियम अभी ज्ञात नहीं था, महान केप्लर सूर्य के गिर्द ग्रहों की अविराम गति का कारण जानने के लिए उस बल को ढूँढ़ रहे थे, जो उन्हें निरंतर धकेलता रहता है।

अब हम अच्छी तरह जानते हैं कि ग्रहों की वृत्ताकार गति वस्तुतः दो गतियों का मेल है—जड़त्व के कारण ऋजुरैखिक समरूप गति का और सौर गुरुत्वाकर्षण के प्रभाव से सूर्य पर अभिपातन की गति का।

अब एक अप्रत्याशित प्रश्न पर विचार करें : क्या वास्तविक दुनिया में जड़त्व के कारण गति का कोई अस्तित्व है?

स्कूल की एक शिक्षाप्रद घटना मुझे आजीवन याद रहेगी। तब मैं आठवीं कक्षा में पढ़ता था। हम लोग न्यूटन के तीनों नियमों की पढ़ाई कर रहे थे।

चित्र 12 न्यूटन के प्रथम नियम का एक मिथ्या उदाहरण।

भौतिकी के शिक्षक अपने विषय का अच्छा ज्ञान रखते थे और उनके पढ़ाने का ढंग भी मौलिक हुआ करता था। अंतिम पाठ के दिन वे डायपोजिटिव फिल्में और एक प्रक्षेपी लालटेन (प्रोजेक्टर) ले कर आए।

—अभी मैं कुछ चित्र दिखाऊँगा,—उन्होंने बताया।—इनमें विभिन्न स्थितियाँ दिखाई गई हैं। आप ध्यान से देखिए और बताइए कि इनमें न्यूटन का कौन-सा नियम व्यक्त किया गया है।

पर्दे पर पहला, चित्र उभरा। एक लड़का दौड़ रहा है, उसका पैर एक पत्थर से फँसता है और वह दोनों हाथ आगे बढ़ाए हुए गिरता है।

—हाँ, तो बताइए, न्यूटन का कौन-सा नियम यहाँ व्यक्त हुआ है?

—पहला नियम, —हम सब ने एक स्वर में जवाब दिया।

इस तरह जवाब देने का हमारे पास पर्याप्त आधार भी था : कुछ दिन पहले इन फिल्मों के बारे में एक लिखित टिप्पणी हमारे हाथ लग चुकी थी (पता नहीं किसका लिखा हुआ था)। पहले चित्र 'लड़के का गिरना' के बारे में लिखा था :

'न्यूटन के प्रथम नियम-जड़त्व के नियम-का उदाहरण दौड़ते वक्त लड़के का पैर पत्थर से फँस कर (टकरा कर) रुकता है, पर उसके शरीर का ऊपरी भाग

जड़त्व के कारण गतिमान रहता है। फलस्वरूप लड़का गिरता है...।''

—चलो, मान लेते हैं,—शिक्षक ने कहा। और उन्होंने मुझे ब्लैक बोर्ड के पास बुला लिया।

मैं निश्चित मन से बोलने लगा :

—दौड़ते वक्त लड़के का पैर पत्थर से फँसता है...

—मतलब कि...पहला नियम है? मैंने हाँ कर दी।

—अच्छा, तब जरा याद करें कि पहला नियम कहता क्या है।

—पिंड विश्राम अथवा समरूप ऋजरैखिक गति की अवस्था में तबतक बना रहता है, जबतक कोई बाहरी बल उसे यह अवस्था बदलने को बाध्य नहीं करता,—मैं एक साँस में न्यूटन का कथन दुहरा गया।

—ठीक है...अब इसका भौतिकी की सामान्य भाषा में अनुवाद करें : यदि पिंड पर बाह्य बल क्रियाशील नहीं हैं, तो उसका स्वरण शून्य है। ठीक है न?

—और विश्रामावस्था?—किसी ने अपनी जगह से बैठे-बैठे पूछा।—इसके बारे में तो आपने कुछ भी नहीं कहा।

—विश्राम—यह गति की एक विशेष स्थिति है, जब वेग शून्य के बराबर होता है...अब यह बताइए, कि पहला नियम किसके बारे में है और किसके बारे में नहीं है? वह सिर्फ ऐसी स्थिति के बारे में है, जब बल शून्य के बराबर होते हैं। और किसी के बारे में नहीं। लेकिन यदि बल शून्य के बराबर नहीं हैं, तो इस स्थिति के बारे में पहला नियम कुछ भी नहीं 'जानता', कुछ भी नहीं कह सकता।

यह कुछ नई बात थी। अबतक तो हमारी कोशिश इतनी ही रहती थी कि तीनों नियम रट लें और उनसे संबंधित सवाल हल करना सीख लें। अब मानो न्यूटन के प्रथम नियम का एक छिपा हुआ पक्ष हमारे सामने खुल गया था। हम समझ गए कि गिरते हुए लड़के के चित्र का न्यूटन के प्रथम नियम के साथ कोई संबंध नहीं है।

सचमुच, लड़के का पैर पत्थर से फँसता है और इसका मतलब है कि उसपर एक बल क्रियाशील हो जाता है, उसकी गति में त्वरण उत्पन्न हो जाता है। इस क्षण से उसकी गति समरूप व ऋजुरैखिक नहीं रह जाती...बात ठीक ही है—प्रथम नियम ऐसी स्थिति के बारे में कुछ नहीं कह सकता।

इससे एक महत्त्वपूर्ण निष्कर्ष निकलता है। जड़त्व के अधीन गति की बात तभी चल सकती है, जब विचाराधीन पिंड पर बिल्कुल कोई बल न लगा हो। या कम से कम सभी बलों का परिणामी बल शून्य के बराबर हो।

अक्सर इस तरह की बातें सुनने को मिलती हैं : ''मोटर बंद हो चुका था

और अब राकेट जड़त्व के अधीन आगे बढ़ रहा था," "ड्राइवर ने ब्रेक लगाया लेकिन कार जड़त्व के कारण बर्फ पर फिसलती चली गई।"

क्या इस तरह की अभिव्यंजनाएँ सही हैं? हाँ, लेकिन सिर्फ काव्यात्मक अर्थ में। वास्तविकता में देखा जाए, तो मोटर बंद करने के बाद राकेट और ब्रेक लगाने के बाद कार दोनों ही त्वरित रूप से गतिमान होते हैं। राकेट को त्वरण (धनात्मक या ऋणात्मक) पृथ्वी का गुरुत्वाकर्षण बल संप्रेषित करता है और कार को ऋणात्मक त्वरण (अर्थात् मंदन)—टायर और पथ की सतहों के बीच का घर्षण-बल।

यदि पूरी सिद्धांतनिष्ठता के साथ देखा जाए, तो प्रकृति में 'जड़त्ववश' गति का ऐसा आदर्श उदाहरण शायद ही मिल पाए, जो न्यूटन के प्रथम नियम को संतुष्ट कर सके। चाहे कोई भी पिंड हो, उस पर असंख्य आकाशीय पिंडों का गुरुत्वाकर्षण बल तो लगा ही होता है।

इसलिए हम सिर्फ उन स्थितियों के बारे में बात कर सकते हैं, जब विचाराधीन पिंड पर क्रियाशील बल नगण्य होते हैं, उसकी गति पर व्यवहारतः कोई प्रभाव नहीं डालते और इसीलिए उपेक्ष्य होते हैं।

इस महत्त्वपूर्ण परंतुक के बगैर प्रकृति में न्यूटन के प्रथम नियम का पालन कभी नहीं होता; यह नियम त्वरित गति की सिर्फ सीमांत स्थिति है।

कक्षकीय विरोधाभास

हम अब जानते हैं कि आकाशीय पिंडों की गति केप्लेर के नियमों और न्यूटन के गुरुत्वाकर्षण नियम पर आधारित होती है। इन नियमों के हम इतने आदी हो चुके हैं कि लगता है—अंतरिक्षी पिंडों की गति से संबंधित सभी बातों की भविष्यवाणी इन नियमों के गुणात्मक पक्षों के आधार पर बिना किसी गणितीय कलन के ही की जा सकती है। कभी-कभी सचमुच यह संभव होता है। लेकिन कई स्थितियों में कलन से ऐसे परिणाम मिलते हैं, जो स्पष्ट सैद्धांतिक तर्क के परिणामों से बिल्कुल भिन्न होते हैं।

मान लें कि पृथ्वी के गिर्द एलिप्सी कक्षक पर परिक्रमारत कृत्रिम उपग्रह से अंतरिक्ष-यान छोड़ना है। किस क्षण उसे छोड़ना अधिक लाभप्रद रहेगा—जब उपग्रह नेदिष्ठ पर हो या जब अपविष्ठ पर हो हो?*

उत्तर लगता है कि बिल्कुल स्पष्ट है : अपविष्ठ पर। कारण : पृथ्वी से जितना ही दूर होंगे, उसका गुरुत्वाकर्षण बल उतना ही क्षीण होगा, अतः उससे

* नेदिष्ठ-उपग्रह के कक्षक पर पृथ्वी से निकटतम बिंदु; अपविष्ठ-वहीं, दूरतम बिंदु; एलिप्स-दीर्घ (लमड़ा हुआ) वृत्त।-अनु.

मुक्त होने के लिए आवश्यक अल्पतम वेग (मुक्ति-वेग) भी उतना ही कम होगा, जिसका अर्थ है कि उड़ान भरने में इंधन का व्यय कम होगा।

लेकिन यह भी नहीं भूलना चाहिए कि केप्लेर के द्वितीय नियम के अनुसार उपग्रह के वेग का मान कक्षक पर सर्वत्र समान नहीं रहता। अपविष्ठ पर वह अल्पतम होता है और नेदिष्ठ पर-महत्तम।

फिर लाभ किसमें है? अपविष्ठ में मुक्ति-वेग कम है, लेकिन आरंभिक वेग (जो उपग्रह के वेग के बराबर है) भी कम है; नेदिष्ठ में आरंभिक वेग अधिक है, लेकिन मुक्ति-वेग भी अधिक है।

यहाँ सिद्धांत के गुणात्मक पक्षों से कोई सहायता नहीं मिल सकती, शुद्ध कलनों की आवश्यकता है।

पहले नेदिष्ठ और अपविष्ठ के लिए (अलग-अलग) कृत्रिम उपग्रह के वेग और यान के मुक्ति-वेग का अंतर कलन करना चाहिए, फिर दोनों अंतरों की आपस में तुलना करनी चाहिए। जाहिर है कि जो अंतर कम होगा, उसी स्थिति को प्राथमिकता दी जाएगी।

अब तक मूर्त्त उदाहरण देखें। मान लें कि अंतरिक्ष-यान पृथ्वी के कृत्रिम उपग्रह से छोड़ना है, जिसका अपविष्ठ 330 किलोमीटर की ऊँचाई पर है और नेदिष्ठ 180 किलोमीटर की ऊँचाई पर है।

विभिन्न ऊँचाइयों के लिए मुक्ति-वेग के मान पहले से कलित हैं और सारणीबद्ध हैं। ऐसी सारणी से हम ज्ञात कर सकते हैं कि उक्त उपग्रह के अपविष्ठ की ऊँचाई के लिए यान का मुक्ति-वेग 10918 मीटर प्रति सेकेंड है और नेदिष्ठ की ऊँचाई के लिए 11040 मीटर प्रति सेकेंड है।

नेदिष्ठ और अपविष्ठ पर उपग्रह के वेग कलन करना भी कठिन नहीं है; ये क्रमशः 7850 और 7650 मीटर प्रति सेकेंड होंगे।

अब इष्ट अंतर ज्ञात करते हैं :

नेदिष्ठ के लिए 11040-7850=3190 मीटर प्रति सेकेंड

अपविष्ठ के लिए 10918−7680=3238 मीटर प्रति सेकेंड

इस तरह उड़ान शुरू करने के लिए अधिक लाभप्रद स्थान नेदिष्ठ है, जबकि प्रथम दृष्टि में लगता था कि यह अपविष्ठ है।

दिलचस्प बात यह है कि एलिप्सी कक्षक के बड़ा होने पर नेदिष्ठ से उड़ान का लाभ भी बहुत अधिक बढ़ जाता है तथा स्थिति का विरोधाभास और भी स्पष्ट उभर आता है। उदाहरणार्थ, यदि कक्षक इतना अधिक लमड़ा हुआ हो कि उसका नेदिष्ठ पृथ्वी से 40 हजार किलोमीटर दूर हो और अपविष्ठ 480 हजार किलोमीटर

दूर (चाँद के कक्षक से बाहर) हो, तो द्वितीय अंतरिक्षी वेग विकसित कर के पार्थिव गुरुत्व की पकड़ से मुक्त होना नेदिष्ठ-क्षेत्र से चार गुना सरल होगा, बनिस्बत कि अपविष्ठ से।

बात विचित्र लगती है, क्यों?

इस तथ्य से एक बार और यह सिद्ध होता है कि दृश्य-सुगम धारणाएँ धोखा दे सकती हैं। वैसे, एक बार और आपका विशेष ध्यान दिला दें कि उपरोक्त विरोधाभास तभी उत्पन्न होता है, जब विचाराधीन कक्षक पर गतिमान एक ही उपग्रह की अलग-अलग स्थितियों से यान छोड़ने के लाभों की तुलना की जाती है।

पृथ्वी के कृत्रिम उपग्रह को उतारते वक्त विलोम विरोधाभास उत्पन्न होता है। ऊपर-ऊपर यही लगता है कि भारी-भरकम मोटर को चालू करके मंदन उस समय शुरू करना चाहिए, जब उपग्रह नेदिष्ठ से गुजरता है, जो धरातल से निकटतम दूरी पर होता है।

लेकिन कलन दिखाते हैं कि इस स्थिति में मुख्य भूमिका पृथ्वी से दूरी की नहीं, बल्कि कक्षक पर उपग्रह के वेग की होती है। अपविष्ठ पर वह कम है, और इसीलिए इंधन-व्यय की दृष्टि से कृत्रिम उपग्रह को उतारने का काम कक्षक के उपविष्ठ वाले भाग से ही शुरू करना चाहिए। फिर भी ध्यान में रखें कि यहाँ आदर्श स्थिति की बात चल रही है, क्योंकि पार्थिव वातावरण की घनी परतों में प्रवेश के क्षण उपग्रह का वेग कैसा होना चाहिए, इस पर हम ध्यान नहीं दे रहे हैं।

अब एक और खनाविकीय विरोधाभास देखें जो पार्थिव यांत्रिकी की सामान्य अवधारणाओं का खंडन करता है। हमारी सामान्य समझ यही है कि हम जितनी ही तेजी से गतिशील होंगे, दूरी उतनी ही जल्द तय होगी। लेकिन आकाशीय पिंडों के गुरुत्वक्षेत्रों में अंतरिक्षी उपकरणों की गति के लिए यह उक्ति हमेशा सही नहीं होती। उदाहरणार्थ, पृथ्वी से शुक्र ग्रह की उड़ान में इससे कोई सहायता नहीं मिलती।

सुविदित है कि पृथ्वी अपने कक्षक पर सूर्य की परिक्रमा लगभग 29.8 किलोमीटर प्रति सेकेंड के वेग से करती है। अतः पृथ्वी के कृत्रिम उपग्रह से उड़ान शुरू करते वक्त अंतरिक्षी उपकरण का वेग सूर्य के सापेक्ष इतना ही होगा। शुक्र का कक्षक सूर्य से निकट है और इसीलिए वहाँ तक पहुँचने के लिए सूर्य के सापेक्ष उपकरण का आरंभिक वेग बढ़ाना नहीं चाहिए (जैसा कि मंगल पर पहुँचने के लिए करते हैं), वरन् घटाना चाहिए। लेकिन यह विरोधाभास का सिर्फ पूर्वार्ध है। पता चला कि यह वेग जितना ही कम होगा, उपकरण शुक्र के कक्षक तक उतना ही जल्द पहुँचेगा। कलन दिखाते हैं कि आरंभिक वेग सूर्य के सापेक्ष 27.3

किलोमीटर प्रति सेकेंड होने पर उड़ान 146 अहर्निश में खत्म होगी और 23.8 किलोमीटर प्रति सेकेंड होने पर—सिर्फ 70 अहर्निश में।

इस प्रकार हमारी पार्थिव दैनंदिन धारणाएँ अंतरिक्षी उपकरणों की गति पर हमेशा लागू नहीं होती।

'चुटफुटिया हल' (विज्ञान-गल्प)

परिवहन यान 'ओमीक्रोन' मेगोस का फेरा लगाने जा रहा था। उसमें बारह कर्मचारी थे। यात्रियों की संख्या 360 थी। कप्तान मेंग और चालक गास्कोंद की निगाहें दीप्ति-पटल पर टिकी हुई थीं, दोनों साफ-साफ समझ रहे थे कि बचने की कोई आधा नहीं है...गलती अतिव्योम से निकलते क्षण हुई थी। यान के जटिल स्वसंचालन-तंत्र में कोई चूक हो गई, प्रोग्राम से नगण्य विचलन हुआ, कोई बहुत हल्की-सी सिहरन आयी बस, इतना ही काफी था कि यान कलित बिंदु से पाँच पारसेक दूर छिटक जाए। और यहाँ पर उसका इंतजार श्वेत वामन कर रहा था—एक नन्हा-सा सफेद तारा, विशाल घनत्व और विराट गुरुत्वाकर्षण वाला।

सभी इंजन पूरी शक्ति से काम कर रहे थे, लेकिन यह 'ओमीक्रोन' को सिर्फ धधकते तारे पर गिरने से बचा रहा था, उसके गुरुत्वाकर्षण की जंजीरों को तोड़ने के लिए काफी नहीं था। अब यान एक संवृत कक्षक पर वामन की परिक्रमा कर रहा था; तारे के केंद्र से उसकी औसत दूरी करीब 20 हजार किलोमीटर थी और इस कैद से मुक्त करने के लिए इंजनों की सारी शक्ति भी पर्याप्त नहीं थी। उड़ान के लिए आयोजित अवधि क्षणोक्षण बीतती जा रही थी, साथ-साथ ऊर्जा का भी अंत हो रहा था, जो तारे की भस्मीभूत करने वाली प्रचंड गर्मी को रोकने के लिए यान को एक विशेष क्षेत्र से आच्छादित रख रही थी।

—कितना? —मेंग ने तीव्रता से पूछा; उसकी आँखें अब भी दीप्ति-पटल पर टिकी थीं, जहाँ एक नन्हा लाल बिंदु तारे के चारों ओर एक नियमित एलिप्स बनाता हुआ घूम रहा था।

चालक ने उसका आशय समझते हुए कलनक पटिया पर जल्दी-जल्दी कुछेक बटन दबा दिए।

—साढ़े छे घंटे...संकट-संदेश "SOS" भेजा जाए क्या?

वामन बहुत नजदीक था। यान रक्षी क्षेत्र से घिरा हुआ था, फिर भी मेंग तारे के तप्त निःश्वास को महसूस कर रहा था। अभी तक तो वह बचा रहा है...लेकिन जब साढ़े छे घंटे बाद ऊर्जा खत्म हो जाएगी, तब...

—क्या क्षेत्र को कुछ क्षीण नहीं किया जा सकता?—मेंग ने पूछा।

—वैसे ही अल्पतम है,—गास्कोंद ने छोटे में जवाब दिया।—लेकिन "SOS" के बारे में क्या कहते हैं?

मेंग बिना कोई जवाब दिए सोफे में उठंग गया और आँखें बंद कर लीं। उसके सामने एक ऐसा प्रश्न था, जिसे हल करना किसी परमादर्श कलनक प्रयुक्ति के भी बूते की बात नहीं थी...

यह तो ठीक है कि ऐसी परिस्थिति में उसे "SOS" भेज देना चाहिए था। यह 'अंतरिक्षी नियमों' की माँग थी। लेकिन मेंग को बिल्कुल ठीक-ठीक पता था कि अभी उनके सेक्टर में एक भी ऐसा यान नहीं है, जो 'ओमीक्रोन' को सहायता पहुँचा सके। निकटतम स्टेशन मेगोस पर है, लेकिन वह अभी इतना दूर है कि साधारण रेडियोग्राम के पहुँचने में कई महीने लग जाएँगे। संकट-संदेश ठीक समय पहुँचे, इसके लिए उसे अतिव्योम से होकर भेजना पड़ेगा। लेकिन ऐसे रेडियो-संचार में ऊर्जा का व्यय बहुत है। और यहाँ ऊर्जा चाहिए श्वेत वामन से बचाव के लिए!

मेंग ने फिर भी अतिव्योम रेडियोग्राम भेज दिया होता, यदि उसे सहायता की थोड़ी-सी भी आशा दिखी होती। मंदाकिनीय बेड़े में सिर्फ तीन यान इतनी क्षमता वाले थे कि ऐसी विकट परिस्थिति में 'ओमीक्रोन' के पास पहुँच कर उसका ऊर्जा का भंडार भर देते या उसे खींच कर अपने साथ ले जाते और साथ ही गुरुत्वाकर्षण के फंदे में खुद नहीं फँसते। लेकिन मेंग अच्छी तरह जानता था कि ये तीनों अभी दूरस्थ सेक्टरों में हैं और 'ओमीक्रोन' तक समय रहते नहीं पहुँच सकेंगे।

—हमें थोड़ा-सा समय और मिल सकता है,—गास्कोंद ने कहा।—करीब तीस मिनट...

कप्तान ने चालक की ओर प्रश्नवाचक दृष्टि से देखा।

—यदि कृत्रिम गुरुत्व बंद कर दिया जाए, —गास्कोंद ने समझाया।

—नहीं,—मेंग ने कड़े स्वर में कहा। —यात्रियों के बीच औरतें और बच्चे भी हैं।

यह भी एक समस्या थी, जिसे यान-कमांडर को छोड़ कर और कोई भी हल नहीं कर सकता था। यात्री!...अभी वे अपने-अपने केबिनों में शांति के साथ सोए हुए हैं, पूरे विश्वास के साथ—कि दो दिन बाद अपने गंतव्य पर पहुँच जाएँगे। किसी को थोड़ा भी संदेह नहीं है कि अवश्यंभावी दुर्घटना सिर्फ साढ़े छे घंटे के फासले पर खड़ी है...उन्हें इसकी खबर दी जाए या नहीं? या उन्हें अंत तक अज्ञानता में ही खुशहाल छोड़ दिया जाए?

अपनी लंबी अंतरिक्षी सेवा के दरम्यान कप्तान मेंग संकटतम स्थिति में

अनेकों बार पड़े थे। लेकिन वे ऐसी स्थितियाँ थीं, जिनसे छुटकारा मिल सकता था। उस समय सिर्फ कमांडर का अनुभव और उसका प्रत्युत्पन्नमतित्व निर्णायक होता था, क्योंकि चंद सेकेंडों में श्रेष्ठ हल ढूँढ़ने की आवश्यकता पड़ती थी। अबतक मेंग इसमें सफल होता रहा था।

लेकिन अभी कोई रास्ता नहीं था। इसका अकाट्य प्रमाण था एक सरल-सा कलन, जिसे कोई भी छात्र संपन्न कर सकता था। कप्तान मेंग पर कुछ भी निर्भर नहीं कर रहा था। वह चाहे कोई भी उपाय क्यों न करे, अंत एक ही था।

इसका मतलब था कि उन्हें अपने भाग्य पर अब संतोष कर लेना चाहिए था और चुपचाप उस क्षण का इंतजार करना चाहिए था, जब सितारे का भस्मकारी निःश्वास 'ओमीक्रोन' को एक चमकदार कौंध में परिणत कर देता।

बिना संघर्ष के हार मान लें क्या?...मेंग के साथ ऐसा कभी नहीं हुआ था। "लेकिन ऐसा होता भी तो सिर्फ एक बार है," —मेंग ने मन ही मन कटुता से हँस कर सोचा।

नहीं, संघर्ष तो हर हालत में करना चाहिए। ऐसी आशाहीन स्थिति में भी!

—तुमने सारे विकल्पों का कलन कर के देख लिया है?—उसने चालक की ओर नजर उठा कर पूछा।

गास्कोंदी ने धीरे से उसकी ओर सर घुमाया। जिस क्षण दीप्ति-पटल पर भावी दुर्घटना की खबर आई थी, तब से उनकी निगाहें पहली बार आपस में टकरायी थीं। गास्कोंदी ने कंधे उचका दिए :

—तुम तो जानते ही हो...

—फिर भी एक बार और सभी विकल्पों की जाँच कर लेनी चाहिए।

—लेकिन यह तो बहुत सरल स्थिति है। इसमें और क्या विकल्प हो सकते हैं?...

कप्तान मेंग खुद भी यह अच्छी तरह समझ रहा था। यह क्लासिकल स्थिति थी, जिसका अंतरिक्षी युग के आरंभ में ही पूर्ण विश्लेषण किया जा चुका था और तब से किसी ने भी इसमें कोई रुचि नहीं दिखाई थी। खनाविकी के नवीनतम साधन लोगों को इस तरह के खतरों में पड़ने से बचाने के लिए पर्याप्त थे। कम से कम पिछले पचास वर्षों से तो गुरुत्वाकर्षण के फंदे में कोई भी नहीं पड़ा था। सिर्फ 'ओमीक्रोन' का ही भाग्य ठीक नहीं था...

लेकिन हो सकता है कि इसी में उनका एकमात्र बचाव भी छिपा हो कि समस्या का सैद्धांतिक अध्ययन लंबे अर्से से नहीं हुआ था। विज्ञान एक जगह थोड़े ही टिका रहता है! यदि इस आशाहीन स्थिति को आधुनिक ज्ञान की दृष्टि से देखा

जाए तो शायद कोई ऐसा रास्ता मिल जाए, जिसपर क्लासिकल खनाविकी ने कोई ध्यान नहीं दिया था।

ढूँढ़ना तो हर हालत में चाहिए ही। लेकिन गास्कोंदी को इसका विश्वास कैसे दिलाया जाए? चालक तो वह बहुत अच्छा है, गलती कभी नहीं करता। मेंग को एक भी ऐसा संयोग याद नहीं आ रहा था, जब गास्कोंदी ने निदेशावली का थोड़ा भी उल्लंघन किया हो। लेकिन यही उसकी कमजोरी भी थी। जो गलतियाँ करता है और उन्हें सुधारना भी जानता है, उसे चाहे-अनचाहे अप्रत्याशित स्थितियों में काम करना पड़ता है। लेकिन गास्कोंदी का एक ही भगवान था—निदेशावली।

"अफसोस कि उसका दिमाग नई खोजों के लिए प्रोग्रामित नहीं है..." थोड़ा खेद के साथ कप्तान ने सोचा। लेकिन इससे भी अधिक रंज उसे इस बात का था कि हमेशा अपने काम के इंजिनियरी पक्ष में ही ज्यादा दिलचस्पी रखता था और अंतरिक्षयान की गति के सिद्धांत पर बहुत कम ध्यान देता था। बुनियाद तो जाहिर है, वह बहुत अच्छी तरह जानता था और आवश्यकता पड़ने पर गास्कोंदी की जगह भी ले सकता था, लेकिन अभी यह ज्ञान काफी नहीं पड़ रहा था...

—तुम क्या सिर्फ प्रतीक्षा करने की सलाह देते हो?—मेंग ने मुँह दूसरी ओर फेर कर पूछा।—सिर्फ इसी तरह बैठकर इंतजार करने का, जबतक कि मौत नहीं आ जाती?...

—मैं संकट-सूचना भेजने की सलाह देता हूँ—चालक ने अवसन्नता से दुहराया।—निदेशावली में यही लिखा है।

—नहीं,—मेंग ने बीच ही में टोक दिया।—अपनी मृत्यु की खबर तो हम भेज ही देंगे, इसके लिए काफी समय है। लेकिन अभी हमें कुछ करना चाहिए...चाहे निदेशावली के विरुद्ध ही क्यों न जाना पड़े।

गास्कोंदी ने बुरा मानते हुए होंठ भींच लिए।

—एक चीज देखना चाहता था मैं...

मेंग उठ कर चालक की कुर्सी के निकट आया :

—थोड़ा मिल कर सोचा जाए। कैसा रहेगा, यदि...

कक्ष में वेरिन कब आ गया, इसका उन्हें पता भी नहीं चला; उसपर उनका ध्यान तब गया, जब वह मुख्य पुल्ट के सामने खड़ा हो कर दीप्ति-पटल का निरीक्षण कर रहा था।

वैसे तो संचालन-कक्ष में यात्रियों के आने की सख्त मनाही थी, लेकिन वेरिन कोई मामूली यात्री नहीं था। 'ओमीक्रोन' की बनावट उसी के द्वारा निरूपित

भौतिकीय नियम पर आधारित थी। उसके असंख्य मौलिक विचारों ने भौतिकी तथा खभौतिकी के विकास को गहन रूप से प्रभावित किया था। अभी उसे मेगोस के विश्वविद्यालय में अतिव्योम सिद्धांत पर व्याख्यान देने थे।

फिर भी 'ओमीक्रोन' पर वेरिन एक यात्री की हैसियत से ही उड़ रहा था, इसीलिए मेंग ने घबरा कर सोचा कि या नका संकट अब छिपा नहीं रह सकेगा।

—स्थिति रोचक है, क्यों?

दी हुई परिस्थितियों में ये शब्द कुछ अजीब-से लगे, उनका उच्चारण भी कुछ इस तरह किया गया था कि समझ में नहीं आया—व्यंग्य से कहे गए थे या किसी अनजान खुशी से।

गास्कोंदी ने सिर्फ कंधे उचका दिए।

—यान की शक्ति काफी नहीं पड़ रही है न?—वेरिन ने किसी तरह दीप्ति-पटल से निगाह हटाते हुए पूछा।

—देख ही रहे हैं, —गास्कोंदी थोड़ी अभद्रता के साथ भुनभुनाया।

—और ताप से रक्षा भी कुछ घंटों बाद खतम हो जाएगी?

—साढ़े छे घंटे बाद, —मेंग ने यंत्रवत जवाब दिया।

—हुम्, —सिद्धांतविद सोच में पड़ गया। —उहूं, अच्छा...

उसकी गहरी धँसी आँखों में एक शिकारी की सी चमक खेलने लगी जो अचानक अपना मनो वांछित शिकार देख लेता है। लगता था कि वेरिन को इस बात की तनिक भी परवाह न थी कि दी हुई परिस्थितियों में शिकार तो वह खुद था... उसकी आँखें गंभीर हो उठीं और कहीं दूर देखने लगीं, मानो वह यान की अपारदर्शक दीवारों को भेदकर अंतरिक्ष की गहराइयों में छिपा हुआ कुछ देख रहा हो, जहाँ उसके सिवा और किसी की पहुँच नहीं हो सकती।

''लोग ठीक ही कहते हैं, —मेंग ने सोचा,—कि उसका मन सिर्फ विज्ञान में बसता है।''

लेकिन वेरिन का मन सिर्फ विज्ञान में नहीं बसता था। दीप्ति-पटल को देखते ही उसे पहले अपनी बूढ़ी माँ के लिए चिंता हुई, जिसे वह पृथ्वी पर छोड़ कर आया था। पुत्र की मृत्यु से वह कितनी दुखी होगी...लेकिन अगले ही क्षण उसका खोजी मन बचाव का रास्ता ढूँढ़ने में व्यस्त हो गया। उसने सहज इच्छा-शक्ति से मन को इस हठात् उत्पन्न प्रश्न पर केंद्रित किया, जिसका अबतक स्थापित सिद्धांतों के अनुसार कोई हल नहीं था। लेकिन वेरिन का सारा जीवन ऐसे ही प्रश्नों के हल में बीता था...

—क्या मैं आपके कंप्यूटर का इस्तेमाल कर सकता हूँ?—उसने सोचना बंद

किए बगैर पूछा।

—लेकिन इससे अब क्या...—गोस्कोंदी कहने जा रहा था, लेकिन मेंग ने चुपचाप उसके कंधे पर हाथ रख कर उसे चुप कर दिया।

वेरिन ने शायद इस छोटी सी घटना पर कोई ध्यान नहीं दिया, वह एक क्षण की भी देर किए बिना पुल्ट के निकट पहुँच गया, उँगलियाँ बटनों पर दौड़ने लगीं; बीच-बीच में वह मशीन की दाताप्रयुक्ति पर भी दृष्टि डाल लिया करता था।

मेंग ने उसके कलन-क्रम का अनुसरण करते हुए कुछ समझने की कोशिश की, लेकिन जल्द ही भटक गया। उसे इतना ही समझ में आया कि उनकी स्थिति के साथ वेरिन के कलनों का कोई संबंध नहीं है।

"कितना विचित्र और बेतुका व्यवहार है हमलोगों का,—अचानक मेंग ने सोचा।—सिर्फ छे घंटे जीना बचा है और गास्कोंदी को निदेशावली की चिंता है, वेरिन किसी सैद्धांतिक प्रश्न के हल में रम गया है, मैं आराम से देख रहा हूँ, मानो कुछ हुआ ही नहीं है, सब ठीक-ठाक है...लेकिन शायद असल बात यह है कि समय का मूल्य भी सापेक्षिक है और ये छे घंटे, यदि इनका पूरा-पूरा उपयोग हो, तो कुछ कम नहीं हैं।"

सिद्धांतविद ने अचानक पुल्ट को छोड़ दिया और चालक पर एक नजर डाल कर पूछा :

—आप सोचते हैं कि प्रश्न का हल नहीं है?

स्वाभिमानी गास्कोंदी वेरिन को गौर से देखने लगा : कहीं कोई छल तो नहीं है?...

—स्थिति बहुत सरल है, —अंत में उसने नजर फेर कर कहा।—दो बल हैं :एक तो वामन का गुरुत्वाकर्षण और दूसरा-हमारे यान का कर्षण...सब साफ है। द्वितीय अंतरिक्षी वेग प्राप्त करने के लिए कर्षण पर्याप्त नहीं है।

—हुम्,-वेरिन ने धीमे से कहा।—प्रश्न हल होने की संभावना इस बात पर निर्भर करती है कि उसे किस तरह अभिरूपित किया गया है। आप ने जिस तरह प्रश्न को देखा है,—उसने दीप्ति-पटल की ओर इंगित करते हुए कहा, उसमें वह सचमुच हलातीत है।

—लेकिन प्रश्न मैंने तो नहीं रखा है न,—गास्कोंदी ने विरोध करना चाहा।

लेकिन वेरिन पुनः अपने विचारों में खो चुका था; इधर-उधर की बातों से वह अपना ध्यान क्षण भर में ही खींच ले सकता था...

इसी क्षण मेंग के हृदय में पहली बार आशा की किरण जगी। यहाँ एक वही सबसे अच्छी तरह समझ रहा था कि उनका बचाव किसी चमत्कार से ही संभव है।

लेकिन चमत्कार तो होता नहीं है, इसीलिए कोई बिल्कुल अप्रत्याशित अतिमौलिक हल चाहिए। और इसकी अपेक्षा सिर्फ वेरिन से की जा सकती थी।

कप्तान ने श्रद्धा से सिद्धांतविद को देखा। छोटे कद का दुबला-पतला आदमी। दुर्बोध बातें भी कैसे उसके लिए सुगम हो जाती हैं?

—आप कुत्ते के बारे में एक चुटकुला जानते हैं? —अचानक वेरिन ने पूछा।

चूँकि दोनों ही खनाविक चुप थे, उसने कहना जारी रखा :

—मान लीजिए-एक भौतिकविद् ने दूसरे से पूछा—कि कुत्ते की दुम से एक टिन का डब्बा बंधा है। जब कुत्ता दौड़ता है, डब्बा सड़क पर खड़बड़-खड़बड़ करने लगता है। कुत्ते का वेग कितना होना चाहिए कि उसे खड़बड़ाहट सुनाई न दे?.. .सच मानिए, दूसरा भौतिकविद प्रश्न का उत्तर नहीं ढूँढ़ पाया...

—और आपके विचार में कुत्ते को किस वेग से दौड़ना चाहिए?—वेरिन अचानक गास्कोंदी की ओर देखकर पूछ बैठा; उसके चेहरे पर एक रहस्यमय मुस्कुराहट खेल रही थी।

—पता नहीं, —चालक धीमे से बुदबुदाया और निरीहता से मेंग की ओर देखने लगा। साफ लग रहा था कि उसके लिए आत्मनियंत्रण कठिन हो रहा है।

लेकिन कप्तान की कड़ी निगाह देख कर गास्कोंदी बिल्कुल सकपका गया और दाँत भींचे हुए अनिच्छा से जवाब दे गया :

—लगता तो यही है कि कुत्ते को परास्वनिक वेग से दौड़ना चाहिए...

—देखा, —वेरिन खिलखिला पड़ा। —उस भौतिकविद ने भी यही जवाब दिया था...लेकिन कुत्ता इतने वेग से कैसे दौड़ सकता है...सही उत्तर बिल्कुल सरल है : कुत्ते का वेग शून्य होना चाहिए... कितना सरल है! लेकिन बात यह है कि प्रश्न यूँ रखा गया था : किस वेग से दौड़ना चाहिए? इसी में सारी गड़बड़ी है। भौतिकविद भी कभी-कभी भूल जाते हैं कि शून्य वेग भी वेग ही...

बेचारा सीधा और सरल गास्कोंदी वेरिन को फटी-फटी आँखों से देखता रह गया। मेंग भी अचंभित हो रहा था, यद्यपि वह समझ रहा था कि सिद्धांतविद को इस चुटकुले की आवश्यकता सिर्फ मनबहलाव के लिए नहीं पड़ी होगी, संभव है कि यह उसके लिए एक तरह का विश्राम हो। अभी अवचेतना काम कर रही है, चेतना को विश्राम मिलना चाहिए।

"वैसे, —मेंग ने सोचा —उसके मन में यह चुटकुला अकारण ही नहीं आया होगा... लगता है कि उसे कोई हल मिल गया है..."

ठीक इसी क्षण मानो मेंग की सोच को सही सिद्ध करते हुए वेरिन पुनः पुल्ट पर झुक गया और बच्चों की तरह होंठ भींचे हास्यास्पद मुद्रा में बटनों के साथ

खेलने में व्यस्त हो गया।

मेंग और गास्कोंदी चुपचाप प्रतीक्षा करते रहे। अंत में वेरिन पुल्ट से अलग हो कर एक गहरी साँस ली—पता नहीं राहत की, या निराशा की, लेकिन उसकी भूरी आँखों में एक बार फिर निश्चितता चमक उठी।

—आप शतरंज खेलते हैं?—उसने कामकाजी स्वर में पूछा।

—हाँ, —मेंग ने कहा।

—और यह जानते हैं कि शैक्षणिक हल क्या होता है? स्थिति बिल्कुल हार की है और उसमें भी एक ऐसी चाल है, जो पराजय को और भी निकट ला देती है। लेकिन इसी विचित्र चाल से जीत हो जाती है...

अब मेंग पूरी तरह जान चुका था कि वेरिन ने हल ढूँढ़ लिया है।

—तो फिर?—उसने अधीरता के साथ पूछा।

—हमें यही शैक्षणिक चाल चलनी चाहिए,—उसने धीरे-धीरे मानो एक बार फिर अच्छी तरह तौलते हुए जवाब दिया।

कक्ष में चुप्पी छा गई। कप्तान कुर्सी की किनारी पकड़े अचल खड़ा रहा।

—इंजन का कर्षण चालू कर देना चाहिए,—वेरिन ने कहा। उसने कागज पर जल्दी-जल्दी कुछ सख्याएँ लिखीं और मेंग की ओर बढ़ा दिया।

—लेकिन, —गास्कोंदी ने अप्रसन्न हो कर कहा, —इससे तो कोई फायदा नहीं होगा। ज्यादा से ज्यादा यान का कक्षक कुछ लमड़ जाएगा।

—बिल्कुल, बिल्कुल, —वेरिन ने कहा।

—लेकिन कर्षण चालू करने पर तो सारी ऊर्जा इसी में खर्च हो जाएगी। फिर ताप से रक्षा...

—रुको भी, —मेंग ने टोका। "आखिर फर्क क्या पड़ता है,—उसने मन ही मन कहा, —छे घंटे बाद या तीन घंटे बाद..."

लेकिन कप्तान के हृदय में वेरिन के प्रति विश्वास था। उसने बिना किसी हिचक के हाथ संचालन-पुल्ट की ओर बढ़ा दिए और एक के बाद एक चार लाल मूठों को कुछेक लकीर नीचे खिसका दिया।

गास्कोंदी का चेहरा पीला पड़ गया।

इंजनों की गड़गड़ाहट सुनाई देने लगी, त्वरण के बोझ से रक्षा करने वाली मशीन स्वयं चालू हो गई।

—अब तो कुछ समझाएँ। —मेंग ने विनती की।

—जहाँ तक मेरा खयाल है, —वेरिन ने धीरे-धीरे कहना शुरू किया, —'ओमीक्रोन' दो अलग-अलग स्वतंत्र हिस्सों से मिल कर बना हुआ है।

—हाँ, —मेंग ने समर्थन किया, —एक में संचालन-विभाग और इंजन हैं, दूसरे में यात्रियों और सामान के लिए जगह है।

—और इन हिस्सों को अलग कर के उन्हें एक-दूसरे से काफी दूर भी ले जाया जा सकता है?

—हाँ, दुर्घटना या ऊर्जा-संयंत्रों की मरम्मत के समय उन्हें अलग करने का उपाय लगा हुआ है। उन्हें एक-दूसरे से दूर या परस्पर निकट लाने का काम एक विशेष 'स्पंदक' के जरिये होता है।

—दोनों के बीच अधिकतम दूरी कितनी हो सकती है?

—एक सौ पचास किलोमीटर।

—एक सौ चालीस ही काफी रहेगा, —वेरिन ने मानो अपने आप से कहा हो।

—आप क्या यात्रियों वाले हिस्से से छुटकारा पाना चाहते हैं?—आखिर गास्कोंदी बोल ही पड़ा।—लेकिन कर्षण-बल फिर भी कम पड़ेगा।

—नहीं, नहीं, —उसने कस कर प्रतिवाद किया।

—यह तो कुछ ज्यादा ही आसान होता। वामन हमें इतनी सरलता से छोड़ने वाला नहीं है...यहाँ बिल्कुल दूसरा उपाय लगाना है।

—समय बीतता जा रहा है, —मेंग ने कहा।—क्यों न बहस छोड़ कर...

—अरे समय बहुत है हमारे पास, —वेरिन ने निश्चिंतता के साथ कहा। —आप स्पंदी खनाविकी से तो परिचित होंगे ही?

गास्कोंदी और मेंग दोनों ने एक-दूसरे की ओर बेसमझी के साथ देखा।

—हाँ,—गास्कोंदी ने बताया। —यह बहुत पुराना विचार है, जिसे लोग लगभग भूल ही चुके हैं।

—कुछ धुंधला-सा याद तो आ रहा है, —मेंग ने धीरे से कहा।—पुरानी पाठ्यपुस्कों में देखा था...जहाँ तक मुझे याद है, इसका सार यही है कि अंतरिक्ष-यान कोई बिंदु नहीं होता, उसका द्रव्यमान एक नियत व्योम में वितरित रहता है।

—बिल्कुल, —वेरिन ने खुश होते हुए कहा।—यदि हम अपने यान को दो हिस्सों में बाँट दें, तो उनपर क्रियाशील गुरुत्वाकर्षण बलों का परिणामी बल उस बल से छोटा होगा, जो अभी 'ओमीक्रोन' पर लग रहा है।

वह इतना साफ-साफ समझा कर बोल रहा था, जैसे छात्रों के समक्ष व्याख्यान दे रहा हो।

—और इसका मतलब है, —मेंग आगे खुद समझ गया, —बहुत लमड़े हुए यान पर आकर्षक की जगह विकर्षक बल क्रियाशील हो जाएगा?

—हाँ, और यदि अपविष्ठ पर दोनों हिस्सों को जोड़ा जाए और नेदिष्ठ पर उन्हें अलग किया जाए, तो 'ओमीक्रोन' केप्लेर-निरूपित कक्षक से निकल जाएगा और खुलती हुई सर्पिल की दिशा में गतिमान हो जाएगा।

—समझा...—मेंग के मुँह से निकला।

—मुझे भी याद आ गया, —गास्कोंदी अचानक उत्तेजित स्वर में बोलने लगा।—यह तो बहुत बढ़िया विचार है!...—कह कर वह ठहाके मार कर हँसने लगा। —लेकिन जहाँ तक मुझे याद है, इस विधि से पृथ्वी के गुरुत्वाकर्षण-क्षेत्र से भी निकलते निकलते कई साल लग जाएँगे। और वामन के गुरुत्वाकर्षण से तो...

—यही तो रहस्य है, —वेरिन ने निर्द्वंद स्वर में कहना शुरू किया। "आश्चर्य है, —मेंग ने सोचा, —यह कमजोर-सा आदमी ऐसी परिस्थिति में भी कैसे इतना शांत है? वह निश्चय ही किसी भी अन्य व्यक्ति से अधिक दूरदर्शी है..."

—यही तो रहस्य है, —वेरिन ने दुहराया। दी हुई स्थिति में गुरुत्वाकर्षण-क्षेत्र हमारे हित में ही काम करेगा। ग्रह या तारे का द्रव्यमान जितना ही अधिक होगा, उसके गुरुत्वाकर्षण से निकलने के लिए मुक्ति-वेग उतना ही जल्द प्राप्त होगा। यही तो विरोधाभास है!

—कितने घंटे लगेंगे इसमें?—मेंग ने पूछा।

—मैं सोचता हूँ कि...एक-डेढ़ घंटे से ज्यादा नहीं।

—आप सचमुच महान हैं, —कप्तान ने मुस्कुरा कर कहा और संचालन-पुल्ट के पास बैठ गया।

—सिर्फ अलग करने और निकट लाने के श्रेष्ठ क्षण चुन लीजिएगा,—वेरिन ने चेतावनी दी।

—मैं सब समझ गया, —मेंग जवाब देते हुए कंप्यूटर के बटन दबाने लगा। —काम ठीक छे मिनट बाद शुरू कर दूँगा...

यह एक विकट दृश्य था। विशाल अंतरिक्ष-यान दो हिस्सों में बँट गया। वे कभी एक-दूसरे से दूर होते थे, तो कभी पास आकर एकाकार हो जाते थे। और इस विलक्षण 'अंतरिक्षी नृत्य' की प्रक्रिया में प्राणघातक संवृत कक्षक, जिसपर 'ओमीक्रोन' घूम रहा था, धीरे-धीरे खुलने लगा और यान मुक्ति की ओर बढ़ने लगा।

गुरुत्वाकर्षण का शक्तिशाली फंदा मानव-बुद्धि के वश हो कर यान को खतरनाक तारे से दूर ले जाने लगा।

गुरुत्वाकर्षण के विरुद्ध... गुरुत्वाकर्षण

विज्ञान-गल्पों के लेखक गुरुत्वाकर्षण-बल से रक्षा के लिए बड़े प्रेम से तरह-तरह के कवचों, स्क्रीनों आदि का उपयोग करते हैं। अफसोस है कि ऐसा कोई स्क्रीन अभी तक बना नहीं हैं और पार्थिव गुरुत्वाकर्षण को पार करने के लिए अंतरिक्षी यान को राकेट के इंजनों की सहायता से एक नियत वेग विकसित करना पड़ता है। लेकिन क्या इसके लिए इंजन के बजाय पार्थिव गुरुत्वाकर्षण का ही उपयोग नहीं किया जा सकता है?

बात विचित्र लगती है, क्योंकि गुरुत्वाकर्षण ही तो वह बाधा है, जो यान को मुक्त अंतरिक्षी व्योम में पहुँचने से रोकती है...लेकिन इसमें कितना भी विरोधाभास क्यों न हो, कम से कम एक स्थिति जरूर है, जिसमें यह संभव है। यह सोवियत वैज्ञानिकों व. बेलेत्सकी और म्. गिवेर्त्स ने सिद्ध किया था।

बात यह है कि अंतरिक्ष-यान की गति से संबंधित सभी कलनों में यान को कण मान लिया जाता है। यह ठीक भी है, क्योंकि आकाशीय पिंडों की तुलना में यान की परिमापें नगण्य होती हैं।

लेकिन यदि सच कहा जाए, तो यान बिंदु नहीं है, वह एक पिंड है, जिसका अपना विस्तार है, नियत आकृति और परिमाप है। इसीलिए पृथ्वी की ओर से उस पर क्रियाशील गुरुत्वाकर्षण-बल उस बल से वास्तविकता में कुछ भिन्न होता है, जो यान पर उस स्थिति में लगता, जब उसका सारा द्रव्यमान एक बिंदु पर संकेंद्रित होता। यह सच है कि साधारण यानों और स्पूतनिकों के लिए यह अंतर इतना अल्प है कि बिना किसी परेशानी के उसकी उपेक्षा की जा सकती है।

सिर्फ एक परिस्थिति ऐसी है, जब यह अंतर पर्याप्त स्पृश्य हो जाता है : जब यान बहुत लंबा होता है।

उदाहरण के लिए एक ऐसे यान पर विचार करें, जो छड़ या रस्से से जुड़े दो गोलों से बना है; छड़ पृथ्वी की त्रिज्य दिशा के साथ लंब है। इस स्थिति में प्रत्येक गोले पर क्रियाशील गुरुत्वाकर्षण-बल छड़ के साथ कोई कोण बनाएगा। इन बलों का परिणामी बल (अर्थात् उनका सदिष्ट योगफ़ल) समांतर चतुर्भुज के नियम से ज्ञात किया जा सकता है। अपेक्षाकृत सरल कलनों से पता चलता है कि यह परिणामी बल उस बल से कुछ कम होता है, जो छड़ के मध्य बिंदु पर उस स्थिति में लगता, जब वहाँ पूरे यान का द्रव्यमान संकेंद्रित होता।

अन्यतः, यान को लंबा करने से उसपर एक विकर्षक त्रिज्य-बल क्रियाशील हो जाता है। इसका अर्थ है कि पृथ्वी के गिर्द उसकी गति केप्लेर द्वारा निरूपित

सामान्य कक्ष पर नहीं होगी।

इस संवृत्ति का चालाकी से उपयोग किया जा सकता है। अब यान को ऐसी बनावट प्रदान करें कि वर्तुलों को पर्याप्त शीघ्रता से परस्पर निकट लाया जा सके और उसी शीघ्रता से परस्पर बहुत दूर भी किया जा सके।

जब यान कक्षक पर पृथ्वी से दूरतम बिंदु-अपविष्ठ पर पहुँचे, वर्तुलों को निकट लाकर सटा दें। इस क्षण से यान व्यवहारतः एक भौतिक बिंदु (कण) में परिणत हो जाएगा और केप्लेर द्वारा निरूपित कक्षक पर आगे बढ़ेगा।

नेदिष्ठ पर उल्टी क्रिया करें—वर्तुलों को एक-दूसरे से दूर कर दें। तब उपरोक्त 'विकर्षक बल' क्रियाशील हो उठेगा। आगे की गति का पथ (अर्थात् कक्षक) केप्लेर-निरूपित कक्षक की तुलना में कुछ लमड़ जाएगा। फल यह होगा कि दूसरे चक्कर (परिक्रमण) में अपविष्ठ की दूरी पहले से अधिक हो जाएगी।

अब सारी संक्रिया एक बार और दुहरायें; अपविष्ठ की दूरी और भी बढ़ जाएगी। संक्रिया को बार-बार दुहराते हुए यान को चक्करदार पथ पर सर्पिल खुलने की दिशा में बढ़ाते हुए हम उसे पृथ्वी के गुरुत्वाकर्षण-क्षेत्र से बाहर कर दे सकते हैं।

लेकिन सैद्धांतिक और व्यावहारिक संभावनाओं का मेल हमेशा नहीं बैठता। यान को जोड़ने और अलग करने की इस स्पंदी विधि से उसे गुरुत्वाकर्षण के बाहर खदेरने में कितना समय लगेगा?

बेलेत्स्की के कलनानुसार 140 किलोमीटर लंबा यान यदि पृथ्वी के केंद्र से दो हजार किलोमीटर दूर स्थित कक्षक से अपनी सर्पिल गति शुरू करता है, तो उसे पृथ्वी के गुरुत्वाकर्षण-क्षेत्र से निकलने में करीब दो वर्ष लगता है।

सूर्य के केंद्र से आरंभिक दूरी 7 लाख किलोमीटर वाले ऐसे यान को सूर्य के गुरुत्वाकर्षण-क्षेत्र से निकलने में 80 वर्ष का समय लगेगा।

इसमें एक और विरोधाभास है। आकाशीय पिंड का द्रव्यमान जितना ही अधिक होगा और यान जितना ही उसके नजदीक होगा, गुरुत्वाकर्षण की जंजीरों को स्पंदन-विधि से वह उतना ही जल्द तोड़ सकेगा।

विज्ञान-गल्पिक उपन्यासों में अक्सर ऐसे दुखांत वर्णन मिलते हैं, जब यान किसी भारी तारे की चपेट में आ जाता है। बेलेत्स्की के कलन यह दिखाते हैं कि जब यान किसी ऐसे तारे की परिक्रमा कर रहा होता है, वह स्पंद-विधि से और भी शीघ्र द्वितीय अंतरिक्षी वेग विकसित कर सकता है। यथा, अतिघने श्वेत वामन तारे—सीरिउस B-के केंद्र से बीस हजार दूर कक्षक पर परिक्रमारत यान को खुलती सर्पिल पर चलते हुए अंतरिक्ष पहुँचने में सिर्फ डेढ़ घंटे का समय लगेगा।

यह बात और है कि इस तरह की योजना का व्यावहारिक अनुशीलन कहाँ तक संभव है, क्या स्पंदी अंतरिक्षी यान बनाया जा सकता है? यह भावी तकनीक का काम है। फिलहाल इतना ही काफी है कि सैद्धांतिक संभावना सिद्ध हो चुकी है।

'विचित्र संपातन'

सौर मंडल में एक रोचक नियमसंगति देखने को मिलती है। हमने यह याद दिलायी थी कि चाँद का हमेशा एक ही गोलार्ध पृथ्वी की ओर उन्मुख रहता है। हमारा उपग्रह पृथ्वी के गिर्द करीब 28 अहर्निश में एक परिक्रमा पूरी करता है और लगभग इतने ही समय में वह अपनी धुरी के गिर्द एक पूर्ण घूर्णन भी संपन्न करता है।

चाँद का घूर्णन-काल और परिक्रमण-काल संपात करते हैं (तुल्य होते हैं), इसलिए हम उसका एक ही गोलार्ध देख पाते हैं।

आम तौर पर प्रकृति ऐसे सांयोगिक संपातन पंसद नहीं करती; वे अवलोकित भी बहुत कम होते हैं। बात भी सही है : शुद्ध सांयोगिक जटिल संपातनों की संभाव्यता सामान्यतः बहुत कम होती है। इसीलिए जब प्रकृति में घटनाओं का कोई आश्चर्यजनक मेल अवलोकित होता है, तो समझना चाहिए कि इसके पीछे कोई न कोई नियमसंगति अवश्य छिपी हुई है।

चाँद का 'आचरण' भी कोई अपवाद नहीं है, इस तरह की बात सौर मंडल के अन्य आकाशीय पिंडों के साथ भी देखी जा सकती है। यथा, सूर्य का निकटतम ग्रह बुध सूरज की एक परिक्रमा लगभग 88 पार्थिव अहर्निश में पूरी करता है और अपनी धुरी के गिर्द एक घूर्णन 59 अहर्निश में करता है। लगता है कि यहाँ कोई संपातन नहीं है। लेकिन बात यह है कि केप्लेर के द्वितीय नियम के अनुसार ग्रह अपने एलिप्सी कक्षकों पर परिवर्ती वेग से परिभ्रमण करते हैं–सूर्य के जितना ही निकट आते हैं, उतनी ही तेजी से गति करते हैं। यदि बुध की गति में उसके कोणिक वेग कलित किए जाएँ, तो पता चलेगा कि अपने कक्षक पर सूर्य के निकटतम क्षेत्र में उसके परिक्रमण और घूर्णन के कोणिक वेग संपात करते हैं।

शुक्र की गति में और भी जटिल संपातन अवलोकित होते हैं हम जान चुके हैं कि सूर्य की एक परिक्रमा यह ग्रह 225 पार्थिव अहर्निश में संपन्न करता है और हर 584 दिन बाद वह सूर्य और पृथ्वी को मिलाने वाली रेखा पर आ जाता है।

बस, इस क्षण हमेशा शुक्र का एक ही हिस्सा पृथ्वी की ओर उन्मुख रहता है।

इन 'संपातनों' का कारण क्या है?

चाँद के कारण उत्पन्न होने वाले ज्वार की संवृत्ति से सभी परिचित होंगे। चाँद का गुरुत्वाकर्षण पृथ्वी के जलावरण में दो 'कूबड़' उभर आते हैं। चूँकि हमारा ग्रह घूर्णन करता रहता है, इसलिए ये कूबड़ उसकी सतह पर स्थानांतरित होते रहते हैं, अर्थात् ज्वार की उत्तुंग लहर दौड़ती चलती है। ज्वार जलावरण में ही नहीं, पृथ्वी के ठोस द्रव्य में भी उठते हैं यथा, ज्वार-भाटे के कारण मास्को की जमीन एक दिन-रात के दौरान करीब 40-50 सेंटीमीटर उठती व बैठती है। चूँकि ज्वार की लहरें पृथ्वी के दैनिक घूर्णन के विरुद्ध चलती हैं, इसलिए वे अनिवार्य रूप से उसे मंदित करती हैं। निष्कर्ष : हमारे ग्रह का घूर्णन-वेग धीरे-धीरे घट रहा है। एक जमाना था जब पार्थिव अहर्निश आज की अपेक्षा बहुत छोटे हुआ करते थे।

लेकिन यदि पृथ्वी पर चंद्रज ज्वार आते हैं, तो चाँद के द्रव्य में भी पृथ्वीज (पृथ्वी से उत्पन्न) ज्वार आने चाहिए और उन्हें कहीं अधिक शक्तिशाली होना चाहिए, क्योंकि पृथ्वी का द्रव्यमान चाँद से 81 गुना अधिक है। इसीलिए चाँद का निजी घूर्णन और तेजी से मंदित होना चाहिए। मंदन तबतक होना चाहिए, जबतक यह घूर्णन पृथ्वी के सापेक्ष शून्य न हो जाए। इसी का नतीजा है कि चाँद का सदा एक ही गोलार्ध पृथ्वी की ओर उन्मुख रहता है।

शायद इसी कारणवश बुध सूर्य के निकटतम क्षेत्रों में अपने कक्षक पर घूर्णन और परिक्रमण दोनों ही समान कोणिक वेगों से करता है। गुरुत्वाकर्षण-बल दूरी के साथ-साथ उसके वर्गानुपात के क्षीण होता है, इसीलिए पृथ्वी पर चंद्रज ज्वार की तुलना में सूर्यज ज्वार उसके घूर्णन को प्रभावित करने के लिए पर्याप्त शक्तिशाली होंगे। उसके कोणिक वेगों का संपातन भी ज्वार के कारण मंदन का ही नतीजा होगा।

चित्र 13 मास्को के क्षेत्र में पृथ्वी के ठोस द्रव्य में चाँद से उत्पन्न ज्वार की माप।

जहाँ तक शुक्र का प्रश्न है, तो पृथ्वी के निकटतम क्षेत्रों में पृथ्वी के सापेक्ष उसके स्थायी अभिमुखन

का कारण अभी स्पष्ट नहीं हुआ है। यह सवृत्ति नियमसंगत है या यूँ ही कोई संयोग है, यह हम अभी नहीं जानते। वैसे, एक बात है कि जब शुक्र निकट आता है, तो वह सूर्य की अपेक्षा पृथ्वी के निकट होता है। संभव है कि तथ्य कोई भूमिका निभाती हो। फिलहाल यह रहस्य ही है।

पहली दृष्टि में लगता है कि ब्रह्मांड में हमारे सौर मंडल से अधिक सरल तथा विश्वसनीय और कुछ नहीं हो सकता। इसकी बनावट में मुख्य भूमिका सिर्फ एक बल की है—गुरुत्वाकर्षण-बल की; सूर्य के गिर्द हर ग्रह की गति केप्लेर के स्पष्ट एवं एकार्थी नियमों का पालन करती है; यह गति सभी ग्रहों के लिए लगभग एक ही समतल पर होती है, अपवाद सिर्फ यम (प्लूटों) ग्रह का परिक्रमण-तल है।

सौर मंडल दुर्घटना?

पर वास्तविकता में यह सब इतना सरल नहीं है। बात यह है कि हर ग्रह पर गुरुत्वाकर्षण-बल सिर्फ सूर्य की ओर से ही नहीं, सौर मंडल के बाकी ग्रहों की ओर से भी लगते हैं। ये अतिरिक्त गुरुत्वाकर्षण-बल हर ग्रह की गति में क्षोभ उत्पन्न करते हैं, जिसके फलस्वरूप वह केप्लेर के नियमों द्वारा निरूपित अपने सामान्य पथ से विचलित हो जाता है (वैसे, वह उसपर पुनः लौट भी आता है)। यदि इस बात पर ध्यान दिया जाए कि ग्रहों की पारस्परिक स्थिति निरंतर बदलती रहती है, तो यह स्पष्ट हो जाएगा कि उनकी गति का संपूर्ण चित्र कितना जटिल है।

यहाँ एक बिल्कुल सही प्रश्न उठता है : ग्रहों की गति में क्षोभ के कारण दुर्घटना तो नहीं हो जाएगी? क्या इस बात की कोई गारंटी है कि ग्रह हर बार अपनी कक्षकीय 'लीक' से हट कर पुनः उसपर वापस आ जाया करेगा? और यदि उसका विचलन् बहुत अधिक हो गया तो? कहीं सौर मंडल का यह आंतरिक 'हिचकोला' कभी उसे पूरी तरह अपध्वस्त तो नहीं कर देगा?

इन प्रश्नों का उत्तर कलन द्वारा ही संभव है। हर ग्रह की गति और उसमें अन्य ग्रहों के कारण उत्पन्न सभी क्षोभों का कलन करने के बाद ही बात पूरी तरह स्पष्ट होगी।

लेकिन यह कहना सरल है, करना कठिन है। सिद्धांततः इस तरह के प्रश्न समाधेय हैं (एक नियत परिशुद्धता कोटि के साथ)। आकाशीय पिंडों का स्थानांतरण उनके बीच क्रियाशील गुरुत्वाकर्षण-बलों द्वारा नियंत्रित होता है। इन बलों का मान आकाशीय पिंडों के द्रव्यमानों और उनकी पारस्परिक दूरियों पर निर्भर करते हैं। इसके अतिरिक्त, किसी भी पिंड का आगे स्थानांतरण उसके वर्तमान वेग पर भी निर्भर करता है। कहा जा सकता है कि आकाशीय पिंडों के तंत्र की वर्तमान

अवस्था में, अर्थात् उनकी अभी की सापेक्षिक स्थितियों और वेगों में एकार्थी रूप से (निस्संदेह एक नियत परिशुद्धता-कोटि के साथ) उनका भविष्य भी छिपा रहता है। इसीलिए प्रश्न यह है कि प्रत्त क्षण में सभी ग्रहों की सापेक्षिक स्थितियों और वेगों के आधार पर उनके भावी स्थानांतरण ज्ञात किए जाएँ। लेकिन इसका गणितीय कलन अत्यंत जटिल है। बात यह है कि गतिमान अंतरिक्षी पिंडों के किसी भी तंत्र में द्रव्यमान का निरंतर पुनर्वितरण होता रहता है और इसके कारण हर पिंड पर क्रियाशील बलों के मान और उनकी दिशाएँ भी अनवरत बदलती रहती हैं। यहाँ तक कि सिर्फ तीन व्यतिक्रियाशील (परस्पर क्रियाशील) पिंडों के तंत्र की सरलतम स्थिति के लिए अबतक सार्वरूप में कोई पूर्ण गणितीय हल नहीं प्राप्त हो सका है।

ख-यांत्रिकी में 'तीन पिडों के प्रश्न' नाम से ज्ञात इस समस्या का शुद्ध हल सिर्फ नियत स्थितियों के लिए ही मिल सकता है, जब उसका कुछ सरलीकरण संभव होता है।

सौर मंडल के नौ निरंतर गतिशील और व्यतिक्रियाशील ग्रहों की गति (वह भी शुद्ध-शुद्ध) कलन करना तो और भी कठिन होगा; यह आधुनिक शक्तिशाली कंप्यूटरों के भी वश की बात नहीं है।

लेकिन क्या उपरोक्त प्रश्न का उत्तर देने के लिए बिल्कुल शुद्ध कलनों की आवश्यकता है? आखिर ग्रहों की सारी भावी पारस्परिक स्थितियाँ जानना तो महत्त्वपूर्ण नहीं है न! हमें तो सिर्फ एक प्रश्न का उत्तर चाहिए : ग्रहीय क्षोभ एक 'चरम सीमा' को पार कर सकते हैं या नहीं, जिसके बाद सौर मंडल का अनुत्क्रमणीय अपध्वंस शुरू हो जा सकता है? अन्यतः, हमारी दिलचस्पी प्रश्न के गुणात्मक हल में है, मात्रात्मक हल में नहीं।

'मात्रात्मक' और 'गुणात्मक' की अवधारणाओं में बहुत बड़ा अंतर है। मात्रात्मक हल यह दिखाता है कि अन्य भौतिकीय राशियों में परिवर्तन के अनुसार विचाराधीन राशि में कितना गुना परिवर्तन हुआ है। गुणात्मक हल सिर्फ इतना बताता है कि अन्य राशियों में नियत परिवर्तन के फलस्वरूप विचाराधीन राशि में परिवर्तन किन दिशाओं और दिन सीमाओं में होता है।

कई स्थितियों में इतना ज्ञान ही पर्याप्त होता है। टिकाऊपन से संबंधित अनेक प्रश्न ऐसे ही हैं। उदाहरणतया, मान लें कि कोई रासायनिक प्रक्रिया चल रही है। यहाँ यह जानना है कि प्रत्त परामितकों में कितना विचलन अनुमत है, जिससे विस्फोट न हो जाए।

या एक अन्य प्रश्न लें : लोहे के पुल की बनावट इस तरह कलित करनी

है कि उसपर यातायात से उत्पन्न किसी भी तरह के कंपन से वह टूटे नहीं, या कमजोर न पड़ जाए। दोनों ही उदाहरण में तंत्र की सभी मध्यवर्ती अवस्थाओं को निरूपित करने की कोई आवश्यकता नहीं है; चंद आरंभिक एवं अंतिम राशियों के परिवर्तनों के बीच संबंध स्थापित कर लेना ही काफी रहेगा।

ग्रहीय क्षोभों से संबंधित प्रश्न भी टिकाऊपन का ही प्रश्न है–सौर मंडल के टिकाऊपन का। इसके भी वैसे ही गुणात्मक हल संभव हैं।

इस तरह का प्रश्न पहली बार महान रूसी गणितज्ञ अ. ल्यापुनोव ने हल किया था। उन्होंने सिद्ध किया कि ग्रह चाहे किन्ही भी कल्पनीय स्थितियों में क्यों न हों, उनका पारस्परिक क्षोभ चरम सीमा को पार नहीं कर सकता। इस प्रकार, कोई भी आंतरिक बल और व्यतिक्रियाएँ सौर मंडल को इस हद तक नहीं झकझोर सकतीं कि वह अपध्वस्त हो जाए। सौर मंडल एक टिकाऊ परिवार है।

सूर्य और न्युट्रीनो

हम पहले ही कह चुके हैं कि हमारा सूर्य एक 'काली पेटी' की तरह है, जिसके सिर्फ 'निकास-मार्ग' पर ही खगोलविद अपनी दृष्टि रख सकते हैं। आधुनिक खगोलिकी में सूर्य के बारे में जो भी सूचनाएँ हैं, वे सभी सूर्य की सबसे ऊपरी परतों में ही उत्पन्न होने वाले विभिन्न प्रकार के विकिरणों से प्राप्त हुई हैं। सीधे सूर्य की गहराइयों से हम तक कोई सूचना नहीं पहुँचती। इसीलिए सूर्य की आंतरिक बनावट का सिद्धांत, जिसके अनुसार उसकी ऊर्जा तापनाभिकीय प्रतिक्रियाओं से उत्पन्न होती रहती है, और कुछ नहीं, मात्र सैद्धांतिक प्रतिरूप है।

वैसे, इस तरह की अभिव्यंजना–"और कुछ नहीं, मात्र..." –बिल्कुल सही नहीं है। तापनाभिकीय सिद्धांत तारों के विकास को पर्याप्त अच्छी तरह समझाता है, तारों तथा सूर्य के भौतिकीय लंछकों के प्रेक्षणों के साथ अच्छी तरह मेल भी खाता है। फिर भी, 'काली पेटी' की आंतरिक बनावट के सभी सैद्धांतिक प्रतिरूपों की तरह यह सिद्धांत भी सिर्फ परोक्ष प्रमाणों पर नहीं टिका रह सकता; उसे सिद्ध करने के लिए प्रयत्क्ष प्रमाणों की आवश्यकता पड़ती है। लेकिन इसके लिए सीधा तारों की गहराइयों से सूचनाएँ उपलब्ध करनी होंगी।

पिछले वर्षों में ऐसी संभावना सिद्धांततः अस्तित्व में आ चुकी है। यहाँ बात चल रही है तथाकथित 'न्युट्रीनी खगोलिकी' की, या और सही कहें तो–'न्युट्रीनो खभौतिकी' की।

न्युट्रीनो तापनाभिकीय प्रतिक्रियाओं में भाग लेने वाली ऐसी प्राथमिक कणिका है, जो पकड़ में नहीं आती। वे विशेषकर हाइड्रोजन के हीलियम में

रूपांतरण की तापनाभिकीय प्रक्रियाओं में उत्पन्न होती हैं, जिन्हें आधुनिक विज्ञान तारों की आंतरिक ऊर्जा का स्रोत मानता। इन कणिकाओं की ऊर्जा और उनके प्रवाह (इकाई लंब क्षेत्र से गुजरने वाली कणिकाओं की मात्रा) का मान नाभिकीय प्रतिक्रियाओं के तापक्रम पर निर्भर करता है।

सूर्य की गहराइयों में उत्पन्न फोटोन बाहर निकलते-निकलते लगभग 10 अरब टक्कर खा चुकता है, लेकिन विद्युततः उदासीन न्युट्रीनो इतनी छोटी कणिका है कि वह अन्य कणिकाओं के बीच से उन्हें बिना 'छुए' निकल जाती है (उच्च बेधन क्षमता)। वह पूरे सूर्य के द्रव्य की मुटाई पार कर के पृथ्वी तक अछूती पहुँच जाती है (एक भी टक्कर खाए बिना)। यदि हम सूर्य से निकली न्युट्रीनो को 'पकड़' पाते, तो एक तरह से सूर्य की गहराई में 'देख' पाते कि वहाँ क्या हो रहा है। लेकिन न्युट्रीनो का सिर्फ परोक्ष अवलोकन संभव है : हम सिर्फ अन्य कणिकाओं के साथ उसकी व्यतिक्रिया करा कर इस व्यतिक्रिया का परिणाम दर्ज कर सकते हैं।

इस काम के लायक नाभिकीय प्रतिक्रिया परमाणु-भार 37 वाले क्लोरीन-समस्थ के नाभिक के साथ न्युट्रीनो की व्यतिक्रिया है। यह नाभिक न्युट्रीनो को कैद कर के आर्गन-समस्थ (37) के नाभिक में परिणत हो जाता है। इस प्रक्रिया में एक एलेक्ट्रोन बनता है, जिसे सुविदित भौतिकीय साधनों से दर्ज किया जा सकता है। इसके अतिरिक्त, आर्गन-37 रश्मिसक्रिय है और इसका मतलब है कि समय के नियत अंतरालों पर नापा जा सकता है कि वह कितना जमा हुआ है।

लेकिन इस काम में क्लोरीन को आर्गन में रूपांतरण की प्रतिक्रिया को जन्म देने वाले अन्य अंतरिक्षी विकिरणों से रक्षा का भी उपाय करना होगा। इसके लिए सभी नापें जमीन के नीचे बहुत गहराई में संपन्न करनी होंगी, जहाँ अक्सर अन्य कणिकाएँ नहीं पहुँच पातीं।

क्लोरीन को सौर न्युट्रीनों के अनुवेदक के रूप में इस्तेमाल करने का विचार सर्वप्रथम विख्यात सोवियत भौतिकविद् ब्रुनो पोंतेकोर्वो ने प्रस्तुत किया था और इसका कार्यान्वयन अमरीकी भौतिकविद आर डेविस व उनके सहकर्मियों ने किया था। उनके द्वारा निर्मित 'न्युट्रीनी दूरबीन' एक बहुत बड़ा पीपा था, जिसमें 600 टन पेरक्लोरोएथीलेन (Perchloroethylene) भरा हुआ था; यह कपड़े साफ करने में प्रयुक्त एक द्रव है। उपकरण दक्षिणी डैकोटा प्रांत में होमस्टेट नामक शहर के निकट सोने के एक गहरे खान में रखा गया था।

लंबे समय तक प्रेक्षणों के कई दौर चले जिनके परिणाम बिल्कुल अप्रत्याशित निकले। दर्ज व्यतिक्रियाओं की संख्या सैद्धांतिक भविष्यवाणी से बहुत कम

निकली।

इस परिणाम की व्याख्या के लिए विभिन्न परिकल्पनाएँ प्रस्तुत की गयीं, जिनमें से कुछ तो बहुत विलक्षण थीं। यथा, कुछ वैज्ञानिकों ने यह विचार रखा कि सौर तापनाभिकीय रिएक्टर 'स्पंदी क्रम' में काम करता है। सूर्य की गहराइयों में भौतिकीय प्रक्रियाओं की कुछ ऐसी विशेषताएँ हैं, जिनके कारण वहाँ तापनाभिकीय प्रतिक्रिया समय-समय पर बंद हो जाया करती है। ऐसे समय सूर्य पिछले दौर की प्रतिक्रिया से संचित ऊर्जा के सहारे चमकता है। स्मरण करें कि हम तक पहुँचे हुए विद्युचुंबकीय विकिरण के फोटोन वास्तविकता में करीब दस लाख वर्ष पूर्व उत्पन्न हुए थे; अन्य कणिकाओं से टक्कर खाते हुए सूर्य की सतह तक पहुँचने में काफी समय लगता है। लेकिन न्युट्रीनों में निहित सूचना हमें व्यवहारतः प्रेक्षण के समय सूर्य की क्या अवस्था थी, इससे अवगत करा देती है। इसीलिए यदि विद्युचुंबकीय एवं न्युट्रीनी चित्र संपात नहीं करते, तो इसमें आश्चर्य की कोई बात नहीं है। लेकिन डेविस के प्रयोगों में सौर न्यूट्रीनों की अनुपस्थिति तापनाभिकीय रिएक्टर ठप्प पड़ा हुआ है?

एक बात स्पष्ट है : इस नई समस्या का हल सूर्य के न्युट्रीनी प्रेक्षण को जारी रखने से ही संभव है। इसके लिए आवश्यक दर्जकारी उपकरण बनाए जा रहे हैं।

दूसरी ओर, यह भी संभव है कि डेविस-कृत प्रेक्षणों के नकारात्मक परिणाम का कारण न्युट्रीनों के ही किसी विशेष गुण में निहित हो। इस विषय पर पुनर्विचार हम अगले अध्याय में करेंगे।

ब्रह्मांड की गहराइयों में

ब्रह्मांड

अमावस की रातों को आकाश में एक श्वेत कुहरे की पट्टी दिखती है जिसे आकाश-गंगा कहते हैं। यह किन्हीं कणों से बना हुआ कुहरा नहीं है, यह असंख्य तारों का एक जमघट है—तारक तंत्र या मंदाकिनी। आधुनिक मूल्यांकन के अनुसार हमारी अपनी मंदाकिनी में (जिसे आगे आकाश-गंगा ही कहेंगे) करीब 2 खरब तारे हैं। उसके एक सिरे से दूसरे सिरे तक पहुँचने में प्रति सेकेंड 300 हजार किलोमीटर वेग से चलने वाली प्रकाश-किरण को भी करीब 100 हजार वर्ष लगता है।

लेकिन इस विराट आकार के बावजूद भी आकाश-गंगा ब्रह्मांड में अकेली

मंदाकिनी नहीं है; तारों के इस जैसे अलग-अलग जमघट असंख्य हैं। आकाश-गंगा की अपनी सहयात्री भी हैं। इनमें सबसे बड़ी हैं—बृहत और लघु मागेलानी (Magellanes 1480-1521) मंदाकिनियाँ। ये आकाश-गंगा के साथ-साथ सामूहिक द्रव्यमान केंद्र की परिक्रमा करती हैं आकाश-गंगा, मागेलानी मंदाकिनियाँ तथा कुछ अन्य तारक-तंत्र, जिनमें विख्यात 'आंद्रोमीदा की निहारिका' भी है, मिल-जुल कर मंदाकिनियों का तथाकथित स्थानीय ग्रुप बनाते हैं।

आधुनिक टेलीस्कोपों, रेडियो-टेलीस्कोपों तथा खगोलिक अन्वीक्षण के अन्य साधनों से हम व्योम का बहुत बड़ा भाग देख सकते हैं, इसकी त्रिज्या 10-12 अरब प्रकाश-वर्ष है (एक प्रकाश-वर्ष उस दूरी को कहते हैं, जिसे प्रकाश-किरण एक वर्ष में तय करती है)। इस क्षेत्र में अरबों मंदाकिनियाँ हैं; इन्हें मिला-जुला कर महामंदाकिनी कहते हैं।

अभिज्ञान-प्रक्रिया में आदमी अनंत बहुरूप जगत में से धीरे-धीरे वस्तुओं, संवृत्तियों, उनके संबंधों व उनकी व्यतिक्रियाओं (पारस्परिक क्रियाओं) को अलग करता है, उन्हें अवयवों में बाँटता है, उनमें भेद करता है। इसीलिए खगोलिकीय ब्रह्मांड और संपूर्ण भौतिक जगत जैसी दो अवधारणाओं में भी भेद करना लाभप्रद होगा।

इस संबंध में विख्यात सोवियत वैज्ञानिक अकादमीशियन पा फेदोसेयेव लिखते हैं :

"लेकिन यदि विकासवाद के सिद्धांत का अनुसरण किया जाए, तो यह मानने का हमारे पास पूर्ण आधार है कि जिस ब्रह्मांड का अध्ययन आधुनिक प्रकृतिविज्ञान में होता है, वह एक विकासशील विरचना है; वह पदार्थ के किसी पूर्व रूप तथा अवस्था से उत्पन्न हुआ है और भविष्य में नए रूपों व नई अवस्थाओं को प्राप्त होता रहेगा।

भौतिकवादी दर्शन के लिए इस तरह की अवधारणा अमान्य है कि भौतिक जगत चेतना से उत्पन्न हुई है, या इसे किसी अलौकिक शक्ति ने एक बार में गढ़ दिया है। यदि ब्रह्मांड, जिसका अध्ययन हम कर रहे हैं, 20 अरब वर्ष पूर्व उत्पन्न हुआ था, तो दर्शन की दृष्टि से यह महत्त्वपूर्ण है कि हम इस प्रक्रिया को पदार्थ के स्वविकास में अंतरिक्षी चरण मानते हुए इसकी वस्तुगत प्रकृति को स्वीकार करें। विशिष्ट विज्ञानों का काम है—इस प्रक्रिया को समझना और निरूपित करना। यह भी माना जा सकता है कि ब्रह्मांड अनेक हैं और उनके पारस्परिक स्थलिक (टोपोलोजिक) संबंध अत्यंत जटिल हैं। इसीलिए प्रकृतिसाधक द्वारा प्रयुक्त शब्द 'ब्रह्मांड' में और भौतिक जगत (अर्थात विश्व) की दार्शनिक अवधारणा

में भेद करना चाहिए; प्रकृतिसाधक 'ब्रह्मांड' शब्द से ब्रह्मांड संबंधी सिर्फ उन सूचनाओं को द्योतित करता है, जो विचाराधीन क्षण संचित होती हैं। विश्व (या भौतिक जगत) की अवधारणा में ब्रह्मांड से संबंधित विज्ञान की सारी भावी उपलब्धियाँ भी निहित हैं।"

प्रसारमान महामंदाकिनी

वर्तमान शती का एक सबसे विस्मितकारी सिद्धांत है–'प्रसारमान ब्रह्मांड', या और सही कहें तो 'प्रसारमान महामंदाकिनी' का सिद्धांत।

इस सिद्धांत का सार यह है कि महामंदाकिनी का जन्म 15-20 अरब वर्ष पूर्व अतिघने पदार्थ की एक संहत राशि के विराट अंतरिक्षी विस्फोट के फलस्वरूप हुआ था।

इस सिद्धांत के जन्म की कहानी यूँ है।

ब्रह्मांड के अध्ययन की सबसे कारगर विधियों में से एक है–विभिन्न प्रकार के सैद्धांतिक प्रतिरूपों की रचना। ये प्रतिरूप और कुछ नहीं, विश्व-रचना के सरलीकृत आरेख होते हैं। विश्वलोचन में लंबे समय से समज संपर्ययी प्रतिरूपों का अध्ययन होता रहा है। इसका क्या अर्थ है?

कल्पना करें कि आप ब्रह्मांड को असंख्य 'प्राथमिक' क्षेत्रों में बाँट देते हैं और प्रत्येक में ढेरों मंदाकिनियाँ हैं। तब समजता और संपर्ययता का यह अर्थ होगा कि ब्रह्मांड के गुण और आचार हर काल में सभी दिशाओं और सभी पर्याप्त बड़े क्षेत्रों में समान हैं। (समजता-अपने सभी क्षेत्रों में अपने गुण समान रखना; संपयर्यता-अपने अंदर सभी दिशाओं में अपने गुण समान रखना–अनु.)

समज संपर्ययी ब्रह्मांड का प्रथम प्रतिरूप आइंस्टाइन ने दिया था। यह प्रतिरूप तथाकथित स्थावर ब्रह्मांड को प्रतिबिंबित करता था, जिसमें समय के साथ-साथ सामान्य रूप में कोई परिवर्तन नहीं होता, पर्याप्त बड़े पैमानों पर कोई भी गति नहीं होती।

सन् 1922 ई. में लेनिनग्राद के प्रतिभाशाली वैज्ञानिक अ. फ्रीदमान ने यह सिद्ध किया कि आइंस्टाइन के समीकरणों को असंख्य अनस्थावर (अर्थात् प्रसारमान और संकोचमान) समज संपर्ययी प्रतिरूप भी संतुष्ट कर सकते हैं। लेकिन इसका मतलब था कि समज संपर्ययी ब्रह्मांड को अवश्य ही या तो प्रसारित होते रहना चाहिए या संकोचित होते रहना चाहिए।

इससे पहले अमरीकी खनाविक स्लाइफेर मंदाकिनियों के स्पेक्ट्रमों में स्पेक्ट्रमी रेखाओं का लाल स्थानांतरण दर्ज कर चुके थे। ऐसी संवृत्ति को भौतिकी

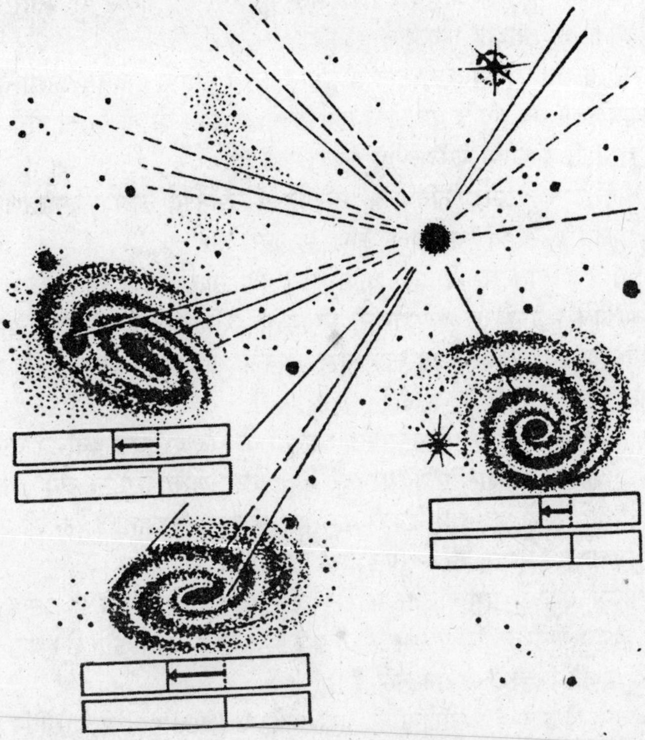

चित्र 14. महामंदाकिनी के प्रसारण का आरेख । स्पेक्ट्रमी रेखाओं का लाल स्थानांतरण दूरी के साथ-साथ बढ़ता जाता है।

में डोप्लरी प्रभाव कहते हैं; वह तब प्रेक्षित होती है, जब प्रकाश-स्रोत और प्रकाश-ग्राहक (जैसे प्रेक्षक) के बीच की दूरी बढ़ती रहती है।

फ्रीदमान के कार्यों के बाद अमरीकी खगोलविद हैबुल ने पूरी तरह सिद्ध कर दिया कि मंदाकिनी हम से जितनी ही दूर होती है, उसके स्पेक्ट्रम में रेखाओं का स्थानांतरण भी उतना ही अधिक होता है। यही नहीं, दूरी और लाल स्थानांतरण के बीच समानुपातिकता भी निर्धारित कर ली गयी। डोप्लर-सिद्धांत के अनुसार इसका अर्थ यह है कि सभी मंदाकिनियाँ एक-दूसरे से दूर भागती जा रही हैं, और उनके दूर भागने का वेग उतना ही अधिक होता है, जितनी अधिक उनके बीच की दूरी होती है।

डोप्लरी प्रभाव की सहायता से लाल स्थानांतरण की व्याख्या के फलस्वरूप

मंदाकिनियों की गति का जो चित्र प्राप्त होता है, उसी के आधार पर प्रसार मान महामंदाकिनी का सिद्धांत विकसित हुआ था।

इस सिद्धांत को स्वीकार करने में सभी एकमत नहीं थे। अलग-अलग समय लाल स्थानांतरण की संवृत्ति को अन्य कारणों से समझाने के भी प्रयत्न होते रहे। लेकिन इनमें से कोई भी परिकल्पना सफल नहीं हुई।

इसके बावजूद, मंदाकिनियों के स्पेक्ट्रम में उपस्थित लाल स्थानांतरण की डोप्लरी प्रकृति के खंडन का प्रयत्न आज भी जारी है।

अब इस बात पर विचार किया जाए कि मंदाकिनियों के स्पेक्ट्रमों में उपस्थित लाल स्थानांतरण को डोप्लरी प्रभाव के अतिरिक्त किसी अन्य कारण द्वारा समझाया जा सकता है या नहीं; महामंदाकिनी के निरंतर प्रसार में शंका के लिए कोई गंभीर आधार है या नहीं।

लाल स्थानांतरण की विश्वलोचनी व्याख्या के विरुद्ध सबसे प्रचलित धारणा निम्न है : अंतरिक्षी व्योम में विराट दूरी तय करते-करते फोटोन जब हमतक पहुँचते हैं, वे 'बूढ़े हो चुकते हैं, उनकी क्रमशः 'अवगति' हो जाती है, उनकी ऊर्जा कम हो जाती है (अर्थात् तरंग-लंबाई बढ़ जाती है)।

लेकिन डोप्लरी प्रभाव और फोटोन की अवगति के प्रभाव के झगड़े का एकार्थी निर्णय खगोलिकीय प्रेक्षणों की सहायता से दिया जा सकता है। बात यह है कि ये प्रभाव बिल्कुल समान नहीं हैं।

कलन दिखाते हैं। फोटोनों के बूढ़ा होने पर आवृत्ति v में परिवर्तन Δv (अर्थात् स्पेक्ट्रमी रेखाओं का स्थानांतरण) पूरे स्पेक्ट्रम पर एक जैसा होना चाहिए। जिसका अर्थ है कि सभी स्पेक्ट्रमी रेखाओं को समान दूरी पर स्थानांतरित होना चाहिए। (लेकिन इससे लाल स्थानांतरण नहीं अवलोकित हो सकता, जो रेखाओं का परस्पर सापेक्षिक स्थानांतरण है—अनु.)। अन्यतः, इस संवृत्ति में स्थानांतरण का मान आवृत्ति पर निर्भर नहीं करता।

डोप्लरी प्रभाव की स्थिति में आवृत्ति-परिवर्तन आवृत्ति के साथ समानुपाती होता है। इसमें खुद स्थानांतरण का मान Δv स्थिर नहीं होता, उसका तदनुरूप आवृत्ति के साथ व्यतिमान $\Delta v/v$ स्थिर होता है। अन्यतः, इस स्थिति में स्थानांतरण का मान विभिन्न स्पेक्ट्रमी रेखाओं के लिए समान नहीं होता।

और प्रेक्षण क्या कहते हैं? मंदाकिनियों के स्पेक्ट्रमों में प्रेक्षित लाल स्थानांतरण इस तरह का है कि एक ही स्पेक्ट्रम की विभिन्न रेखाओं के लिए आवृत्ति में परिवर्तन (रेखाओं का स्थानांतरण) समान नहीं होता, इस परिवर्तन के साथ आवृत्ति का व्यतिमान समान (स्थिर) होता है। यह तथ्य मंदाकिनियों के स्पेक्ट्रमों

में लाल स्थानांतरण की डोप्लरी प्रभाव द्वारा व्याख्या को ही सत्य सिद्ध करता है।

दूसरा प्रश्न है : फोटोन की अवगति होती भी है या नहीं? यदि स्पेक्ट्रमी रेखाओं का स्थानांतरण आवृत्ति पर निर्भर नहीं करता, तो वह अपेक्षाकृत निम्न-आवृत्तियों के क्षेत्र में, अर्थात् रेडियो-परास में सबसे अधिक स्पष्ट रूप में दिखता। यहाँ मानो रेडियो-सेट के 'लमड़े' पैमाने (स्केल) पर आवृत्ति का अल्प परिवर्तन भी स्पष्ट दिखना चाहिए। लेकिन खभौतिकीय प्रेक्षणों में ऐसी कोई संवृत्ति प्रेक्षित नहीं हुई है।

वैसे एक और भौतिकाय संवृत्ति है, जिसके गुण सिद्धांततः डोप्लरी प्रभाव जैसे ही होते हैं। जब विकिरण गुरुत्वाकर्षण क्षेत्र में प्रसार करता है, उसकी आवृत्ति वैसे ही बदलती है, जैसे स्रोत और ग्राहक (प्रेक्षक) के परस्पर दूर होने की स्थिति में। इसे 'गुरुत्वाकर्षी स्थानांतरण' या 'आइंस्टीनी प्रभाव' कहते हैं।

लेकिन कलन दिखाते हैं कि महामंदाकिनीय लाल स्थानांतरण की स्थिति में गुरुत्वाकर्षी स्थानांतरण डोप्लरी प्रभाव में एक अत्यल्प बढ़ोत्तरी के रूप में ही प्रकट हो सकता है।

इस प्रकार वर्तमान भौतिकी में डोप्लरी प्रभाव के अतिरिक्त और कोई ऐसी संवृत्ति ज्ञात नहीं है, जिसकी सहायता से मंदाकिनियों के स्पेक्ट्रमों में प्रेक्षित लाल स्थानांतरण की व्याख्या की जा सके।

लेकिन क्या ऐसी कोई आवश्यकता है कि हम डोप्लरी प्रभाव को छोड़ कर कोई दूसरी व्याख्या ढूँढें? यदि 'डोप्लरी चित्र' हमें किसी गंभीर अंतर्विरोध की ओर ले जाता, तो उसे छोड़ने की आवश्यकता स्पष्ट थी। लेकिन क्या ऐसे अंतर्विरोध हैं?

एक समय था, जब अंतरिक्षी पिंडों की उम्र में संबंधित आपत्तियाँ उठायी जाती थीं। बात यह है कि प्रसारमान महामंदाकिनी के सिद्धांतानुसार प्रसारण-प्रक्रिया 10-20 अरब वर्ष से चल रही है। क्या यह कुछ तारों, तारक पुंजों और मंदाकिनियों की उम्र के वर्तमान मूल्यांकनों का विरोध नहीं करता?

शुरू-शुरू सचमुच ऐसा ही लगता था कि प्रसारण की अवधि का अंतरिक्षी पिंडों की उम्र के साथ मेल नहीं बैठ रहा है। लेकिन आज यह सर्वसम्मत माना जा सकता है कि सभी ज्ञात अंतरिक्षी विरचनाओं की उम्र का क्रम 10 अरब वर्ष है।

फिर भी अलग-थलग अंतरिक्षी पिंडों की उम्र का मूल्यांकन आज भी 20 या इससे अधिक अरब वर्ष किया जाता है। प्रश्न उठता है, यदि ये मूल्याँकन सचमुच सही सिद्ध हो जाएँगे, तो क्या यह प्रसारण-सिद्धांत के लिए बुरा नहीं होगा?

इस संदर्भ में अ. जेल्मानोव का कहना है कि महामंदाकिनी करीब 10-20

अरब वर्ष से प्रसारमान है–यह निष्कर्ष समज संपर्ययी ब्रह्मांड के सिद्धांत पर आधारित है। अधिक व्यापक सिद्धांत के अंतर्गत यह अवधि कुछ बड़ी भी हो सकती है।

लेकिन समज संपर्ययी ब्रह्मांड के सिद्धांत में भी कुछ ऐसी वैकल्पिक स्थितिया संभव हैं, जिनमें महामंदाकिनी का प्रसार-युग अधिक लंबा हो सकता है। सिद्धांत के अधिकांश विकल्पों के अनुसार प्रसरण के आरंभ में द्रव्यमानों का पारस्परिक गुरुत्वाकर्षण अधिक प्रबल होता है, जो प्रसारण को मंदित करता है। प्रसारण के साथ-साथ गुरुत्वाकर्षण क्षीण होता है और अंतरिक्षी विकर्षण प्रबल होने लगता है (ऐसे विकर्षण के अस्तित्व की सम्मति नियत प्रतिबंधों के अधीन व्यापक सापेक्षिकता-सिद्धांत के समीकरण प्रदान करते है।) ऐसी भी स्थिति संभव है, जब आकर्षण आखिरकार विकर्षण से संतुलित हो जाता है, फिर उससे कम होने लगता है, –तब मंदनशील प्रसारण की जगह त्वरणशील प्रसारण शुरू हो जाता है।

मान लें कि महामंदाकिनी का इतिहास यही था और अभी हम त्वरित प्रसारण के युग में जी रहे हैं। लेकिन इसका अर्थ यह है कि कुछ समय पहले प्रसारण धीमा था और इसीलिए ज्यादा लंबे समय तक चलता रहा था, बनिस्बत कि विरामहीन मंदन के समय।

दूसरी ओर, उम्र का मूल्याँकन भी कम हो जा सकता है।

गर्म प्रसारमान ब्रह्मांड के सिद्धांतानुसार प्रसारण शुरू होने के कुछ समय बाद एक ऐसी प्रावस्था आयी थी, जब सारा द्रव्य प्लाज्मा में परिणत हो गया था, जो एलेक्ट्रोनों, प्रोटीनों और हल्के तत्वों के नाभिकों से बनी होती है। द्रव्य के अतिरिक्त विद्युचुंबकीय विकिरण भी था : रेडियो-तरंगें, प्रकाशीय किरणें और एक्स-किरणें। इस अवधि में द्रव्य और विकिरण के बीच एक संतुलन स्थापित था। कणिकाएँ उतने ही फोटोन उत्सर्जित करती थीं, जितने अवशोषित करती थीं।

लेकिन बाद में चलकर तापक्रम इतना नीचे गिर गया कि एलेक्ट्रोन आयनों के साथ संयोजित होकर हाइड्रोजन, हीलियम तथा अन्य रासायनिक तत्त्व बनाने लगे। इसके फलस्वरूप माध्यम (परिवेश) विकिरण के लिए पारदर्शक हो गया। अन्य शब्दों में, फोटोनों का उत्सर्जन और अवशोषण व्यवहारतः बंद हो गया।

बाद में इस विकिरण का तापक्रम धीरे-धीरे कम होता गया और गर्म प्रसारमान ब्रह्मांड के प्रतिरूप से निष्कर्षित कलनों के अनुसार वर्तमान समय में विश्व-व्योम (अंतरिक्ष) को करीब 3-4 केलविन तापक्रम वाले विकिरण से परिपूर्ण होना चाहिए।

सन् 1965 ई. में यह परिकाल्पनिक विकिरण दर्ज किया जा सका, और इसका नाम पुरावशिष्ट विकिरण पड़ा। पुरावशिष्ट विकिरण का पता लगना इस बात का साक्षी है कि ब्रह्मांड का प्रसारण अरबों वर्ष से चल रहा है और वह ऐसी अवस्था से शुरू हुआ था जिसमें द्रव्य आज की अपेक्षा कल्पनातीत रूप से घना था।

लेकिन बिल्कुल हाल में इन बातों पर भी शंका के लिए कुछ मसाला मिल ही गया। कुछ अन्वीक्षक यह मानने लगे कि पुरावशिष्ट विकिरण नहीं दर्ज हुआ है, यह महामंदाकिनी का कोई तापीय परिप्रेक्ष्य मात्र था, जिसकी भौतिक प्रकृति बिल्कुल ही कुछ दूसरी है।

यह परिकल्पना भी सामने आयी कि जिसे पुरावशिष्ट विकिरण माना जा रहा था, वह वस्तुतः सुदूर अतीत में किन्हीं अलग-थलग अंतरिक्षी पिंडों का विकिरण था, जो बाद में धीरे-धीरे पूरे विश्वव्योम में प्रकीर्णित हो गया।

लेकिन इंगलैंड में सन् 1970 ई. में आयोजित अंतर्राष्ट्रीय खगोलिकीय संघ के कांग्रेस में वैज्ञानिकगण इस निष्कर्ष पर पहुँचे कि दर्ज किए गए अंतरिक्षी रेडियो-विकिरण की पुरावशिष्ट प्रकृति पर संदेह करने का अभी कोई गंभीर आधार नहीं है।

जहाँ तक पुरावशिष्ट विकिरण के अलग-थलग स्रोतों की परिकल्पना का प्रश्न है, तो उन जगहों पर, जहाँ से स्रोत रहे होंगे, आज भी रेडियो-विकिरण के सिहरन (कंपन) प्रेक्षित होने चाहिए थे। लेकिन सोवियत रेडिय-खगोलविद यू. पारीस्की के अन्वीक्षणों के आधार पर बड़ी शुद्धता के साथ कहा जा सकता है कि ऐसी सिहरनें कहीं नहीं हैं।

लेकिन यदि पुरावशिष्ट विकिरण नहीं भी होता, तो भी प्रसारण के सिद्धांत से इन्कार नहीं किया जा सकता था। इस सिद्धांत के अंतर्गत ऐसा विकल्प भी संभव है, जिसके अनुसार पुरावशिष्ट विकिरण उत्पन्न नहीं होना चाहिए था।

ब्रह्मांड प्रसारमान है—इस सिद्धांत के समर्थन में एक महत्त्वपूर्ण तर्क क्वाजारों के अध्ययन से प्राप्त होता है। ब्रह्मांड में अपेक्षाकृत निकटवर्ती क्षेत्रों में इन पिंडों का घनत्व बहुत कम है। लेकिन 7-9 अरब प्रकाश-वर्ष की दूरियों पर वह काफी बढ़ जाता है, ताकि पुनः शून्य हो जाए। लेकिन इसका मतलब है कि सुदूर अतीत में क्वाजारों का घनत्व अधिक था; और उससे भी अधिक प्राचीन काल में उनकी उत्पत्ति ही नहीं हुई थी।

इस प्रकार, क्वाजार इस बात का स्वतंत्र रूप से समर्थन करते हैं कि ब्रह्मांड स्थावर नहीं है। फिर भी यह शंका व्यक्त की जाती है कि लाल स्थानांतरण का

मान मापने के लिए हमारे पास कोई मानक 'पैमाना' है भी, या नहीं। क्योंकि यदि विद्युचुंबकीय विकिरणों की तरंग-लंबाइयाँ भी उसी तरह बढ़ती हैं, जैसे महामंदाकिनीय दूरियाँ, और परमाणुओं के आकार भी उसी तरह बढ़ते हैं, जैसे तरंग-लंबाइयाँ, तो कुछ भी पता लगा सकना या निर्धारित कर पाना असंभव होगा।

इस संदर्भ में निम्न बात ध्यान देने योग्य है : आधुनिक भौतिकी की मान्यता है कि महामंदाकिनियों के प्रसारण से सिर्फ विश्वलोचनी पैमाने बदलते हैं। जहाँ तक सूक्ष्म तथा स्थूल पैमानों का संबंध है, तो वे प्रसारण-प्रक्रिया में भी ज्यों के त्यों रहते हैं। इसे सिर्फ एक संभव दृष्टिकोण नहीं मानना चाहिए, यह पूरी आधुनिक भौतिकी की बुनियाद से संबंधित है।

क्या हम केन्द्र में हैं?

इस प्रकार, हम प्रसारमान महामंदाकिनी में जी रहे हैं और देखते हैं कि हमारे चारों ओर की मंदाकिनियाँ हम से दूर भागती जा रही हैं। इस तरह ऐसी प्रतीति होती है कि हम प्रसारण के केंद्र में बैठे हैं, जो एक अचल बिंदु है और तारों के जमघट इससे त्रिज्य दिशाओं में सब ओर भागते जा रहे हैं। लेकिन ऐसी स्थिति का संभाव्यता- सिद्धांत के साथ कोई मेल नहीं बैठता। प्रश्न उठता है : आखिर हमीं क्यों केंद्र में आ गए?

सचमुच महामंदाकिनी में हमारे केंद्रीय स्थान की प्रतीति गलत ही है। अ. जेल्मानोव द्वारा प्रस्तावित एक उदाहरण द्वारा इसे समझने का प्रयत्न किया जाए। मान लें कि बिल्कुल सीधी सड़क पर किसी स्थान से एक साथ बहुत सी मोटर-गाड़ियाँ चल पड़ती हैं—एक ही दिशा में लेकिन भिन्न वेगों से। स्पष्ट है कि कुछ समय बाद उनकी पारस्परिक स्थितियाँ उनके वेगों के अनुरूप हो जाएँगी : जो तेज होंगी, वे आगे बढ़ जाएँगी, जो धीमी होंगी, वे पीछे रह जाएँगी।

अब हर गाड़ी अपनी पिछली वाली से अधिक तेज चलेगी। अब कल्पना करें की किसी भी बीच वाली गाड़ी पर एक प्रेक्षक बैठा है और सिर्फ बाकी गाड़ियों को देखता है, आगे की भी और पीछे की भी। उसे प्रतीत होगा कि मोटरों की लड़ी के प्रसारण-केंद्र (लमड़ाव-केंद्र) पर वही स्थित है : आगे की मोटरें उसे और आगे भागती नजर आएँगी क्योंकि उनका वेग उससे अधिक है और पीछे की मोटरें दूर भागती नजर आएँगी क्योंकि उसका अपना वेग उन से अधिक है।

ठीक इसी तरह महामंदाकिनी में भी लाल स्थानांतरण सिर्फ इस बात का साक्षी है कि मंदाकिनियों के बीच की दूरियाँ बढ़ रही हैं, न कि प्रसारण-केंद्र में हमारी स्थिति का। यदि हम किसी अन्य मंदाकिनी में पहुँच जाएँगे, तो हमें लगेगा

चित्र 15. महामंदाकिनी में प्रसारण-केंद्र की अनुपस्थिति को समझाने के लिए एक उपमात्मक स्थिति।

कि प्रसारण का केंद्र वहीं है।

महामंदाकिनी के प्रसारण के संदर्भ में एक और प्रश्न उठता है। आप जानते होंगे कि किसी भी मंदाकिनी तक की दूरी हम लाल स्थानांतरण के आधार पर अमरीकी खगोलविद हब्ल (Hubble, 1889-1953) के नियम की सहायता से ज्ञात करते हैं : लाल स्थानांतरण जितना ही अधिक होगा, मंदाकिनी हमसे उतनी ही दूर होगी। लेकिन जबतक उस मंदाकिनी से उत्सर्जित प्रकाश-किरण हम तक पहुँचती है, मंदाकिनी हमसे और दूर हो जाती है। यही नहीं, हम एक ही क्षण विभिन्न मंदाकिनियों की प्रकाश-किरणें ग्रहण करते हैं, और वह भी विभिन्न कालों में उत्सर्जित होती हैं। इससे महामंदाकिनी की बनावट का पूरा चित्र अनावश्यक जटिल तो नहीं हो जाता।

ऐसी शंकाएँ बिल्कुल निराधार हैं, क्योंकि सिद्धांत इन सभी बातों को ध्यान में रखता है। वह इस तरह रचा गया है कि सभी दूरियाँ पुनर्कलित हो कर एक ही काल के अनुरूप बन जाती हैं—प्रेक्षण-काल के।

एक प्रश्न और है : दूरी के साथ-साथ लाल स्थानांतरण क्यों बढ़ता है? या अन्य शब्दों में : अधिक दूर स्थित मंदाकिनियों का वेग अधिक बड़ा क्यों है? दूरी पर लाल स्थानांतरण की निर्भरता का कारण यह नहीं है कि मंदाकिनियों को किसी आरंभिक बिंदु से भिन्न वेगों के साथ फेंका गया था। महामंदाकिनी का प्रसार इस तरह होता है कि किन्हीं भी दो बिंदुओं के बीच दूरी बढ़ने की दर इस दूरी के साथ समानुपाती होती है। यह 1929 के ही प्रेक्षणों द्वारा स्थापित हो चुका था।

रहस्य परिप्रेक्ष्य

जब हम ब्रह्मांड की दृष्टि-परास के प्रकाश में देखते हैं, तारे, मंदाकिनियाँ और मंदाकिनी-पुंज बिल्कुल अरैखिक संरचना वाले समूहों के रूप में नजर आते हैं। अवरक्त, पराबैंगनी तथा रेडियो किरणों में खगोल के दृश्य प्रकाशिकीय चित्र को अकथनीय रूप से समृद्ध करते हैं। अन्य शब्दों में, ये सभी विद्युचुंबकीय विकिरण इन्हें उत्सर्जित करने वाले पिडों के बारे में वैज्ञानिक सूचनाओं के महत्त्वपूर्ण स्रोत

हैं। लेकिन यह बात हम तृतीय स्तर के परिप्रेक्षी विकिरण और 1960 में ज्ञात हुए परिप्रेक्षी एक्सरे-विकिरण के बारे में नहीं कह सकते।

अवशिष्ट परिप्रेक्षी विकिरण की भाँति एक्सरे विकिरण भी सारे व्योम में व्याप्त है और बहुत ही संपर्ययी है। यह माना जा सकता था कि ब्रह्मांड के ये दो संपर्ययी अवयव आपस में किसी न किसी तरह संबद्ध हैं, लेकिन बात यह है कि इनकी उत्पत्ति बिल्कुल भिन्न भौतिक प्रक्रियाओं से हुई है।

वर्तमान परिस्थिति में अवशिष्ट विकिरण की उत्पत्ति के कारण अच्छी तरह ज्ञात हैं जबकि एक्सरे विकिरण का उद्भव अभी भी एक रहस्य है।

एक सरल व्याख्या है कि एक्स-किरणों का परिप्रेक्ष्य, जिसका एक विसरित घटक भी है, अंतरामंदाकिनीय व्योम में व्याप्त प्लाज्मा के एलेक्ट्रोनों के मंदन से उत्सर्जित विकिरण (मंदन-विकिरण) से बना है। लेकिन इसमें एक कठिनाई यह है कि इस प्लाज्मा के अस्तित्व का कोई प्रमाण अभी तक नहीं मिला है। यदि इस तरह का प्रमाण मिल जाता, तो हमें ब्रह्मांड के भावी विकास के बारे में मूलतः नए निष्कर्ष निकालने पड़ते।

यह ज्ञात हुआ है कि यदि परिकाल्पनिक अंतरामंदाकिनीय प्लाज्मा ही वास्तविक रूप से प्रेक्षित एक्सरे-विकिरण के लिए जिम्मेवार है, तो इसे चरमवर्ती घनत्व द्वारा लंछित होना चाहिए। ब्रह्मांड में द्रव्य का वह औसत घनत्व, जिसे (सामान्य सापेक्षिकतासिद्धांत के अनुसार) मंदाकिनियों का प्रकीर्णन (बिखरना) रोकने के लिए पर्याप्त होना चाहिए, चरम घनत्व कहलाता है; इसके आस-पास के मान वाले घनत्व को चरमवर्ती कहेंगे।

यदि विकिरण का स्रोत अज्ञात है, विकिरण के गुणों के अध्ययन से ही स्रोत के बारे में कुछ अंदाज लगाने की आशा की जा सकती है। यह बताया जा चुका है कि एक्सरे-विकिरण बहुत ही संपर्ययी होता है। एक्स-किरणों के सबसे संवेदनशील अनुवेदक भी उनकी तीव्रता में कोई अंतर दर्ज करने में असमर्थ रहे हैं।

ऐसी स्थिति में संपर्ययता का क्या अर्थ हो सकता है? या तो यह कि विकिरण का स्रोत कहीं पृथ्वी के पड़ोस में ही है या वह बहुत दूर है।

दूसरी संभावना कहीं अधिक सच लगती है, क्योंकि सौर-मंडल के क्षेत्र में एक्स-किरणों का कोई शक्तिशाली स्रोत नहीं है।

दूसरी ओर, यह भी याद रखना चाहिए कि कोई भी किरणें जितनी ही दूर से आती हैं, वे उतना ही पुराना इतिहास 'बताती' हैं। इसका मतलब है कि एक्सरे-विकिरण के स्रोत का संबंध (परिप्रेक्षी अवशिष्ट विकिरण की तरह ही) किसी विराट विश्वलोचनी घटना के साथ जोड़ना गलत नहीं होगा।

कुछ खगोलविदों की यह मान्यता है कि यह विकिरण बड़ी संख्या में काफी शक्तिशाली और पृथक-पृथक (छिन्न) स्रोतों द्वारा उत्सर्जित होता है, जो पृथ्वी से बहुत दूर हैं तथा खगोल में कमोवेश समरूपता से वितरित हैं।

ये स्रोत कौन-से हैं? मंदाकिनियाँ नहीं हो सकतीं, क्योंकि ये तारों के अपार पुंज हैं और जैसा सूर्य के अध्ययन से पता चलता है, 'सामान्य तारे' एक्सकिरणों के बहुत क्षीण स्रोत हैं। एक्स-विकिरण की जो तीव्रता प्रेक्षित होती है, वह करोड़ों-करोड़ तारों से भी नहीं उत्पन्न हो सकती है। वैसे, पिछले कुछ वर्षों में यह स्थापित किया गया है कि तारों से समृद्ध प्रचुर मंदाकिनी-पुंज अपने अंतरामंदाकिनीय व्योम में व्याप्त प्लाज्मा में मंदन-विकिरण के कारण एक्सकिरणें उत्सर्जित करते हैं।

फिर भी यदि ब्रह्मांड में मंदाकिनी-पुंजों की सांद्रता को ध्यान में रखा जाए, तो यह स्रोत अपर्याप्त ही रहेगा। इसलिए मंदाकिनियों को छोड़ना ही पड़ेगा।

हमारे प्रश्न का सबसे अच्छा उत्तर क्वाजार ही प्रतीत होते हैं। प्रेक्षण से सिद्ध हो चुका है कि अधिकांश क्वाजार एक्स-विकिरण के शक्तिशाली स्रोत हैं : एक क्वाजार एक्स-किरणों के परास में जितनी ऊर्जा उत्सर्जित करता है, वह दृश्य प्रकाश के क्षेत्र में हमारी मंदाकिनी (आकाश-गंगा) के सभी तारों द्वारा उत्सर्जित ऊर्जा से 1000 गुनी अधिक है।

क्वाजार बहुत दूर स्थित पिंड हैं, कुछ तो हमसे दूरतम मंदाकिनियों से भी आगे हैं। इसलिए अधिकांश क्वाजार हमारे वर्तमान प्रेक्षण-साधनों की पहुँच से बाहर हैं। व्योम में ज्ञात क्वाजारों के वितरण के आधार पर सिर्फ सांख्यिकीय कलनों से यह संकेत मिलता है कि ब्रह्मांड में उपस्थित एक्सरे-परिप्रेक्ष्य का अधिकांश भाग (या शायद पूरा ही) इन पिंडों द्वारा उत्सर्जित होता है।

गामा-किरणों में रंजित ब्रह्मांड

आप जानते होंगे कि लंबे समय तक खगोलिकी शुद्ध 'प्रकाशिकीय' विज्ञान रही थी। आदमी आकाश में उसी का अध्ययन करता था, जिसे देखता था—शुरू-शुरू नंगी आँखों से, फिर टेलीस्कोपों की मदद से। रेडियो-तकनीक के विकास से रेडियो-खगोलिकी का जन्म हुआ, जिसने ब्रह्मांड संबंधी हमारे ज्ञान को बहुर विस्तृत कर दिया। पिछले वर्षों में अन्वीक्षण के अंतरिक्षी साधनों का विकास सो जाने पर ब्रह्मांड के अन्य विद्युचुंबकीय 'दूतों'—अवरक्त, पराबैंगनी एक्सरे तथा गामा-विकिरणों-के भी अध्ययन की संभावना उत्पन्न हुई। खगोलिकी सार्वतरंगी विज्ञान में परिणत हो गयी।

अंतरिक्षी पिंडों के अन्वीक्षण की नवीनतम विधियों में एक है—एक्स-किरणों

का अध्ययन। अपेक्षाकृत नई विधि होने क बावजूद एक्स-किरणों के परास में प्रेक्षण से प्राप्त आंकड़ों के बिना आज ब्रह्मांड को समझ पाना असंभव होता।

अंतरिक्षी सूचनाओं का एक और भी अच्छे भविष्य वाला स्रोत है—गामा-विकिरण। बात यह है कि गामा-क्वांटमों की ऊर्जा दृश्य प्रकाश के फोटोनों की ऊर्जा से दसियों लाख गुनी अधिक हो सकती है। ऐसे गामा-क्वांटमों के लिए ब्रह्मांड व्यवहारतः पारदर्शक (पारगम) है। वे व्यवहारतः ऋजुरैखिक रूप से गमन करते हैं, अत्यंत दूर स्थित पिंडों से हम तक पहुँचते हैं और अंतरिक्ष में चलने वाली अनेक भौतिक प्रक्रियाओं के बारे में हमें बहुमूल्य सूचनाएँ दे सकते हैं।

गामा-क्वांटम ब्रह्मांड में पदार्थ की असाधारण, अतिगत अवस्थाओं के बारे में विशेष महत्त्वपूर्ण सूचनाएँ ला सकते हैं, जिनमें आधुनिक खगोलविदों को सबसे अधिक रुचि है। उदाहरण के लिए, गामा-विकिरण द्रव्य और एंटीद्रव्य की व्यतिक्रिया से उत्सर्जित होता है, तथा उन स्थलों पर भी उत्पन्न होता है, जहाँ अंतरिक्षी किरणों-उच्च ऊर्जा वाली कणिकाओं के प्रवाहों-का जन्म होता है।

गामा-किरणों के परास में ब्रह्मांड के प्रेक्षण की मुख्य कठिनाई यह है कि अंतरिक्षी गामा-क्वांटमों की ऊर्जा अत्यधिक होने के बावजूद पृथ्वीवर्ती व्योम में उनकी संख्या बिल्कुल नगण्य है। आधुनिक गामा-टेलीस्कोप तेजतम गामा-स्रोत से भी कुछ मिनटों में लगभग एक क्वांटम ही दर्ज करता है।

अधिकांश कठिनाइयों का कारण यह भी है कि प्राथमिक अंतरिक्षी विकिरण का अध्ययन बहुसंख्य विघ्नों के परिप्रेक्ष्य में करना पड़ता है। पृथ्वी पर आगत अंतरिक्षी किरणों की आविष्ट कणिकाओं—प्रोटोनों व एलेक्ट्रोनों—की अभिक्रिया से गामा-परास में भी पार्थिव वातावरण तीव्रता से प्रदीप्त को उठता है; अंतरिक्षी उपकरणों की बनावट का भी यही हाल होता है, जिनपर दर्ज करने वाली प्रयुक्ति लगी होती है।

गामा-किरणों में ब्रह्मांड कैसा दिखता है? कुछ समय के लिए कल्पना करें कि आप की आँखें दृश्य प्रकाश के प्रति नहीं, गामा-क्वांटमों के प्रति संवेदनशील हैं। कैसा चित्र हमारे सामने होगा? आकाश में हमें न सूरज दिखता, न सामान्य तारक- पुंज ही; आकाश-गंगा एक सँकरी-सी प्रदीप्त पट्टी होती। मंदाकिनीय गामा-विकिरण का ऐसा वितरण विख्यात सोवियत भौतिकविद वि. गींजबुर्ग के अनुमान की पुष्टि करता है कि अंतरिक्षी किरणों की उत्पत्ति मुख्यतः मंदाकिनियों में होती है, उनके बाहर नहीं।

वर्तमान समय में अंतरिक्षी उपकरणों पर लगे गामा-टेलीस्कोपों की सहायता से गामा-विकिरण के दसियों स्रोत दर्ज किए जा चुके हैं। अभी यह ठीक-ठीक नहीं

कहा जा सकता कि वे क्या हैं–तारे, या कोई अन्य संहत पिंड, हो सकता है कि ये कोई विस्तीर्ण विरचनाएँ हों। यह मानना निराधार नहीं होगा कि गामा-विकिरण अनस्थावर विस्फोटक संवृत्तियों के समय उत्पन्न होता है। इस तरह की संवृत्ति का एक उदाहरण है–अतिनव्य तारों का द्युतिस्फोट। लेकिन 88 ज्ञात अतिनव्यों के अवशेषों का निरीक्षण करने पर गामा-विकिरण के अवशेषों का निरीक्षण करने पर गामा-विकिरण के सिर्फ दो स्रोत मिले। दूसरी ओर, गामा-विकिरण के स्रोत मंदाकिनी से बाहर भी-दर्ज किए गए हैं; ये स्रोत सक्रिय मंदाकिनियों तथा क्वाजारों से संबंधित हैं, जहाँ अतिनव्यों के द्युतिस्फोट से भी करोड़ों गुना अधिक शक्तिशाली विस्फोट होते हैं। यह भी संभव है कि आधुनिक खगोलिकी में एक सिद्धांततः नए अंतरिक्षी पिंड की खोज होने वाली है, जिसकी भौतिकीय प्रकृति अभी अज्ञात है।

'सर्पधर' (Ophiuchus) नामक तारावली में गामा-विकिरण का एक रोचक स्रोत मिला है। इस स्थान पर गैस व धूल का सघन बादल है, जिसके भीतर युवा तप्त द्युतिस्फोटरत तारों का समूह स्थित है। गामा-विकिरण एक अन्य निहारिका–'ओरिओन' (Orion)–में दर्ज किया गया है, जिसमें युवा तारे भी हैं और चंद सूचनाओं के अनुसार ऐसे तारक-समूह का प्रसारण भी प्रेक्षित होता है।

आधुनिक धारणा के अनुसार अतिनव्यों का द्युतिस्फोट तारे के जीवन का एक अंतिम चरण है। लेकिन विस्फोटी संवृत्तियाँ शायद इन आकाशीय पिंडों के विकास में आरंभिक चरणों के लिए लाक्षणिक हैं। ऐसा लगता है कि गामा-विकिरण और उसे जन्म देने वाली प्रक्रिया, जिसमें अंतरिक्षी किरणें बनती हैं, तारे की मृत्यु से नहीं, वरन् उसके जन्म से संबंधित हैं।

उच्च ऊर्जा वाले अंतरिक्षी गामा-विकिरण दर्ज करने से अंतरिक्षी किरणों को जन्म देने वाले पिंड ज्ञात करने की सैद्धांतिक संभावना उत्पन्न होती है, जो खभौतिकी की एक महत्त्वपूर्ण समस्या है। बात यह है कि अंतरिक्षी किरणों के गठन में उपस्थित ऊर्जावान नाभिक जब अपने स्रोत के परिवेशी अंतरातारक माध्यम में उपस्थित गैस-कणों अथवा धूल कणों के साथ व्यतिक्रिया करते हैं, तो एक विशेष प्रकार के प्राथमिक कणों की उत्पत्ति निश्चित होती है–तथाकथित पाइ-शून्य-मेजोनों की। ये कण क्षणभंगुर हैं और गामा-क्वांटमों में विघटित हो जाते हैं, जो गामा-टेलीस्कोपों द्वारा दर्ज किए जा सकते हैं। इस सारी प्रक्रिया में अंतरिक्षी विकिरण का घनत्व जितना अधिक होता है, गामा-प्रदीप्ति भी उतनी ही अधिक चमकदार होती है। इस प्रकार, गामा-परास में प्रेक्षण से अंतरिक्षी किरणों को जन्म देने वाले पिंड का स्थान ही नहीं निर्धारित होता, उसकी तीव्रता का मूल्यांकन भी हो जाता है।

गामा-क्वांटमों के स्रोत न्युट्रोनी तारे—स्पंदी तारे (या पल्सर)—भी हैं। गामा-परास में सबसे चमकदार 'तारा'—एक पल्सर, जो 'बादबान' (पाल, Vela) नामक तारावली में स्थित है, —प्रकाशिकीय टेलीस्कोपों के लिए अदृश्य है। एक अन्य 'गामा-तारा' कर्क-निहारिका में स्थित विख्यात स्पंदी तारा निकला। फिर भी अबतक ऐसा कोई प्रत्यक्ष प्रमाण नहीं है कि ऊर्जावान नाभिक पल्सरों में ही जन्म लेते हैं और इस प्रकार पल्सर ही अंतरिक्षी किरणों के स्रोत हैं। अधिक संभावना इस बात की है कि पल्सरों की गामा-प्रदीप्ति क्षिप्रएलेक्ट्रोनों से उत्पन्न होती है।

कुछ वर्ष पूर्व पृथ्वी के कृत्रिम उपग्रहों और ऊँचाई पर उड़ते गुब्बारे पर स्थित उपकरणों की सहायता से अंतरिक्षी गामा-विकिरण के शक्तिशाली द्युतिस्फोटों (कौंधों) का पता लगा। उनकी शक्ति आश्चर्यजनक रूप से विशाल थी। उनके रहस्यमय स्रोतों के द्युतिस्फोट-काल में उत्सर्जित ऊर्जा सूर्य के प्रकाशीय विकिरण की ऊर्जा से लगभर दस लाख गुनी अधिक थी।

इन संवृत्तियों की भौतिकीय प्रकृति अभी भी अस्पष्ट है, फिर भी यह मानने का निश्चित आधार जरूर है कि वे दूडुक (द्वितारक) तंत्रों में चलने वाली प्रक्रियाओं के साथ संबंधित हैं, ऐसे दूडुक तंत्रों में, जिनमें एक तारा न्युट्रोनी हो। इस बात की भी संभावना है कि गामा-विकिरण की शक्तिशाली भभक एक तारे से विक्षेपित (फेंके हुए) द्रव्य के न्युट्रोनी तारे पर गिरने से उत्पन्न होती हो।

अंतरिक्षी गामा-विकिरण के और आगे अध्ययन से अनेक ऐसे प्रश्नों के उत्तर मिलने की आशा है, जो अंतरिक्षी पिंडों के गठन को और ब्रह्मांड में चलने वाली भौतिकीय प्रक्रियाओं को समझने के लिए आधारभूत महत्त्व रखते हैं। विशेषकर यह बात, कि गाभा-क्वांटमों का प्रसरण ऋजुरैखिक होता है, गामा-विकिरणों के अतिदूरस्थ स्रोतों का पता लगाने में ही नहीं, बल्कि उनकी दिशा निर्धारित करने में भी सहायक होगी।

चूँकि गामा-विकिरण की उत्पत्ति पर्याप्त उच्च ऊर्जा वाले 'अतापीय' कणों से संबंधित है, इसलिए यह विकिरण अपने साथ अतापीय कणों* की उच्च सांद्रता वाले क्षेत्रों में चल रही भौतिकीय प्रक्रियाओं के बारे में बहुमूल्य सूचनाएँ लिए रहता है।

---

* पिंडों में कण अव्यवस्थित, बेतरतीब गति करते रहते हैं, जिसे तापीय गति कहते हैं; ऐसी गति में भाग न लेने वाले कण अतापीय कहलाते हैं; उच्च ऊर्जा वाले प्राथमिक कणों की गणना इन्हीं में होती है। —अनु.

अंतरिक्षी विस्फोट

करीब चालीस-एक वर्ष पहले खगोलविद यही मानते थे कि अंतरिक्षी पिंड कालांतर में बहुत कम परिवर्तित होते हैं। लगता था कि तारे और मंदाकिनियाँ इतनी मंद गति से विकास करते हैं कि समय के प्रेक्ष्य अंतरालों में उनकी भौतिकीय अवस्था में कोई महत्त्वपूर्ण परिवर्तन नहीं होता। वैसे, परिवर्ती तारे बहुत पहले से ज्ञात थे, जिनकी चमक अक्सर बदलती रहती है; अपना द्रव्य तेजी से विक्षेपित करने (फेंकने) वाले तारे भी ज्ञात थे; नव्य और अतिनव्य तारों के द्युतिस्फोट भी अवलोकित होते रहते थे, जिनमें ऊर्जा की विराट मात्रा उत्सर्जित होती है। ये संवृत्तियाँ अन्वीक्षकों का ध्यान आकर्षित तो करती थीं, लेकिन वे इतनी विरल थीं कि कोई विशेष महत्त्व नहीं रखती थीं।

लेकिन छठे दशक में ही यह विश्वास जड़ जमाने लगा कि अनस्थावरता की संवृत्तियाँ ब्रह्मांड में पदार्थ विकास के नियमसंगत चरण हैं और अंतरिक्षी पिंडों के विकास में महत्त्वपूर्ण भूमिका निभाते हैं। और सचमुच ब्रह्मांड में ऐसी अनेक संवृत्तियाँ ज्ञात हुई हैं, जो विराट मात्राओं में ऊर्जा के उत्सर्जन और यहाँ तक कि विस्फोटों के साथ भी संबंध रखती हैं।

विशेषकर यह भी ज्ञात हुआ कि चंद मंदाकिनियाँ शक्तिशाली रेडियो-विकिरण के स्रोत हैं।

ऐसी ही एक रेडियो-मंदाकिनी–रेडियो-स्रोत 'हंस-A' (Cygnus-A)–हंस नामक तारावली के क्षेत्र में स्थित है। यह एक असाधारण रूप से शक्तिशाली अंतरिक्षी रेडियो-स्टेशन है : पृथ्वी पर अभिग्रहित उसके रेडियो-विकिरण की शक्ति उतनी ही है, जितनी शांत सूर्य के रेडियो-विकिरण की, यद्यपि सूर्य हम से सिर्फ 8 प्रकाश-मिनट की दूरी पर है और 'हंस' में स्थित मंदाकिनी लगभग 70 करोड़ प्रकाश-वर्ष की दूरी पर है।

जैसा कि कलन दिखाते हैं, सापेक्षिकीय एलेक्ट्रोनों* की कुल ऊर्जा जो रेडियो- मंदाकिनियों का रेडियो-विकिरण उत्पन्न करते हैं, विराट हो सकती है। यथा, हंस-A के रेडियो-स्रोत के लिए यह ऊर्जा इस रेडियो-मंदाकिनी में उपस्थित सभी तारों के गुरुत्वाकर्षण की कुल ऊर्जा से दस गुनी अधिक है और उसके घूर्णन की ऊर्जा से सैकड़ों गुनी अधिक है।

दो प्रश्न उठते हैं : रेडियो-मंदाकिनियों के रेडियो-विकिरण की उत्पत्ति किन

---

* सापेक्षिकीय एलेक्ट्रोन–ऐसे एलेक्ट्रोन, जिनका वेग प्रकाश-वेग के साथ तुलनीय हो, प्रकाश-वेग की तुलना में नगण्य न हो।–अनु.

भौतिकीय प्रक्रियाओं से होती है और इस रेडियो-विकिरण के पोषण के लिए आवश्यक ऊर्जा कहाँ से आती है।

आकाश के उत्तरी गोलार्ध में वृषभ (Taurus) नाम की तारावली है : जिसमें एक छोटी सी गैसीय निहारिका नजर आती है। इस निहारिका की आकृति टेढ़े-मेढ़े टांगों वाले एक बड़े केकड़े की याद दिलाती है, इसीलिए इसका नाम कर्क-निहारिका पड़ा है। विभिन्न वर्षों में लिए गए इसके फोटो-चित्रों से पता चलता है कि इसमें उपस्थित गैस भिन्न दिशाओं में विशाल वेग से उड़ती जा रही है—करीब 1000 किलोमीटर प्रति सेकेंड के वेग से। लगता है कि यह किसी प्रचंड विस्फोट का परिणाम है, जो करीब 900 वर्ष पूर्व हुआ था। इसके पहले कर्क-निहारिका का कुल द्रव्य एक ही स्थल पर संकेंद्रित था। इस सहस्राब्दी के आरंभ में वहाँ कौन-सी घटना घटी होगी?

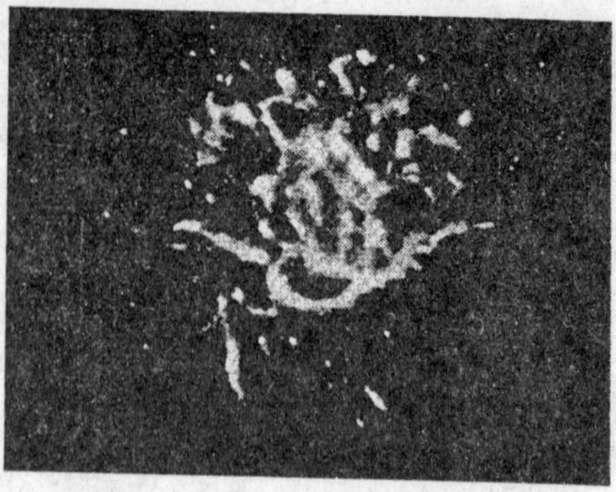

चित्र 16. कर्कवत निहारिका का फोटो

इसका उत्तर हमें उस समय के इतिवृत्तों में मिल सकता है। उनमें आप पढ़ सकते हैं कि 1054 की बसंत ऋतु में वृषभ तारावली में एक तारा भभक उठा। 23 दिन और रात वह इतनी तेजी से जलता रहा कि दिन में सूर्य की रोशनी में भी वह अच्छी तरह दिखता रहता था। इन तथ्यों की तुलना से वैज्ञानिकगण इस निष्कर्ष पर पहुँचे कि कर्क-निहारिका अतिनव्य तारे के विस्फोट का अवशेष है।

प्रेक्षणों से ज्ञात होता है कि कर्क निहारिका रेडियो-विकिरण का अत्यंत शक्तिशाली स्रोत है। वैसे तो कोई भी अंतरिक्षी पिंड, चाहे वह मंदाकिनी हो, चाहे तारा, ग्रह या निहारिका, यदि उसका तापक्रम परम शून्य से अधिक है, तो रेडियो-परास में विद्युचुंबकीय तरंगें अवश्य ही विकिरणित करता है जिन्हें तापीय रेडियो-विकिरण कहते हैं। आश्चर्य की बात यह थी कि कर्क-निहारिका के रेडियो-विकिरण की शक्ति कई गुना अधिक थी, बनिस्बत कि उस तापीय रेडियो-विकिरण की जो उसे अपने तापक्रम के अनुसार उत्सर्जित करना चाहिए था। बस, इसी बात पर तो खगोलिकी में वह महत्त्वपूर्ण खोज हो सकी, जिससे कर्क-निहारिका के रेडियो-विकिरण की प्रकृति ही नहीं, ब्रह्मांड की अनेक अन्य संवृत्तियों को भी समझने में सहायता मिली। और इसमें कोई आश्चर्य की बात नहीं है, क्योंकि हर अलग-थलग अंतरिक्षी पिंड भी प्राकृतिक प्रक्रियाओं की व्यापक

से व्यापक नियमसंगतियों को प्रतिबिंबित करता है।

विशेषकर सोवियत वैज्ञानिकों के प्रयत्नों से अंतरिक्षी पिंडों के अतापीय विद्युचुंबकीय विकिरण का सिद्धांत विकसित हुआ, जिसके अनुसार ये विकिरण चुंबकीय क्षेत्रों में क्षिप्र एलेक्ट्रोनों की गति से उत्पन्न होते हैं। आविष्ट कणों के त्वरित्रों में चलने वाली कुछ प्रक्रियाओं के साथ सादृश्य के कारण ऐसे विकिरण को सिंख्रोट्रोनिक (synchrotronic) कहा गया। (सिंख्रोट्रोन एक ऐसा उपकरण है, जिसमें विद्युचुंबकीय क्षेत्र को बढ़ाते हुए निर्वात में एलेक्ट्रोनों को क्रमशः विशाल त्वरण प्रदान किए जाते है; आविष्ट कणों के लिए त्वरित्र। —अनु.)

बाद में यह स्पष्ट हुआ कि सिंख्रोट्रोनी रेडियोविकिरण अनेक अंतरिक्षी संवृत्तियों के लिए लाक्षणिक हैं। विशेषकर रेडियो-मंदाकिनियों के रेडियो-विकिरण की प्रकृति ऐसी ही है।

जहाँ तक ऊर्जा के स्रोत का प्रश्न है, तो कर्क निहारिका में वह अतिनव्य तारे का द्युतिस्फोट था। लेकिन रेडियो-मंदाकिनियों में यह स्रोत क्या है?

अनेकों तथ्य हैं, जिनके अनुसार उनके रेडियोविकिरण की ऊर्जा का स्रोत शायद इन तारक तंत्रों के नाभिकों में चल रही सक्रिय भौतिक प्रक्रियाएँ हैं।

खगोलिकीय प्रेक्षण बताते हैं कि अधिकांश ज्ञात मंदाकिनियों के केंद्रीय भाग में कोई संहत विरचना होती है। इसे मंदाकिनी का नाभिक कहते हैं। अक्सर पूरी मंदाकिनी के विकिरण का अधिकांश भाग नाभिक में ही संकेंद्रित होता है। हमारी मंदाकिनी-आकाश-गंगा—में भी नाभिक है। रेडियो-प्रेक्षणों से ज्ञात होता है कि उससे हाइड्रोजन का अविराम निस्सरण होता रहता है। एक वर्ष में इतनी हाइड्रोजन निस्सृत होती है कि उसका द्रव्यमान डेढ़ सूर्य के तुल्य हो जाता है। यह कम है? लेकिन यदि यह ध्यान में रखा जाए कि हमारा तारक-तंत्र (मंदाकिनी) 10 अरब वर्ष से अस्तित्व में है, तो कल्पना कीजिए कितनी विराट मात्रा में द्रव्य उसके नाभिक से निकल चुका है। इसके अतिरिक्त, यह मानने का भी हमारे पास गंभीर आधार है कि जिन संवृत्तियों को हम अभी दर्ज करते हैं, वे कहीं अधिक प्रचंड प्रक्रियाओं की हल्की गूँज मात्र हैं, जो हमारी मंदाकिनी के नाभिक में तब चला करती थीं, जब वह युवा और अधिक ऊर्जावान थी। ऐसा विचार उन सक्रिय प्रक्रियाओं को देख कर उत्पन्न होता है, जो चंद अन्य मंदाकिनियों के नाभिकों में चल रही हैं।

उदाहरणार्थ, मंदाकिनी M 82 के नाभिक से सभी दिशाओं में गैसीय धाराएँ फूटती रहती हैं, जिनका वेग 1500 किलोमीटर प्रति सेकेंड तक होता है। शायद यह संवृत्ति विस्फोट के साथ संबंध रखता है, जो इस तारक-तंत्र के नाभिक में

दसेक लाख वर्ष पूर्व हुआ था। कुछ कलनों के अनुसार उस विस्फोट की ऊर्जा सचमुच विराट थी; वह एक ऐसे तापनाभिकीय गोले के विस्फोट के अनुरूप थी, जिसका द्रव्यमान दसियों हजार सूर्य के बराबर होता। यह सच है कि पिछले कुछ समय से M 82 के विस्फोट से संबंधित कुछ शंकाएँ भी व्यक्त की जा रही हैं, लेकिन अनेक अन्य मंदाकिनियाँ भी ज्ञात हैं, जिनके नाभिकों में अतिशक्तिशाली अनस्थावर संवृत्तियाँ प्रेक्षित हो रही हैं।

सन् 1963 ई. में हमारी मंदाकिनी से विशाल दूरियों पर आश्चर्यजनक पिंडों का पता लगा, जिन्हें क्वाजार (quasi-stellar, मिथ्या तारा) की संज्ञा दी गयी। विराट मंदाकिनियों की तुलना में क्वाजारों का आकार बहुत छोटा है, लेकिन हर क्वाजार खरबों तारों समेत सबसे बड़ी (ज्ञात) मंदाकिनी से भी सैकड़ों गुनी अधिक ऊर्जा उत्सर्जित करता है।

क्वाजारों की खोज एक अप्रत्याशित घटना थी, वैसी ही आश्चर्यजनक थी, जैसी बहुरंगी ब्रह्मांड समय-समय पर वैज्ञानिकों के समक्ष प्रस्तुत करता रहता है। भौतिकविद और खगोलविद ऐसे पिंडों के अस्तित्व का पहले से कोई अनुमान नहीं लगा सकते थे और यदि उनकी खोज के पहले उनके गुणों का वर्णन किया जाता, तो जैसाकि प्रसिद्ध खभौतिकविद इ. नोविकोव का कहना है, वैज्ञानिकगण यही कहते कि ऐसा पिंड प्रकृति में संभव ही नहीं है।

फिर भी, क्वाजार सचमुच अस्तित्व रखते हैं और उनकी भौतिकीय प्रकृति की व्याख्या होनी चाहिए। लेकिन कोई सर्वसम्मत व्याख्या अभी तक नहीं है। विभिन्न प्रकार के अनुमान प्रस्तुत किए, इनमें से कई गलत सिद्ध हो चुके हैं, कई पर अभी भी विवाद चल रहा है। कौन-सी भौतिकीय प्रक्रियाओं से इतनी विराट ऊर्जा उत्सर्जित हो सकती है, यह अभी भी स्पष्ट नहीं है।

लेकिन एक अन्य प्रश्न के हल में काफी सफलता मिल चुकी है भिन्न अंतरिक्षी पिंडों के बीच क्वाजारों का स्थान क्या है? क्या ये अनुपम विरचनाएँ हैं, एक तरह से व्यापक नियमों के अपवाद हैं? या अंतरिक्षी तंत्रों के विकास में एक नियमसंगत चरण हैं?

प्रश्न को इस भाँति रखना आधुनिक खभौतिकी की पूरी आत्मा के अनुरूप है। अपेक्षाकृत कुछ ही समय पूर्व ब्रह्मांड के अन्वीक्षकों की अभिरुचि मुख्यतः उन भौतिकीय गुणों के अध्ययन तक ही सीमित रहती थी, जो किसी अंतरिक्षी पिंड की वर्तमान अवस्था को लंछित करते हैं, लेकिन अब प्राथमिकता दी जाती है पिंड के इतिहासानुवर्तन को, उसकी पूर्ववर्ती अवस्थाओं के अध्ययन को, उसकी उत्पत्ति और विकास की नियमसंगतियों के अन्वेषण को। इस नए अभिगम का प्रेरणा-स्रोत

यह सत्य-बोध है कि हम प्रसारमान अनस्थावर ब्रह्मांड में जी रहे हैं, जिसका अतीत उसकी वर्तमान अवस्था से भिन्न था और वर्तमान उसकी भावी अवस्थाओं से भिन्न है।

उपरोक्त विचारों के प्रकाश में देखने पर अनस्थावर पिंडों के संभावित आपसी जात्य संबंधों को स्पष्ट करना विशेष महत्त्वपूर्ण हो जाता है। इस संदर्भ में उल्लेखनीय है कि अपने गठन एवं प्रकाशिकीय गुणों के अनुसार रेडियो-मंदाकिनियाँ किसी भी बात में भिन्न नहीं होती हैं। हर रेडियो-मंदाकिनी के लिए उस जैसी एक 'सामान्य' (रेडियो-विकिरण-हीन) मंदाकिनी ढूँढ़ी जा सकती है। इसका मतलब शायद यह है कि रेडियो-तरंगों का शक्तिशाली प्रवाह विकिरणित करने की क्षमता किसी भी प्रकार की मंदाकिनी में उसके विकास के एक विशेष चरण पर ही उत्पन्न होती है। रेडियो-विकिरण एक 'वयज' संवृत्ति है, जो तारक-तंत्रों के जीवन में एक विशेष चरण पर उत्पन्न होती है, फिर लुप्त हो जाती है...

इस तरह का अनुमान सत्य प्रतीत होता है, क्योंकि रेडियो-मंदाकिनियों की संख्या सामान्य की तुलना में काफी कम है।

फिर कहीं ऐसा तो नहीं है कि शक्तिशाली ऊर्जा स्रोत-क्वाजार-भी अंतरिक्षी पिंडों का कोई विकास चरण हों? शायद किन्हीं आरंभिक चरणों में से एक? क्वाजारों के विद्युचुंबकीय विकिरण का विश्लेषण तो उनके और कुछ किस्म की रेडियो-मंदाकिनियों के नाभिकों के बीच साम्यता ही दिखाते हैं।

मास्को के सुविख्यात खगोलविद बो वोरोंत्सोववेल्यामीनोव ने एक रोचक बात की ओर ध्यान आकर्षित किया था : लगभग सभी ज्ञात क्वाजार (अबतक ये डेढ़ हजार से अधिक की संख्या में दर्ज हो चुके हैं) एकांती पिंड हैं। दूसरी ओर, इनसे मिलते-जुलते गुणों वाली रेडियो-मंदाकिनियाँ नियमतः मंदाकिनी-पुंजों में ही पाई जाती हैं, और पुंज की मुख्य व केंद्रीय सदस्य होती हैं, सबसे चमकदार और सबसे सक्रिय होती हैं।

इस संदर्भ में वोरोंत्सोव-वेल्यामीनोव ने यह अनुमान व्यक्त किया कि क्वाजार और कुछ नहीं, मंदाकिनियों के 'प्रोटोपुंज' हैं, अर्थात् ऐसे पिंड हैं, जिनके आगे विकास से मंदाकिनियाँ और मंदाकिनी-पुंज उत्पन्न होते हैं।

इस अनुमान का समर्थन मंदाकिनियों के नाभिकों की सक्रियता से होता है, जो क्वाजारों की सक्रियता से मिलती-जुलती है यद्यपि उतनी प्रचंड नहीं होती। विशेष प्रचंड प्रक्रियाएँ तथाथित साइफेर्ट-मंदाकिनियों के नाभिकों में चलती हैं (अमरीकी खगोलविद Seifert के नाम पर)। ये नाभिक परिमाप में क्वाजारों के साथ तुलनीय (छोटे) होते हैं और उन्हीं की तरह शक्तिशाली विद्युचुंबकीय

विकिरण उत्सर्जित करते हैं। उनमें गैसें बहुत विशाल वेगों से गति करती रहती हैं, जो कुछेक हजार किलोमीटर प्रति सेकेंड तक पहुँच जाती हैं। अनेक साइफेर्ट-मंदाकिनियों से संहत गैसीय बादलों का विक्षेप होता है, जिनके द्रव्यमान दसियों व सैकड़ों सूर्यों के तुल्य होता है। इस प्रक्रिया में विराट ऊर्जा उत्सर्जित होती है। उदाहरणार्थ, साइफेर्ट-मंदाकिनी NGC 1275 (पेर्सियस-A में स्थित रेडियो-स्रोत) से करीब 80 लाख वर्षपूर्व (उस मंदाकिनी में काल-प्रवाह के अनुसार) एक अति शक्तिशाली विस्फोट हुआ था, जिससे गैसीय धाराएँ 3000 किलोमीटर प्रति सेकेंड तक के वेग से उड़ चली थीं। गैसों की उड़ान-ऊर्जा मंदाकिनी M 82 की तुलना में दो घात अधिक थी।

सोवियत खगोलविद बो. मार्कार्यानोव ने एक अन्य प्रकार के सक्रिय नाभिकों वाली मंदाकिनियों का समूह ज्ञात किया है; ये नाभिक विसंगत शक्ति का पराबैंगनी, विकिरण उत्सर्जित करते हैं। लगता है कि ऐसी अधिकांश मंदाकिनियाँ अभी विस्फोटोत्तर अवधि से गुजर रही हैं।

संभव है कि क्वाजारों की विकिरण-ऊर्जा और मंदाकिनियों के नाभिकों की सक्रियता समान प्रकार की भौतिक प्रक्रियाओं से उत्पन्न होती हैं।

हम बता चुके हैं कि क्वाजार दूरस्थ पिंड हैं। और पिंड जितना ही दूर होता है, हम उसके उतने ही गहरे अतीत का, उसकी उतनी ही विगत अवस्था का अध्ययन करते हैं। मंदाकिनियाँ, जिनमें सक्रिय नाभिकों वाली मंदाकिनियाँ भी आती हैं, क्वाजारों की तुलना में हमसे (औसतन) निकट हैं। अतः ये पिंड क्वाजारों की अपेक्षा बाद की संतति हैं, वे क्वाजारों के बाद उत्पन्न हुई हैं। यह भी कोई कम महत्त्वपूर्ण साक्ष्य नहीं है कि मंदाकिनियों के नाभिक संभवतः क्वाजार ही हैं।

जहाँ तक क्वाजारों को ऊर्जा-विकिरण की क्षमता प्रदान करने वाली भौतिक प्रक्रियाओं का संबंध है, तो उनके बारे में एक रोचक परिकल्पना प्रस्तुत की गयी है।

ब्रह्मांड में काले विवर

पिछले वर्षों खभौतिकी में तथाकथित 'काले-विवरों' की परिकल्पना काफी लोकप्रिय हुई है।

बीसवीं शती में भौतिकी एवं खगोलिकी से संबंधित अनेक आश्चर्यजनक खोजें हुई हैं। एक तरह से शृंखल प्रतिक्रिया चल पड़ी है : नई संवृत्तियाँ ज्ञात होती हैं, फिर उनके अध्ययन से, उनपर चिंतन मनन से और भी नई, आश्चर्यजनक संवृत्तियाँ प्रकाश में आती हैं। प्रकृतिविज्ञान के विकास की यही नियमसंगति है।

वर्तमान समय में सबसे अजूबा अंतरिक्षी पिंड काले विवर हैं, जो पिछले वर्षों से निरंतर भौतिकविदों तथा खगोलविदों का ध्यान आकर्षित कर रहे हैं। इनकी खोज नहीं हुई है, इनका अस्तित्व अभी तक सैद्धांतिक ही है, लेकिन है वह बेढब। नाम ही देख लीजिए—ब्रह्मांड में बिल (या छेद), और वह भी कालेःकाले विवर!

आइंस्टीन के व्यापक सापेक्षिकता-सिद्धांत के अनुसार गुरुत्वाकर्षण-बल व्योम के गुण के साथ प्रत्यक्ष रूप से संबंधित होते हैं। कोई भी पिंड व्योम में इससे असंपृक्त अस्तित्व नहीं रखता; उल्टा, वह व्योम की ज्यामिति निर्धारित करता है। एक संवाददाता ने जब आइंस्टीन से अपने सिद्धांत का सार सुबोध रूप में समझाने का अनुरोध किया, तो उन्होंने निम्न उत्तर दिया "पहले लोग सोचते थे कि यदि ब्रह्मांड से सारा पदार्थ गायब हो जाएगा तो खाली व्योम और काल बच जाएँगे; सापेक्षिकता-सिद्धांत कहता है कि पदार्थ के साथ-साथ व्योम और काल भी गायब हो जाएँगे।"

हर द्रव्यमान परिवेशी व्योम को वक्रित करता है। दैनिक जीवन में हम इस वक्रता को व्यवहारतः अनुभव नहीं कर पाते, क्योंकि हमारा वास्ता अपेक्षाकृत छोटे द्रव्यमानों के साथ पड़ता है । लेकिन अतिशक्तिशाली गुरुत्वाकर्षण-क्षेत्रों में यह प्रभाव काफी महत्त्वपूर्ण हो जा सकता है।

पिछले वर्षों में अनेक संवृत्तियाँ ज्ञात हुई हैं, जो ब्रह्मांड में अपेक्षाकृत छोटे व्योम-खंडों में विराट द्रव्यमानों के संकेंद्रन की संभावना का संकेत देती हैं।

यदि द्रव्य का कोई अंश इतने अल्प व्योम में संकेंद्रित हो जाए, तो दिए हुए द्रव्यांश के लिए चरम हो, तो द्रव्य अपने ही निजी गुरुत्वाकर्षण के वश संपीडित होने लगता है। यह एक तरह से गुरुत्वी दुर्घटना है, जिसे गुरुत्वी निपात कहते हैं।

निपात की प्रक्रिया में द्रव्यमान का संकेंद्रन (घनत्व) और भी बढ़ता जा रहा है। सापेक्षिकता के व्यापक सिद्धांत के अनुसार व्योम की वक्रता भी बढ़ती जाती है। अंत में एक ऐसा क्षण आता है, जिसके बाद एक भी प्रकाश-किरण, एक भी कण या कोई भी भौतिक संकेत उस विरचना से बाहर नहीं निकल पाता। इसी को काला विवर कहते हैं।

बाह्य प्रेक्षक के लिए ऐसा पिंड मानो लुप्त हो जाता है, क्योंकि उससे कोई भी सूचना निकल कर आ नहीं पाती : आखिर सूचना अपने-आप तो प्रसरण करती नहीं है; उसे किसी भौतिक वाहन की आवश्यकता पड़ती है।

निपातरत पिंड की वह त्रिज्या, जिसपर वह काले विवर में परिणत हो जाता है, गुरुत्वी त्रिज्या कहलाती है। सूर्य के द्रव्यमान के लिए गुरुत्वी त्रिज्या 3 किलोमीटर है : यदि पूरा सूर्य एक 3 किलोमीटर त्रिज्या वाले गोले में संकोचित

(या संपीडित) हो जाता, तो वह काले विवर में परिणत हो जाता। पृथ्वी के द्रव्यमान के लिए गुरुत्वी त्रिज्या 0.9 सेंटीमीटर है।

जब दिया हुआ द्रव्यमान अपनी गुरुत्वी त्रिज्या तक संकोचित हो जाता है, तो उसकी सतह पर गुरुत्वाकर्षण-बल अनंत बड़ा हो जाता है। उसे पार करने के लिए आवश्यक द्वितीय अंतरिक्षी वेग का मान प्रकाश-वेग से भी अधिक होगा। इसीलिए तो उसे पार करने के लिए द्वितीय अंतरिक्षी-वेग प्रकाश-वेग से अधिक होना चाहिए। और यही कारण है कि काला विवर अपने से बाहर कुछ भी नहीं निकलने देता। उल्टा, वह अपने गिर्द का बाहरी द्रव्य अपने में खींच कर अपना आकार बढ़ाता रहता है। इस प्रकार, काले विवरों का अस्तित्व न्यूटन की क्लासिकल यांत्रिकी से भी समझाया जा सकता है। लेकिन काले विवर से संबंधित सभी संवृत्तियों के निरूपण के लिए उन्हें एक सूत्र में बाँधने के लिए सापेक्षिकता के व्यापक सिद्धांत का उपयोग अनिवार्य है।

इस सिद्धांत का एक विशेष निष्कर्ष यह है कि अतिशक्तिशाली गुरुत्वाकर्षण-क्षेत्र में काल (समय) का प्रवाह मंद हो जाता है। इसीलिए बाह्य प्रेक्षक के लिए काले विवर में किसी पिंड के अभिपातन की प्रक्रिया को अनंत लंबे काल तक चलती रहना चाहिए। ऐसे प्रेक्षक के लिए द्रव्य का संकोचन वस्तुतः गुरुत्वी त्रिज्या पर आकर रुक जाता है। लेकिन काले विवर में द्रव्य के साथ-साथ अभिपातनरत काल्पनिक प्रेक्षक को बिल्कुल दूसरा चित्र देखने को मिलता। पहले वह समय के सांत अंतराल में गुरुत्वी त्रिज्या तक पहुँच जाता, फिर काले विवर के केंद्र की ओर अनंत गिरता रहता। निपातरत द्रव्य के साथ यही होता है : गुरुत्वी त्रिज्या की सीमा में प्रविष्ट होकर वह संकोचित होना जारी रखता है।

आधुनिक सैद्धांतिक खभौतिकी के अनुसार विराट तारे अपने जीवन का अंतिम चरण काला विवर बनकर बिता सकते हैं। जबतक तारे के मध्य भाग में ऊर्जा का स्रोत कार्यशील रहता है, उच्च तापक्रम गैसों को प्रसारण के लिए विवश करता है और वे अपने ऊपर की परतों को 'ढकेलने' का प्रयत्न करती हैं। लेकिन इसके साथ-साथ तारे का प्रचंड गुरुत्वाकर्षण-बल इन परतों को केंद्र की ओर खींचता रहता है। जब तारे की गहराइयों में 'इंधन' पूर्णतः समाप्त हो जाता है, उसके मध्य भाग में तापक्रम धीरे-धीरे घटता है। संतुलन बिगड़ जाता है और तारा अपने निजी गुरुत्वाकर्षण के वश संकोचित होने लगता है। अब आगे उसका भविष्य कैसा होगा, यह उसके द्रव्यमान पर निर्भर करता है। कलन दिखाते हैं कि यदि तारे का द्रव्यमान 3-5 सूर्य के बराबर होगा तो अंतत गुरुत्वी निपात शुरू हो जाएगा और तारा काले विवर में परिणत हो जाएगा।

कुछ वर्ष पूर्व 'हंस' नामक संराशि में एक अंतरिक्षी पिंड मिला, जिसके काला विवर होने का पूरी संभावना है। यह एक काला पिंड है, जिसका द्रव्यमान चौदह सूर्य के बराबर है। वैसे, यह पिंड काला विवर ही है या नहीं, अभी पूर्णतया प्रमाणित नहीं हुआ है।

साथ-साथ ऐसा अनुमान भी अक्सर प्रस्तुत किया जाने लगा है कि मंदाकिनियों के नाभिकों में और क्वाजारों में विराट द्रव्यमान वाले काले विवर हैं, जो वस्तुतः इन अंतरिक्षी पिंडों की सक्रियता के स्रोत हैं।

ऐसे काले विवर अपने गिर्द का द्रव्य अपने में आकर्षित करने (खींचने) की क्षमता रखते हैं; आकर्षित होने वाले द्रव्य की गति-ऊर्जा गुरुत्वकर्षण क्षेत्र में अन्य प्रकार की ऊर्जाओं में परिणत हो जा सकती है।

एक रोचक खोज की बात भी सुन लें : मंदाकिनी M 87 (रेडियो-स्रोत कन्या-A) के फोटो-चित्र में नाभिक से विक्षेपित धाराएँ दिखती हैं, जो गैसों के अलग-थलग जमावों के रूप में हैं; इनका कुल द्रव्यमान करीब 1 करोड़ सूर्य के बराबर है और ये करीब 3000 किलोमीटर प्रति सेकेंड के वेग से गतिमान हैं। यह नाभिक में हुए विस्फोट की प्रचंडता का साक्षी है।

प्रेक्षणों से निम्न तथ्य ज्ञात हुआ : यदि M 87 में नाभिक से कुछ दूरी पर द्रव्य का वितरण मंदाकिनियों में तारों के सामान्य वितरण जैसा है, तो केंद्र के निकट बहुत छोटे व्योम (आयतन) में विराट द्रव्यमान संकेंद्रित है, जो क्षीण प्रदीप्ति देता है। शायद यह एक विराट काला विवर है, जो नाभिक की सक्रियता को उद्दीपित करता है, या कोई अन्य अति सघन विरचना है, जिसकी प्रकृति अभी ज्ञात नहीं है।

एक तारे से दूसरे तारे की ओर

ब्रह्मांड के अधिकांश तारे दूडुक तंत्रों के रूप में हैं, अतः इन पर विशेष ध्यान देना चाहिए (दो उडु, अर्थात् दो तारे जब एक-दूसरे की परिक्रमा करते हैं, तो दूडुक तंत्र बनता है)। जब तक खगोलिक पिंडों का अध्ययन विद्युचुंबकीय किरणों के सिर्फ दृश्य एवं रेडियो-परासों में प्रेक्षण तक सीमित था, हम इन तंत्रों में चलने वाली सिर्फ शुद्ध यांत्रिक प्रक्रियाओं को ही जान सकते थे। एक्स एवं गामा परासों में 'झाँकने' पर खगोलविदों को पहली बार बोध हुआ कि दूडुक तंत्र एक असाधारण एवं अबतक अज्ञात भौतिक संवृत्तियाँ हैं। इन तंत्रों में एक तारा सामान्य होता है और दूसरा न्युट्रोनी तारा या काला विवर हो सकता है।

न्युट्रोनी तारे असाधारण पिंड हैं। इनका व्यास 20 किलोमीटर से अधिक

नहीं होता और द्रव्यमान दस लाख सूर्य के बराबर होता है। इनके घनत्व को हम कल्पनातीत ही कहेंगे : दस करोड़ टन प्रति घन सेंटीमीटर! इसलिए सामान्य तारे से निस्सारित गैस न्युट्रोनी तारे की ओर चल पड़ती है और उसकी सतह तक पहुँचते-पहुँचते 1 लाख किलोमीटर प्रति सेकेंड के वेग तक त्वरित हो जाती है। न्युट्रोनी तारे के साथ निस्सारित द्रव्य (गैस) की व्यतिक्रिया के फलस्वरूप उसकी सतह पर उत्तप्त धब्बे उत्पन्न हो जाते हैं, जिनका तापक्रम दसियों लाख डिग्री (सेंटीग्रेट) तक पहुँच जाता है। एक्स-किरणों का उत्सर्जन इसी तापक्रम पर उत्प्रेरित होता है। चूँकि न्युट्रोनी तारा बहुत तेजी से घूर्णन करता है, इसलिए पृथ्वी पर स्थित प्रेक्षक को ये तप्त विकिरणरत धब्बे समय के निश्चित अंतरालों पर दिखते हैं। इस संवृत्ति का नाम एक्सरे-पल्सार पड़ा है; पहली बार यह 1972 में पृथ्वी के एक कृत्रिम उपग्रह पर लगे विशेष उपकरण द्वारा प्रेक्षित हुआ था।

दूडुक तंत्रों में कभी-कभी और भी असाधारण घटनाएँ घटती हैं। 3 अगस्त 1975 को मोनोसेरोस नामक संराशि में एक्स-किरणों का एक स्रोत ज्ञात हुआ, जो पहले अप्रेक्षित था। शुरू में यह मुश्किल से दिख रहा था, लेकिन पाँच दिन बाद इसकी एक्स-विकिरण की तीव्रता एक्स-किरणों में दिखने वाले आकाश में सबसे 'चमकदार' पिंड Scorpius X-1 से भी अधिक हो गयी। पाँच दिन और बीतते-बीतते तीव्रता और भी पाँच गुनी हो गयी। एक्स-किरणों के परास में यह एक अनोखी घटना प्रेक्षित हुई थी।

सावधानीपूर्वक अध्ययन करने के बाद खगोलविद इस निष्कर्ष पर पहुँचे कि यह भी एक दूडुक तंत्र था, जिसका एक तारा न्युट्रोनी था। उन्होंने अनुमान लगाया कि न्युट्रोनी तारे द्वारा के अभिसरण (अपने में मिलाने) की दर समय-समय पर विशाल हो जा सकती है। संभव है कि उसका साथी एक स्पंदमान तारा रहा हो, जो बारी-बारी से संकोचित व प्रसारित होता हुआ प्रसारण के समय द्रव्य की विशाल मात्रा निस्सारित करता हो और एक्सरे-विस्फोट ऐसे ही समयों पर प्रेक्षित होते हों।

एक और असाधारण संवृत्ति है, जिसे शायद दूडुक तंत्रों के साथ जोड़ा जा सके। कुछ वर्ष पूर्व पृथ्वी के एक स्पूतनिक (कृत्रिम उपग्रह) पर लगे उपकरणों द्वारा गामा विकिरण का एक अल्पकालिक विस्फोट दर्ज हुआ, जो ब्रह्मांड की बहुत गहराई में कहीं उत्पन्न हुआ था। इन गामा किरणों में ऊर्जा की भयंकर मात्रा निहित थी, क्योंकि विकिरण सूर्य के दृश्य विकिरण की ऊर्जा से करीब दस लाख गुना अधिक शक्तिशाली था। इससे भी आश्चर्यजनक निकले मार्च 1979 में सोवियत स्टेशनों 'वेनेरा 11' एवं '12' पर स्थित विशेष उपकरणों द्वारा दर्ज किए

गए गामा-विकिरण के दो विस्फोट। दोनों एक ही स्रोत से चले थे, जो संराशि डोराड में स्थित है। एक विस्फोट तो अबतक दर्ज किए गए सभी गामा विस्फोटों से कम से कम 1000 गुना अधिक तीव्र था और पूरे खगोल के गामा विकिरण की तीव्रता से कई हजार गुना अधिक तीव्र था। इसके अतिरिक्त स्रोत की तीव्रता विशाल दर से बढ़ती जा रही थी : सेकेंड के कुछ सहस्रांशों में तीन हजार गुना तक।

विस्फोटों का अभिलेख जब खगोलविदों तक संप्रेषित हुआ, तो उन्हें आश्चर्य हुआ कि यह एक्सकिरणी पल्सारों जैसा ही पूर्व परिचित चित्र है। उन्होंने अनुमान किया कि यहाँ भी उनका वास्ता दूडुक तंत्र में न्युट्रोनी तारे की ओर द्रव्य के स्थानांतरण की किसी युक्ति के साथ पड़ा है। स्पष्टतः कुछ स्थितियों में न्युट्रोनी तारे पर द्रव्य का अभिपातन विशाल वेग तक त्वरित हो जा सकता है—प्रकाश-वेग के तिहाई तक। जब द्रव्य न्युट्रोनी तारे की सतह पर इतने बड़े वेग से चोट करता है, तब विराट ऊर्जा मुक्त होती है, जो गामा-विकिरण को उत्प्रेरित करती है।

इस प्रकार हमें नई-नई सूचनाएँ मिलती जा रही हैं, जिनके अनुसार दूडुक तंत्रों में द्रव्य-अभिसरण की युक्ति प्रेक्ष्य ब्रह्मांड की अनेक घटनाओं के लिए जिम्मेवार मानी जा सकती है। इस दिशा में अध्ययन आगे बढ़ाने से ब्रह्मांड में होने वाली प्रचंड घटनाओं (अर्थात् विराट मात्राओं में ऊर्जा के उत्सर्जन से संबंधित घटनाओं) पर निश्चय ही अधिक प्रकाश पड़ेगा।

एक नया आश्चर्य

कुंभ (Aquarius) संराशि में एक अनुपम वस्तु ज्ञात हुई, जिसे SS 433 की संज्ञा दी गयी। इसके विकिरण के अध्ययन से निष्कर्ष निकलता है कि यह 8000 किलोमीटर प्रति सेकेंड के वेग से पृथ्वी की ओर बढ़ रही है और साथ-साथ इसी वेग से पीछे भी हट रही है। लेकिन हम जानते हैं कि कोई भी भौतिक पिंड एक साथ दो विपरीत दिशाओं में नहीं चल सकता। यह सिर्फ जटिल तंत्रों में ही अवलोकित हो सकता है, जिसके अलग-अलग भाग अलग-अलग प्रकार से गति करते हैं।

आगे के प्रेक्षणों से पता चला है कि SS 433 के मध्य क्षेत्र से गैसों की दो फुहारें फूटती हैं; एक तो पृथ्वी की ओर बढ़ रही है और दूसरी—पीछे की दिशा में इस तरह 'खंडित' पिंड का रहस्य स्पष्ट हो गया।

जहाँ तक वस्तु के मध्य भाग का संबंध है, तो इसे एक काले विवर और

एक सामान्य तारे का अथवा एक न्युट्रोनी और एक विखट तारे का तंत्र होना चाहिए। जो भी हो, वहाँ अति प्रचंड भौतिक घटनाएँ घट रही हैं।

यह भी बता दें कि SS 433 की गैसीय फुहारें कोई नई चीज नहीं हैं, लेकिन अक्सर वे मंदाकिनियों के क्रोड़ों से फूटती हैं (इस स्थिति में उनका द्रव्यमान खरबों सूर्य के बराबर होता है); वे कुछ क्वाजारों से भी निकलती देखी गयी हैं।

इस तरह के निस्सरणों का प्रसार बहुत विस्तृत हो सकता है। पृथ्वी से तीस करोड़ प्रकाश-वर्ष दूर स्थित एक मंदाकिनी (No. GC 6251) से निस्सरण की लंबाई करीब 40 लाख प्रकाश-वर्ष है। इन फुहारों का द्रव्यमान विराट है और उनमें विराट ऊर्जा है।

द्रव्य-निस्सरण की गणना ब्रह्मांड की सबसे अधिक विस्मयकारी घटनाओं में होती है और इनकी भौतिक प्रकृति का अध्ययन आधुनिक खभौतिकी की एक मूलभूत समस्या है।

इस संदर्भ में SS 433 का अध्ययन और भी आवश्यक हो जाता है, क्योंकि वह हमारी ही मंदाकिनी में स्थित है। सौभाग्य की बात है कि फुहार के रूप में निस्सारित द्रव्य की मात्रा इस तरह की वस्तुओं के लिए कुछ ज्यादा ही बड़ी है; इसके अतिरिक्त यह अवस्था शायद लंबे समय तक नहीं बनी रहेगी। इस तरह हमलोग एक अनुपम घटना के प्रत्यक्ष साक्षी हैं, जिसके अध्ययन से ब्रह्मांड की ऐसी ही अनेक अन्य घटनाओं पर प्रकाश पड़ सकता है।

नई अध्ययन-रीतियों से आधुनिक खगोलिकी के विकास में एक नई लहर आई हुई है। यह निश्चय ही संदेह से परे है कि निकट भविष्य में वैज्ञानिक लोग ब्रह्मांड की संवृत्तियों के बारे में ऐसी बातें जान लेंगे, जिनसे हम खुद अपने ग्रह को और भी अच्छी तरह समझ सकेंगे।

ब्रह्मांड और न्युट्रीनो

हम प्रत्यक्ष या परोक्ष रूप से कई बार इशारा कर चुके हैं कि भौतिकी और खभौतिकी के बीच गहरा संबंध है। एक ओर तो पूरा ब्रह्मांड ही आधुनिक भौतिकी की प्रयोगशाला बन गया है और दूसरी ओर, खभौतिकीय अन्वीक्षणों तथा खगोलिकीय समस्याओं से किसी भी रूप में संबद्ध नई भौतिकीय खोजें ब्रह्मांड के बारे में हमारी अवधारणाओं को अनिवार्यतः विकसित करती हैं। इन विज्ञानों के पारस्परिक संबंध एवं व्यतिवेधन में प्रतिकर्मता* यही है, अभिज्ञान का द्वंवाद यही है।

---

* वस्तु के कार्य पर उसी के कार्य-फलों की अभिक्रिया।—अनु.

वर्तमान समय में भौतिकविदों को दो सौ से अधिक कणिकाएँ (प्राथमिक कण) ज्ञात हैं, जिनमें एक अत्यंत आश्चर्यजनक कणिका है–न्युट्रीनो। लंबे समय तक सिद्धांतविद यही सोचते रहे थे कि इस कणिका का स्थैर्य द्रव्यमान नहीं होता, वह हमेशा प्रकाश-वेग से चलती रहती है, कभी मंद नहीं होती। लेकिन दूसरी ओर सिद्धांत की तरफ से कोई निषेध नहीं था कि उसका द्रव्यमान शून्येतर न हो। इससे प्रेरित हो कर सोवियत विज्ञान-अकादमी के अधीनस्थ सैद्धांतिक और प्रायोगिक भौतिकीय संस्थान के वैज्ञानिकों ने न्युट्रीनों का द्रव्यमान स्पष्ट करने के लिए प्रयोग आरंभ किए। पूर्ववर्ती खोजों के परिणाम सनसनीखेज सिद्ध हुए : निष्कर्ष निकला कि न्युट्रीनो का द्रव्यमान शून्य नहीं होता, और्जिक इकाइयों में उसका परिणाम 14 से 16 इलेक्ट्रोन-वोल्ट है। यह बहुत ज्यादा नहीं है, एलेक्ट्रोन के द्रव्यमान के तेरहवें से दसवें अंश के बराबर है, लेकिन उसका होना ही अपने आप में बहुत महत्वपूर्ण है; इसकी पुष्टि हो जाने पर ब्रह्मांड के बारे में हमारी धारणाएँ बहुत बदल जाएँगी।

आधुनिक खगोलिकी की एक ज्वलंत समस्या है सूर्य और तारों की आंतरिक ऊर्जा का रहस्य। कुछ समय पहले तक यही माना जाता था कि इस ऊर्जा का स्रोत हीलियम से हाइड्रोजन के संश्लेषण की तापनाभिकीय प्रतिक्रिया है। आधुनिक खगोलिकी में इस विचार की जड़ें इतनी गहरी पैठ चुकी हैं कि उसे हिलाना असंभव लगता था। लेकिन अचानक शंका का उदय हुआ...

हम बता चुके हैं कि यदि हमारे सूर्य की गहराइयों में सचमुच तापनाभिकीय प्रतिक्रिया चल रही है, तो वहाँ न्युट्रीनों को जन्म लेना चाहिए। विशाल वेधन-क्षमता और द्रव्य के साथ अतिक्षीण व्यतिक्रिया क्षमता के कारण इन कणिकाओं को सूर्य से निर्बाध निकल कर अंतरिक्ष में चला जाना चाहिए; इनके एक अंश को पृथ्वी पर भी आना चाहिए। सौर न्यूट्रीनों को दर्ज करने के लिए विशेष संयंत्र बनाया गया और प्रेक्षण आरंभ किया गया। परिणाम अप्रत्याशित निकला : न्युट्रीनों का प्रवाह सैद्धांतिक भविष्यवाणी से कई गुना कम निकला। इस संवृत्ति की व्याख्या के लिए अनेक परिकल्पनाएँ प्रस्तुत की गयीं; इनमें एक यह भी थी कि सूर्य और तारों की ऊर्जा का मुख्य स्रोत तापनाभिकीय प्रतिक्रिया नहीं, वरन् कोई अन्य भौतिक प्रक्रिया है, जो अभी अज्ञात है। समस्या अभी भी ज्यों की ज्यों है।

लेकिन यदि इस बात की पुष्टि हो जाती है कि न्युट्रीनो का द्रव्यमान सांत है, तो सौर न्युट्रीनों को दर्ज करने के प्रयोग के ऋणात्मक परिणामों की एक और व्याख्या संभव हो जाएगी। बात यह है कि प्रकृति में न्यूट्रीनो स्वतःस्फूर्त रूप से अन्य प्रकार की न्युट्रीनों के परिणत हो सकती हैं। अब निम्न स्थिति की कल्पना

करें : वे न्युट्रीनों, जो सूर्य की गहराइयों में जन्म लेती हैं और जिनको दर्ज करने के लिए विशेष आधुनिक संयंत्र लगाया गया है, वे पृथ्वी तक आते-आते ऐसी न्युट्रीनों में परिणत हो जाती हैं, जिन्हें यह संयंत्र अनुविदित नहीं कर सकता।

न्युट्रीनो के सांत द्रव्यमान की बात सिद्ध हो जाने पर हमारी विश्वलोचनी धारणाओं में भी काफी परिवर्तन आ जाएँगे। सुविदित है कि हमारे ब्रह्मांड के ज्यामितिक गुण द्रव्यमान के औसत घनत्व एक चरम परिमाण (लगभग 10^{-29} ग्राम प्रति घन सेंटीमीटर) से अधिक होगा, तो ब्रह्मांड का व्योम संवृत्त और सांत होगा। वर्तमान खभौतिकीय आँकड़ों के अनुसार द्रव्यमान का वास्तविक घनत्व इस चरम मान से कम आँका जाता है। लेकिन न्युट्रीनों इसमें महत्त्वपूर्ण परिवर्तन ला सकती हैं। आँकड़ों के अनुसार ब्रह्मांड में न्युट्रीनों की संख्या लगभग एक अरब प्रति प्रोटोन है (प्रोटोनों के साथ ही तुलना की गयी है, तो प्रोटोन के द्रव्यमान से उसका यह द्रव्यमान कुछेक करोड़ गुना कम होने पर भी ब्रह्मांड में सभी न्युट्रीनों का कुल द्रव्यमान पदार्थ के अन्य रूपों के कुल द्रव्यमान से करीब 30 गुना अधिक ही होगा। पता चलेगा कि सभी तारे, ग्रह, निहारिकाएँ और मंदाकिनियाँ ब्रह्मांड में न्युट्रीनों के सागर में कुछेक नन्हें द्वीप हैं। इसका मतलब यह होगा, कि द्रव्यमान का औसत घनत्व अपने चरम मान से बहुत ज्यादा होगा। और इसीलिए हमारा ब्रह्मांड संवृत और सांत होगा, कालांतर में (खरबों वर्ष बाद) उसका प्रसारण रुक जाएगा और उसकी जगह संकोचन शुरू हो जाएगा।

बात यहीं नहीं रुकती। सुविदित है कि वर्तमान ब्रह्मांड सिर्फ पर्याप्त बड़े पैमाने के क्षेत्रों में ही समज (एकसार, समसर्वत्र) है। यदि अपेक्षाकृत छोटे क्षेत्रों को देखा जाए, तो समजता नहीं मिलेगी, क्योंकि अंतरिक्षी पदार्थ मंदाकिनियों और मंदाकिनी-पुंजों में संकेंद्रित है। तप्त ब्रह्मांड-प्रसारण के सिद्धांतानुसार ये अंतरिक्षी पिंड किसी विषमज माध्यम की विकास-क्रिया में प्रसारण के एक निश्चित चरण पर ही बनने चाहिए थे। प्रक्रिया का रूप कुछ इस प्रकार होना चाहिए था : प्रसारण के अपेक्षाकृत आरंभिक चरणों में से एक पर समजता की प्रावस्था थी, जिसमें गुरुत्वी अस्थायित्व के कारण हल्की सिहरनें उठती थीं—व्योम के किन्हीं क्षेत्रों में द्रव्य कुछ ज्यादा हो जाता था, तो किन्हीं में कुछ कम। गुरुत्वी बलों की तुलना में प्रत्यास्थता-बलों के अधिक होने पर विषमजता दूर हो जा सकती है। लेकिन यदि क्षोभग्रस्त क्षेत्र पर्याप्त बड़ा होता है, तो गुरुत्वी अस्थिरता उत्पन्न होती है। इस तरह, पर्याप्त बड़े पैमाने वाली सिहरनों को और बढ़ता ही जाना चाहिए। गुरुत्वी अस्थिरता के फलस्वरूप माध्यम-विखंडन से मंदाकिनियों के विरचन की परिकल्पना अकादमीशियन या ज़ेल्दोविच और उनके सहकर्मी विकसित कर रहे हैं।

लेकिन इस परिकल्पना के रास्ते में कुछ कठिनाइयाँ हैं, जिनमें से एक का संबंध रेडियो-खगोलिकीय प्रेक्षणों से प्राप्त आँकड़ों के साथ है।

वर्तमान ब्रह्मांड अवशिष्ट विकिरण (दे. पृ. 100) के क्वांटमों के लिए बिल्कुल पारगम है। वे गति करते रहते हैं और व्यवहारतः कहीं भी अवशोषित नहीं होते। लेकिन अतीत में, जब ब्रह्मांड में पैमाना करीब 1000 गुना कम था, ब्रह्मांड विद्युचुंबकीय क्वांटमों के लिए बिल्कुल अपारगम था, विकिरण पूरी तरह प्रकीर्णित हो जाता था। यदि उस काल में माध्यम बिल्कुल समज था, तो अवशिष्ट विकिरण को बिल्कुल संपर्ययी होना चाहिए था, अर्थात् हर दिशा में उसकी तीव्रता समान होनी चाहिए थी।

लेकिन वर्तमान ब्रह्मांड जैसा कि कहा जा चुका है, आदर्श रूप से समज नहीं है, उसमें तारों के द्वीप-मंदाकिनियाँ-और मंदाकिनी-पुंज हैं। और यदि ये पिंड सचमुच गुरुत्वी अस्थिरता के फल्स्वरूप उत्पन्न 'भ्रूणों' से विकसित हुए थे, तो तदनुरूप विकास चरण पर ही अंतरिक्षीय माध्यम पूर्णतया समज नहीं रह गया था। इस स्थिति में अवशिष्ट विकिरण पूर्णतया संपर्ययी नहीं रह सकता था; उसमें छोटी सिहरनें प्रेक्षित होनी चाहिए थीं। इन सिहरनों को ज्ञात करने के लिए अवशिष्ट विकिरण की तीव्रता मापी जाने लगी। इस काम में बड़े-बड़े रेडियो-टेलीस्कोपों का उपयोग हुआ, जिनमें अनुपम सोवियत रातान-60 (PATAH-60) भी शामिल है। लेकिन अत्युच्च शुद्धता-कोटि से नापने पर भी अल्प मानदंडीय सिहरनों का पता नहीं चल सका ('भ्रूणों' के परिमाप का कलन वर्तमान मंदाकिनी-पुंजों के आकारों पर आधारित करने पर)। अब एक कठिन प्रश्न सामने आता है। आखिर कुछ तो रहा होगा, जिससे मंदाकिनियाँ और उनके पुंज बने होंगे! यदि यह माध्यम की सहजता नहीं थी, तो फिर क्या था? इसके अतिरिक्त और कोई संभावना तो दिखती नहीं, जो सच लग सके!

यदि न्यूट्रीनों का सांत द्रव्यमान होता, तो यह कठिनाई दूर हो जाती। ब्रह्मांड-प्रसारण के बिल्कुल प्रारंभ में विश्व-व्योम में व्याप्त न्युट्रीनो-गैस में छोटी-मोटी सांयोगिक विषमजताएँ उत्पन्न हो सकती थीं। लेकिन इस काल में न्युट्रीनो अत्यंत ऊर्जावान थीं। और प्रकाशवर्ती वेग से गतिमान रहती थीं। कहीं-कहीं उत्पन्न छोटे-मोटे स्कंदनों (थक्कों) के गुरुत्वबल इतना पर्याप्त नहीं थे कि वे ऐसी न्युट्रीनों को रोककर रख सकें, ये थक्के धीरे-धीरे टूटते हुए पुनः विलीन हो जाते थे।

लेकिन प्रसारण के साथ-साथ न्युट्रीनों का वेग घटता गया और, जैसाकि कलन दिखाते हैं, आरंभिक क्षण के कोई 300 वर्ष बाद पृथुल स्कंदन उन्हें रोक सकने में समर्थ हुआ। ऐसे स्कंदनों का द्रव्यमान करीब 10^{15} सूर्य (अर्थात् इतने

सूर्यों के द्रव्यमान के बराबर) होना चाहिए था। नई-नई न्युट्रीनों को 'कैद' करते हुए वे और भी भारी होते गए और प्रसारण आरंभ होने के करीब 10 लाख वर्ष बाद उनका द्रव्यमान साधारण द्रव्य-उदासीन गैस—के कणों को भी 'कैद' करने से बढ़ने लगा। अदृश्य न्युट्रोनी विषमजताओं के केंद्रीय भागों में वह साधारण द्रव्य संचित हो-हो कर मंदाकिनी-पुंजों में परिणत होने लगा, जिन्हें आज हम देखते हैं। कलनों के अनुसार इस द्रव्य का द्रव्यमान न्युट्रीनी स्कंदनों के कुल द्रव्यमान से कई दसियों गुना कम था।

इस प्रकार, जिन प्राथमिक विषमजताओं (स्कंदनों) से बाद में मंदाकिनी-पुंज बने, उनमें से अधिकांश स्कंदन अवशिष्ट विकिरण के लिए 'अदृश्य' थे और इसीलिए उसकी संपर्ययता में विकार नहीं ला सकते थे। न्युट्रीनी विषमजताओं में स्थित साधारण द्रव्य के द्रव्यमान स्पष्टतः इतना पर्याप्त नहीं थे कि अवशिष्ट विकिरण की तीव्रता में आधुनिक उपकरणों द्वारा ज्ञात होने लायक सिहरनें उत्पन्न कर पाते। इस प्रकार, यदि न्युट्रीनो सांत द्रव्यमान रखते, तो मंदाकिनियों की उत्पत्ति के आधुनिक सिद्धांत और अवशिष्ट विकिरण के प्रेक्षण-परिणामों के बीच का अंतर्विरोध पूरी तरह मिट जाता है।

अंत में एक और महत्त्वपूर्ण समस्या बच जाती है, जिसके समाधान पर न्युट्रीनो के सांत द्रव्यमान की खोज पर्याप्त प्रकाश डालती।

खभौतिकविद कई वर्षों से तथाकथित गुप्त द्रव्यमान की समस्या के साथ जूझ रहे हैं। बात यह है कि मंदाकिनी-पुंज का द्रव्यमान दो रीतियों से निर्धारित किया जा सकता है। पहली रीति है—प्रदीप्ति निर्धारित से, क्योंकि पुंज का द्रव्यमान जितना ही अधिक होगा, उसकी प्रदीप्ति भी उतनी ही अधिक होगी। दूसरी रीति गुरुत्वाकर्षण-नियम पर आधारित है : पुंजों में मंदाकनियों की पारस्परिक गति के प्रेक्षण से। पता चला कि एक ही पुंज का द्रव्यमान भिन्न रीति से ज्ञात करने पर उसका भिन्न मान मिलता है। गुरुत्वाकर्षण के नियमानुसार कलित द्रव्ययान प्रदीप्ति के आधार पर कलित द्रव्यमान से कई गुना अधिक निकला। इसकी एक संभव व्याख्या यह है कि पुंजों में प्रदीप्तिहीन पिंड भी हैं, जो पुंज का द्रव्यमान तो बढ़ाते हैं, पर उनकी प्रदीप्ति में थोड़ी भी वृद्धि नहीं करते। ये ही 'गुप्त द्रव्यमान' हैं जो पुंजों में मंदाकिनियों को विशाल वेगों तक त्वरित करते रहते हैं। प्रश्न उठता है : इन 'गुप्त द्रव्यमानों' की प्रकृति क्या है?

कई अनुमान प्रस्तुत किए गए : ये गैस हैं, धूल हैं; कम चमकदार तारे हैं, काले विवर हैं। लेकिन इनमें से एक भी अनुमान पूर्ण संतोषजनक उत्तर नहीं देने जा रहा है। स्थिति आज भी स्पष्ट नहीं हुई है। स्पष्टता सिर्फ न्युट्रीनो के अध्ययन

से आ सकती है। यदि ये कणिकाएँ सांत द्रव्यमान रखती हैं, तो मंदाकिनी-पुंज में उनका कुल द्रव्यमान उपरोक्त द्रव्यमान-अंतर को पूरा कर सकता है।

लेकिन यह सब तभी संभव है, यदि न्युट्रीनो सांत द्रव्यमान रखती हैं...अब निम्न प्रश्न देखें न्युट्रीनो का सांत द्रव्यमान शून्य नहीं है—यह निष्कर्ष कहाँ तक विश्वसनीय है?

सुविदित है कि न्युट्रीनो के अस्तित्व की भविष्यवाणी तथाकथित बीटा-विघटन के अध्ययन से प्राप्त निष्कर्षों पर आधारित थी। बीटा-विघटन ऐसी भौतिकीय प्रक्रिया है जिसमें किसी तत्त्व का नाभिक एलेक्ट्रोन उत्सर्जित कर के किसी अन्य तत्त्व के नाभिक में परिणत हो जाता है। यह भी प्रेक्षित हुआ कि उत्सर्जित एलेक्ट्रोन की ऊर्जा उतनी नहीं है, जितनी सैद्धांतिक कलनों के अनुसार होनी चाहिए थी; वह उससे कम निकली! स्विटजरलैंड के विख्यात भौतिकविद पाउली ने अनुमान किया कि जितनी ऊर्जा कम पड़ रही है, वह कोई उदासीन कणिका अपने साथ लेकर उड़ जाती है, जो विज्ञान के लिए अभी तक अज्ञात है; वह द्रव्य के साथ बहुत क्षीण व्यतिक्रिया करती है, इसीलिए अनवलोकित रहती है। यही कणिका न्युट्रीनो निकली।

लेकिन इसी बीटा-विघटन की प्रक्रिया सिद्धांततः न्युट्रीनो के द्रव्यमान की समस्या हल करने में भी अप्रत्यक्ष मार्ग-निर्देशक का काम कर सकती है। सोवियत भौतिकविदों ने इसी विचार का अनुसरण किया। माप के लिए ट्रीटियम के बीटा-विघटन की प्रक्रिया का उपयोग किया गया, जिसमें इस तत्त्व के परमाणु-नाभिक एलेक्ट्रोन उत्सर्जित करके समस्थ हीलियम के परमाणु-नाभिकों में परिणत हो जाते हैं। प्रयोग के पीछे तर्क निम्न था : यदि न्युट्रीनो का द्रव्यमान शून्य है, तो ट्रीटियम के नाभिकों द्वारा उत्सर्जित एलेक्ट्रोनें के बीच ऐसे एलेक्ट्रोन अवश्य होने चाहिए, जिनमें इस प्रक्रिया के अनुरूप महत्तम संभव ऊर्जा हो; लेकिन यदि न्युट्रीनो सांत द्रव्यमान रखती है, तो उत्सर्जित एलेक्ट्रोनों की महत्तम ऊर्जा कुछ न्यून होगी और दोनों (कलनसंगत महत्तम ऊर्जा और वास्तविक महत्तम ऊर्जा) के बीच का अंतर न्युट्रीनो के द्रव्यमान पर निर्भर करेगी। सैद्धांतिक एवं प्रायोगिक भौतिकी संस्थान में ऐसे अनेक प्रयोगों के ही आधार पर यह प्रारंभिक निष्कर्ष निकाला गया था कि न्युट्रीनो का द्रव्यमान शून्येतर है।

पिछले वर्षों से न्युट्रीनो के द्रव्यमान की समस्या का अध्ययन अमरीकी भौतिकविद भी कर रहे हैं। उनका माप-कार्य निम्न विचार पर आधारित है : यदि न्युट्रीनो सांत द्रव्यमान शून्य है, तो ऐसा संक्रमण संभव नहीं है। प्रयोग संपन्न करने वाले वैज्ञानिकों ने खबर दी कि इस तरह के संक्रमण ज्ञात हुए हैं यह बात

और है कि उन्होंने न्युट्रीनों के द्रव्यमान का मूल्याँकन बहुत कम किया, बनिस्बत कि सोवियत वैज्ञानिकों ने। लेकिन कुछ समय बाद विज्ञान-जगत में ऐसी खबरें आईं कि इन परिणामों को संदेह की दृष्टि से देखना पड़ा...

इस प्रकार, स्थिति अभी भी स्पष्ट है और किसी भी स्थिर निष्कर्ष पर पहुँचने के लिए असंख्यप्रयोग और प्रेक्षणों की आवश्यकता पड़ेगी। यहाँ यह रोचक तुलना प्रस्तुत की जा सकती है। न्युट्रीनों की खोज बीटा-विघटन में ऊर्जा के 'लोप' को समझाने की आवश्यकता से हुई थी। 'ऊर्जा-लोप' की पहेली को न्युट्रीनो ने अपने अस्तित्व से ही हल कर दिया। क्या ऐसी स्थिति फिर नहीं दुहरा सकती है? आधुनिक खभौतिकी में अनेक ऐसी पहेलियाँ हैं, जो न्युट्रीनों के सांत द्रव्यमान की उपस्थिति से हल हो सकती हैं। एक बार न्युट्रीनों की सहायता से 'ऊर्जा-लोप' की व्याख्या संभव हुई, अब हो सकता है कि उसकी सहायता से द्रव्यमान की कमी का कारण भी समझ में आ जाए। वह विख्यात खभौतिकविद ने ठीक ही कहा था कि यदि न्युट्रीनों का द्रव्यमान अंततः शून्य ही सिद्ध हो जाएगा, तो हमें किसी दूसरी कणिका की खोज करनी पड़ेगी, जो द्रव्य के साथ क्षीण व्यतिक्रिया करे और साथ ही सांत द्रव्यमान भी रखे।

जाहिर है कि भौतिकी और खगोलिकी में सादृश्यता को प्रमाण नहीं माना जा सकता, लेकिन वह न्युट्रीनों के द्रव्यमान की समस्या हल करने में सहायक जरूर हो सकती है।

यही कारण है कि न्युट्रीनों का सांत द्रव्यमान होने पर इससे कैसे-कैसे खभौतिकीय निष्कर्ष निकाले जा सकते हैं, इसका सविस्तार निरीक्षण आज भी शुरू हो जाना चाहिए, यद्यपि उसके द्रव्यमान के अस्तित्व या अनस्तित्व के बारे में अभी कुछ भी स्पष्ट नहीं कहा जा सकता।

ब्रह्मांड में संबुद्ध प्राणियों की खोज

पिछले वर्षों से ब्रह्मांड में इलेतर (इला-पृथ्वी; पृथ्वी से इतर) सभ्यताओं की समस्या विशेषज्ञों का ही नहीं, सर्वसाधारण का भी ध्यान आकर्षित करने लगी है। हमें पृथ्वी से बाहर का कोई जीव अबतक नहीं मिला है, फिर भी आधुनिक प्रकृतिविज्ञान इतना विकसित हो चुका है कि पृथ्वी से बाहर अन्य अंतरिक्षी दुनियों में भी जीवन की उपस्थिति के प्रश्न को सबल वैज्ञानिक आधार दिया जा सकता है। वर्तमान समय इस क्षेत्र में गंभीर वैज्ञानिक अन्वीक्षण चल रहे हैं, जिनमें विभिन्न विज्ञानों के प्रतिनिधि सक्रिय भाग ले रहे हैं।

प्रथम दृष्टि में ऐसा प्रतीत हो सकता है कि वैज्ञानिकों के पास जो आँकड़े

हैं, वे ब्रह्मांड में संबुद्ध, सचेतन प्राणियों के व्यापक प्रसार की संभावना सिद्ध करते हैं। प्रथमतः यदि पृथ्वी पर जीवधारियों की उत्पत्ति हमारे ग्रह के विकास-क्रम में एक नैसर्गिक एवं नियमसंगत प्रक्रिया थी, तो यह मानना निश्चय ही तर्कसंगत होगा कि ऐसी प्रक्रिया ग्रहों जैसे अन्य आकाशीय पिंडों पर भी संभव है। दूसरे, कार्बन, जो सजीव द्रव्य का रासायनिक आधार है, ब्रह्मांड में सबसे विस्तृत रूप में पाए जाने वाले रासायनिक तत्त्वों में से एक है। और अंत में तीसरे, तथाकथित आण्विक खगोलिकी द्वारा स्थापित किया जा चुका है कि अंतरातारक व्योम में उपस्थित गैस या धूल के बादलों में जटिल कार्बनिक अणुओं का संश्लेषण होता रहता है, जो सजीव द्रव्य के निर्माण में 'ईंटों' के रूप में प्रस्तुत हो सकते हैं।

पर वास्तविकता में बात कहीं अधिक जटिल है। गैस और धूल से ग्रह की उत्पत्ति के समय संभवतः उन कार्बनिक अणुओं को नष्ट हो जाना चाहिए, जो कभी अंतरिक्षी व्योम में स्वतःस्फूर्त संश्लिष्ट हुए थे। अतः किसी भी ग्रह पर जीवधारियों की उत्पत्ति से पहले वहाँ प्राग्जैव कार्बनिक यौगिक नए सिरे से बनने चाहिए। इस प्रकार, अंतरातारक माध्यम (परिवेश) में कार्बनिक अणुओं की व्यापक उपस्थिति भी शायद ग्रह जैसे अंतरिक्षी पिंडों पर जीवनोत्पत्ति की संभाव्यता को प्रभावित नहीं कर सकती।

लेकिन मुख्य बात तो यह है कि प्रकृति में पदार्थ के स्वसंगठन की यह आश्चर्यजनक क्रिया किस प्रकार संपन्न होती है, निर्जीव सजीव में कैसे परिणत होता है, यह आधुनिक विज्ञान अभी तक नहीं जानता। सच पूछें तो विज्ञान ने इस मूलभूत प्रश्न का अध्ययन अभी शुरू ही किया है। और जितना ही अधिक अध्ययन करता है, समस्या उतनी ही जटिल लगती है। इसलिए यह भी नहीं जानते कि सजीव संरचनाओं के विरचन के लिए कौन-सी परिस्थिति अनिवार्य एवं पर्याप्त हैं। फलस्वरूप हम इस बात की संभाव्यता का मूल्याँकन नहीं कर सकते कि ब्रह्मांड के विकास-क्रम में ऐसी परिस्थितियों के उत्पन्न होने की बारंबरता क्या है। इलेतर सभ्यताओं के अस्तित्व की समस्या का जिन असंख्य रहस्यों से सामना होता है, उनमें यह सबसे महत्त्वपूर्ण है।

यह भी स्मरणीय है कि आधुनिक खगोलिकीय विधियों से हम अपने निकटतम तारों के भी ग्रह-तंत्र (या ग्रह-व्यूह) के बारे में पूर्ण विश्वास के साथ कुछ नहीं कह सकते (कि वे हैं भी या नहीं)। और अबतक सौर मंडल जैसा एक भी अन्य ग्रहपरिवार कहीं प्रेक्षित नहीं हुआ है। दूसरी ओर, यह संदेह करने का भी कोई आधार नहीं है कि ब्रह्मांड में असंख्य प्रकार के पिंडों के बीच सिर्फ ग्रह ही ऐसे हैं, जिनपर जीवन, (और वह भी संबुद्ध जीवन) संभव है। वर्तमान समय में

ग्रह-तंत्रों की खोज के लिए अधिक कारगर रीतियाँ विकसित की जा रही हैं, लेकिन इनसे मूर्त्त व्यावहारिक परिणामों की आशा इतनी जल्दी नहीं की जा सकती।

इस प्रकार, ब्रह्मांड में संबुद्ध जीवन (या मनुष्य जैसे प्रज्ञावान प्राणियों) की व्यापकता के प्रश्न का ठोस उत्तर अभी सैद्धांतिक स्तर पर संभव नहीं है। आधुनिक विज्ञान के तथ्य और आँकड़े पर्याप्त नहीं हैं।

इस संदर्भ में अन्वीक्षण का अवलोकन-पक्ष विशेष रोचक है। यहाँ परग्रहीय सभ्यता द्वारा रेडियो-प्रेषण या उसके व्यावहारिक कार्यों की किन्हीं अन्य अभिव्यक्तियों को ज्ञात करने की बात चल रही है। इस तरह के अवलोकनों की योजना के अंतर्गत पिछले दशकों में सोवियत संघ समेत विभिन्न देशों ने अपने बड़े-बड़े रेडियो-खगोलिक उपकरण तारक-नभ के विभिन्न क्षेत्रों की ओर निर्दिष्ट किए। लेकिन ऐसा एक भी अंतरिक्षी 'रेडियो-प्रेषण' पकड़ में नहीं आया, जिसपर कृत्रिम उत्पत्ति का संदेह किया जा सके। ब्रह्मांड में ऐसी कोई अन्य संवृत्ति भी प्रेक्षित नहीं हुई है, जिसका संबंध संबुद्ध प्राणियों-इलेतर सभ्यता के प्रतिनिधियों-के कार्यकलापों के साथ जोड़ा जा सके।

इस प्रकार, आधुनिक विज्ञान के पास एक भी ऐसा तथ्य नहीं है, जो पृथ्वी से परे किसी सभ्यता के अस्तित्व की प्रत्यक्ष या अप्रत्यक्ष रूप से पुष्टि कर सके।

भिन्न मत प्रस्तुत किए गए हैं। यथा, सोवियत विज्ञान-अकादमी के उम्मीदवार सदस्य इ. श्क्लोव्स्की इस संभावना से इंकार नहीं करते कि पार्थिव सभ्यता हमारी आकाश गंगा में, या शायद हमारी महामंदाकिनी में भी, अद्वितीय है। उनका विचार-क्रम कुछ इस प्रकार है। यदि मान लें कि ब्रह्मांड में सभ्यताएँ अनेक हैं, तो उनके विकास में स्वाभाविक असमानता (विषमरूपता) के कारण उनकी वैज्ञानिक, तकनीकी और प्राविधिक शक्ति भिन्न होगी। अवश्य ही कुछ ऐसी सभ्यताएँ होंगी, जो विकास में हमसे पीछे होंगी, और ऐसी भी, जो हमसे काफी आगे निकल चुकी होंगी। विशेषकर कतिपय 'महासभ्यताएँ' भी जरूर होंगी; उनके पास ऊर्जा के ऐसे स्रोत होंगे, जिनकी शक्ति उनकी मंदाकिनियों की ऊर्जात्सर्जन-शक्ति के साथ तुलनीय होंगी (अर्थात्, उनकी तुलना में क्षुद्र या नगण्य नहीं होंगी)। ऐसी महासभ्यताओं के व्यावहारिक कार्यों का पैमाना इतना विस्तृत होना चाहिए कि उनका हमसे अनवलोकित रहना संभव ही नहीं होगा। लेकिन हम उनका अवलोकन नहीं कर पा रहे हैं। और यदि महासभ्यताएँ नहीं हैं, तो इलेतर सभ्यताएँ हैं ही नहीं। क्योंकि यदि वे होतीं, तो महासभ्यताएँ भी होतीं।

दूसरे मत भी हैं। कुछ वैज्ञानिक यह मानते हैं कि परग्रही सभ्यताएँ प्रकाश में नहीं आ रही हैं, इसलिए नहीं कि वे हैं ही नहीं। इसके कारण दूसरे हैं। सोवियत

विज्ञान-अकादमी के एक अन्य उम्मीदवार-सदस्य वि. त्रोइत्स्की ने एक रोचक अनुमान व्यक्त किया। तप्त प्रसारमान ब्रह्मांड के सिद्धांतानुसार विकास के प्रारंभिक चरण पर तारे, ग्रह और यहाँ तक कि अणु-परिमाणु भी नहीं थे। ये सब काफी बाद में उत्पन्न हुए। इस प्रकार, सजीव संरचनाओं की उत्पत्ति के लिए आवश्यक परिस्थितियाँ ब्रह्मांड में उसके विकास की एक निश्चित चरण पर ही अस्तित्व में आई होंगी। जीवन की उत्पत्ति तभी हुई थी और यह प्रक्रिया सभी अंतरिक्षी जगत में व्यवहारतः एक ही साथी शुरू हुई थी। इसीलिए, त्रोइत्स्की के अनुसार, हमारी तुलना में बहुत अधिक विकसित सभ्यताएँ हो ही नहीं सकतीं। इसलिए वे अवलोकित भी नहीं होतीं।

अन्य वैज्ञानिक यह मानते हैं कि सभ्यता चाहे कितनी भी विकसित क्यों न हो, अपने जीवन-परिवेश के नियत भौतिकीय परामितकों को सुरक्षित (स्थिर) रखने की आवश्यकता के कारण उसे और्जिक प्रतिबंधों का बहुत कठोरता से पालन करना होगा। उदाहरणार्थ, ब्रह्मांड के अन्य संबद्ध प्राणियों के साथ संपर्क स्थापित करने के लिए सभी दिशाओं में रेडियो-स्टेशन बनाने में इतने विराट ऊर्जा-संकेंद्रन की आवश्यकता होगी कि खुद महासभ्यता का अस्तित्व खतरे में पड़ जाएगा। इसके अतिरक्त, ऐसी योजना के कार्यान्वयन में इतना श्रम चाहिए कि वह अत्यंत जीवनावश्यक परिस्थितियों में ही इस ओर कदम बढ़ाएगी।

इन विचारों से सहमत हुआ जा सकता है, और नहीं भी। प्रश्न अभी भी अनुत्तरित ही है। वास्तविक स्थिति यही है कि इलेतर सभ्यताएँ अभी तक ज्ञात नहीं हैं और निकट भविष्य में उनके ज्ञात होने के कोई आसार भी नहीं।

फिर आज के स्तर पर पृथ्वी से परे सभ्यताओं की समस्या के अध्ययन का तुक क्या है? इसका सुंदर उत्तर एस्तोनिया विज्ञान-अकादमी के अकादमीशियन गे. नान ने दिया है : इलेतर सभ्यताओं के अध्ययन से हम सर्वप्रथम अपने-आप को अधिक जानने की कोशिश करते हैं।

मानवता अपने विकास के उस चरण पर पहुँच चुकी है कि अब हम निम्न महत्त्वपूर्ण तथ्य से इंकार नहीं कर सकते : भौतिकीय दृष्टि से पार्थिव सभ्यता ब्रह्मांड का ही अंश है और उसी में क्रियाशील नियमसंगतियों से अनुशासित होती है। इन नियमसंगतियों का ज्ञान दिन प्रति दिन अनिवार्य होता जा रहा है, ताकि हम अपने व्यावहारिक कार्यकलापों को सुनियोजित कर सकें, उनसे संबंधित भविष्यवाणियाँ कर सकें। यह सब और भी आवश्यक हो जाता है, जब हमारे कार्यों के विस्तार का पैमाना संपूर्ण पृथ्वी से या अंतरिक्ष से होड़ लेने लगता है। पता चला कि प्रकृतिविज्ञान के वर्तमान विकास-स्तर पर ऐसी समस्याओं के हल

की सबसे कारगर रीतियों में से एक है–अंतरिक्षी सभ्यताओं की समस्या का उसके व्यापकतम रूप में अध्ययन करना। हम सभ्यताओं के अंतरिक्षी अस्तित्व की व्यापक नियम-संगतियों का अन्वीक्षण करते हैं, जिसके साथ-साथ हमारे अपने अंतरिक्षी अस्तित्व की भी नियमसंगतियों का अध्ययन होता है। इस तरह हम पार्थिव सभ्यता को अंतरिक्षी दृष्टिकोण से देखते हैं, 'अंतरिक्षी दर्पण' में उसका अध्ययन करते हैं।

इस संदर्भ में सबसे पहले संपर्क की समस्या का अध्ययन करना चाहिए। संपर्क से तात्पर्य है–इलेतर सभ्यताओं के साथ संभावित सूचना-विनियम। इस समस्या के अध्ययन का महत्त्व बहुत बड़ा है और वह इस बात पर निर्भर नहीं करता कि इस तरह का संपर्क कभी सचमुच होगा या नहीं।

भिन्न अंतरिक्षी जगों के संबुद्ध प्राणियों के बीच सूचना-विनियम की रीतियों के भी अध्ययन का महत्त्व बहुत बड़ा है; विशेषकर यदि परिवेशी प्रकृति के बारे में इन प्राणियों की वैज्ञानिक अवधारणाएँ अलग-अलग हों। इस अध्ययन का शुद्ध पार्थिव उपयोग है–आदमी और विभिन्न चालिकीय (साइबर्नेटिक) प्रयुक्तियों के बीच संवाद को अधिक कारगर बनाने में।

'नटखट' (विज्ञान-गल्प)

यान वृत्ताकार कक्षक पर आ चुका था और अब पीले-हरे तारे के तीसरे ग्रह की परिक्रमा कर रहा था। तारे की सतह का तापक्रम कोई छह हजार डिग्री था। अभियान के नेतृत्वकर्ता लोग अविलंब कार्यवाहिक मंत्रणा के लिए वार्ड-रूम में जुटे हुए थे।

–हम लोगों ने एक महान खोज की है, –कमांडर ने आरंभ किया,–यह ऐसी खोज है, जिसके परिणाम दूरगामी हो सकते हैं। हम लोगों ने एक परग्रही सभ्यता का पता लगाया है। अब तो इसमें कोई संदेह नहीं हो सकता कि ब्रह्मांड में हम एक मात्र संबुद्ध पाणी नहीं हैं। अंतरिक्ष में अब हमारा भाई भी हैं!

–फायदा क्या है, –जीवलोचक बड़बड़ाया।–क्या फायदा है, यदि हम, जैसा कि आप खुद कह रहे हैं, इन संबुद्ध भाइयों के साथ बिल्कुल किसी भी प्रकार का संपर्क नहीं स्थापित कर सकते।

–बिल्कुल क्यों? –भौतिकविद ने विरोध किया; वह इकट्ठे लोगों के बीच सबसे युवा और सबसे अधीर था। –मुझे लगता है कि इस तरह का निष्कर्ष शुद्ध तर्कपरक है और इसीलिए अभी अपरिपक्व है। मेरा प्रस्ताव है कि प्रयोग शुरू कर दिए जाएँ।

--अपरिपक्व? —जीवलोचक की भौंहें चढ़ गईं। क्या आपको छोटी-छोटी बातें भी याद दिलानी होंगी?

—कोशिश कीजिए जरा, —भौतिकविद ने कुछ धृष्टता से जवाब दिया।

—ठीक है, —जीवलोचक ने पहले की तरह भौंह चढ़ाए हुए कहना शुरू किया। —पहली बात यह है कि संपर्क और आपसी मेल के लिए बिल्कुल निश्चित वस्तुगत परिस्थितियाँ चाहिए। लेकिन वे नहीं हैं। इस ग्रह के निवासी मुख्यतः न्युक्लोनों और एलेक्ट्रोनों से बने हुए हैं, और हमारा शरीर न्युट्रीनों से बना है। अतः हम उन लोगों के लिए अदृश्य और अस्पृश्य हैं। हमारी सारी प्रविधि भी उनके लिए ऐसी ही है। उनके साथ संवाद के लिए हम जो भी कदम उठाएँगे, उसका असर उनपर घातक होगा; मनोवैज्ञानिक रूप से वे इसके लिए बिल्कुल तैयार नहीं हैं। और आप कहते हैं—प्रयोग शुरू किए जाएँ...

—यह तो ठीक है, —खगोलविद ने अपना मत प्रकट किया, —फिर भी इतनी कड़ाई की क्या जरूरत है? हम एक ही ब्रह्मांड में रह रहे हैं, जहाँ समान भौतिकीय नियम क्रियाशील हैं। चूँकि यह सभ्यता काफी ऊँचे स्तर पर पहुँची हुई है, यहाँ तक कि अंतरिक्षी यात्राएँ भी करती है, इसलिए परिवेशी जगत के बारे में इनका ज्ञान हमसे बहुत भिन्न नहीं होगा।

—और दार्शनिक की क्या राय है?—कमांडर ने पूछा।

—मैं सोचता हूँ कि बात कहीं अधिक जटिल है...मुझे लगता है कि आदरणीय खगोलविद कुछ ज्यादा ही आशावादी हैं। लेकिन अफसोस कि यह आशावादिता निराधार है। यह सही है कि हम एक ब्रह्मांड में रह रहे हैं। वह हमारे और उनके लिए एक ही है। लेकिन यह ब्रह्मांड अनंत बहुविध है। उसमें असंख्य संवृत्तियाँ हैं और असंख्य संबंध एवं व्यतिक्रियाएँ हैं। और विश्व का कोई भी वैज्ञानिक चित्र यदि समय के सांत अंतराल में विकसित हुआ है, तो उसमें ये संवृत्तियाँ, संबंध और व्यतिक्रियाएँ सांत संख्या में ही समाविष्ट हो सकेंगी। इसका मतलब है कि भिन्न सभ्यताओं द्वारा सृजित चित्र हो सकता है कि अंशतः भी संपात न करें, हो सकता है कि उनमें एक भी बिंदु सामूहिक या समान न हो! फिर संवाद का आधार क्या रह जाएगा?

—लेकिन हो भी तो सकता है, —भौतिकविद ने विरोध किया।

—हो सकता है, लेकिन सिर्फ सिद्धांत रूप में। यह न भूलें कि विज्ञान एक सामाजिक संवृत्ति है। वह सिर्फ अपने-आप, अपनी आंतरिक तर्कसंगति के अनुसार ही नहीं विकास करता। वह सबसे पहले समाज की व्यावहारिक माँगों की पूर्त्ति करता है। क्षमा करें कि मैं बिल्कुल जानी-पहचानी बातें सुना रहा हूँ...लेकिन

बात यह है कि दो अंतरिक्षी सभ्यताओं द्वारा सृजित विश्व का वैज्ञानिक चित्र तभी समान हो सकते हैं, जब उनके सामाजिक विकास का पथ भी समान होता है। लेकिन हमारी स्थिति में आप खुद जानते हैं कि यह संभव नहीं है।—दार्शनिक ने निराश नकारात्मक मुद्रा में हाथ हिला दिए।

कमरे में उदास चुप्पी छा गई।

—तो क्या आप चाहते हैं कि बिना कोशिश किए ही यहाँ से चल दे? —भौतिकविद ने पूछा।

—अफसोस कि यही करना होगा। ये ठीक ही कह रहे हैं कि संपर्क के लिए आधार जरूरी है। ऐसा आधार, जिसपर संवाद की कोशिश की जा सके...कोई अप्रत्याशित आधार भी हो सकता है, लेकिन मुझे नजर नहीं आता। मैं नहीं जानता कि अवांछनीय परिणामों का खतरा उठाए बिना इस सभ्यता के साथ कैसे संपर्क स्थापित किया जाए। परिणाम दुखद भी हो सकते हैं...

—ठीक है, —कमांडर ने उपस्थित लोगों पर अपनी भारी दृष्टि डालते हुए कहा। —कोई मूर्त्त सलाह है?

सभी चुप रहे।

—खैर, —कमांडर ने निष्कर्ष निकाला, —लगता है कि सभी एकमत हैं।

—फिर भी...—भौतिकविद ने फिर शुरू किया। —क्या हमलोग यूँ ही वापस चले जाएँगे?

—यह अनिवार्यता है, —कमांडर ने गंभीरता से कहा।—तीन घंटे का और समय देता हूँ, ग्रह के अतिरिक्त अध्ययन के लिए। फिर चल देंगे।

कमरे में ड्यूटी के अफसर ने प्रवेश किया।

—कमांडर! गजब हो गया! सैर वाली उड़न-नौका गायब हो गई!

—क्या मतलब—गायब हो गई? —कमांडर ने अफसर पर दृष्टिपात की। —नौका खुद ब खुद गायब नहीं हो सकती।

—बिल्कुल सही कह रहे हैं। लगता है उसमें आपके पोते जी कहीं चले गए हैं। यान में वह कहीं नहीं है।

—छाक? —कमांडर ने पूछा। उसका चेहरा उदास हो गया। —कहा था मैंने कि ऐसे अभियान में बच्चे को नहीं लाना चाहिए,—वह बड़बड़ाया।

—कितना समय हुआ आपको उसे देखे?—भौतिकविद ने कमांडर से पूछा।

—बिल्कुल थोड़ी देर पहले। वह मुझसे अपने साथ खेलने के लिए कह रहा था, लेकिन मैंने समझाया कि आज मेरे पास खेलने के लिए समय नहीं है।

उसने मुझ से भी कहा था,—भौतिकविद ने बताया।

—मुझ से भी,—जीवलोचक ने कहा।

—और मुझ से भी, —दार्शनिक ने कहा।

—वह बेशक इस ग्रह पर चला गया है, —जीवलोचक ने कहा।—कमांडर, कुछ उपाय करना चाहिए! नहीं तो वह कुछ गड़बड़ कर देगा।

—हाँ, सो तो है, —कमांडर ने अन्यमनस्कता से जवाब दिया। —रू, —उसने ड्यूटी के अफसर को संबोधित किया, —यह आप ही के जिम्मे सौंपना होगा। दूसरी नौका लीजिए और उसको ढूँढ़ने निकल जाइए। यह याद रखिएगा कि मूल निवासियों के साथ किसी तरह का संपर्क न हो!

—जी हुजूर! —अफसर ने चुस्ती से जवाब दिया और कमरे से निकल गया...

—नहीं, यह ठीक नहीं है!...तीम वुड ने चिड़चिड़े मन से जिस कागज पर लिख रहा था उसे मोड़-तोड़ कर एक ओर फेंक दिया।

—सुंदर नहीं है,—उसने तेजी से चहल-कदमी करते हुए कुछेक बार दुहराया।—शुष्क और नीरस है, बेमज़ेदार। निबंध नहीं, मातमी बयान है...

इस दिन वुड खाने के बाद अपना फ्लैट छोड़ कर शहर के बाहर एक छोटे-से घर में चला आया था। जब भी उसे कोई अविलंब निबंध लिखना होता था, वह यहीं आ जाता था। एकांत और नीरवता में काम अच्छी तरह होता था। लंबे वर्षों के दौरान वुड को एक विशेष आदत पड़ गई थी : जैसे ही उसकी कार उसकी अपनी छोटी-सी 'कुटिया' की ओर शहर से बाहर निकलती थी (इस घर को वह मजाक में कुटिया ही कहता था), उसका दिमाग असंख्य दैनंदिन समस्याओं से बिल्कुल मुक्त हो जाता था। यहाँ शहरी जीवन के तनाव से राहत थी, मन निर्मल रहता था और विचार, जिन्हें काम पर संपादन-कक्ष में बूँद-बूँद निचोड़ कर निकालना पड़ता था, यहाँ अपने-आप स्वच्छंद रूप से उत्पन्न होते रहते थे। कभी-कभी तो कार से निकलते समय ही उसके दिमाग में पूरा निबंध तैयार रह रहता था। सिर्फ टाइप-राइटर के पास बैठ कर उसे खटखटाना रह जाता था।

लेकिन आज धूप से छाया मनोहर वन-पथ, यहाँ की शांति और एकांत कुछ भी मदद नहीं कर रहा था। विचार थे ही नहीं।

—मैं जानता था कि आज न कल यह होगा ही, —वुड ने कमरे में उदास चहलकदमी करते हुए सोचा। काम करते वक्त बोलने की उसे आदत थी, इससे उसे सोचने में सहायता मिलती थी।—पाठकों को तो सनसनी चाहिए। लेकिन आधुनिक आदमी को किस बात से आश्चर्यचकित किया जाए? फिर भी सभी कोई असाधारण बात ही लालसा लगाए रहते हैं। उन्हें महान से महान वैज्ञानिक

खोजों में भी कोई रुचि नहीं है, उन्हें तो बस, कुछ अपरंपरागत चीज चाहिए। वैसे, वुड मन ही मन यह भी समझ रहा था कि सनसनीखेज खबर की आवश्यकता पाठक को उतनी नहीं होती, जितनी संपादक को होती है। वह भी संपादक के लिए ही लिखने का आदी हो चुका था और इस विचार से समझौता भी कर चुका था।

—लेकिन मैं कबतक सनसनीखेज खबरें खोदता रहूँगा! उन्हें अजूबा भी होना चाहिए और सच जैसा भी। बस...अब मेरा दिमाग खाली हो चुका है...सदा के लिए...

वुड चहलकदमी छोड़ कर सोफे में धँस गया। उनकी निगाहें बुझ गईं, उदासीन और अन्यमनस्क हो गईं।

पता नहीं वह कितनी देर इसी अवस्था में बैठा रहता लेकिन हठात् एक अजीब घटना ने उसका ध्यान आकर्षित कर लिया। उसकी आँखों के सामने दीवार पर दो खिड़कियों के बीच लकड़ी के फ्रेमों में तीन चित्र टंगे थे, जिन्हें उसके एक चित्रकार मित्र ने भेंट की थी। वे रेशम की डोरी के सहारे ठीक खत के नीचे जड़ी एक पतली धातुई नली से टंगे थे। वुड को लगा, कि ये चित्र धीरे-धीरे ऊपर की ओर खिसकने लगे, जैसे कोई अदृश्य शक्ति नली को घुमाती हुई उस पर डोरी को लपेटने लगी हो।

वुड की आँखें चित्रों का पीछा करती हुई मानो ललाट पर चढ़ आईं।

—शैतान जाने! —वह बड़बड़ाया और साथ ही इस विभ्रम से मुक्ति पाने के लिए सर भी इधर-उधर घुमाया। —आज तो मैंने कोई कड़ी चीज पी भी नहीं...

चित्र फिर उसी तरह सरकते हुए नीचे अपने पूर्व स्थान पर लौट आए।

—हूँ इस तरह तो पागल हो जाए आदमी, —वुड संकल्प के साथ सोफे से उठा और रास्ते में सादा कागज लेकर टेबुल के पास बैठ गया। —काम करना चाहिए। क्षण भर को सोच कर उसने डौट-पेन की ओर हाथ बढ़ाया, जो टेबुल के दूसरे सिरे पर पड़ा था। लेकिन उसने हड़बड़ा कर हाथ खींच लिया, मानो तप्त लोहे से हाथ छुला गया हो : पेन खुद-ब-खुद लुढ़क कर टेबुल के बिल्कुल दूसरे कोने पर पहुँच गया। वुड ने फिर कोशिश की, लेकिन कलम पुनः उछल कर एक ओर खिसक गया।

लेकिन वुड का मजाकियल मिजाज कठिन से कठिन समय में भी उसका साथ देता रहा था, आज भी उसने धोखा नहीं दिया।

—मामला दिलचस्प होता जा रहा है, —उसने थोड़ा हँस कर कहा। कहीं मेरे घर में भूतों ने तो नहीं डेरा बसा लिया है? मजा आ जाता—जीवन में इसी एक बात की तो कमी थी।

उसने ध्यान से पूरे कमरे में नजर दौड़ाई, लेकिन कोई असाधारण बात नहीं दिखी। सभी वस्तुएँ अपने-अपने स्थानों पर थीं, और ऐसा कुछ भी नहीं कर रही थीं, जिससे प्रकृति के नियमों का उल्लंघन होता।

—खैर...—उसने कुछ निराश हो कर कहा। —लगता है कि यह भ्रम ही था।

ठीक इसी क्षण उसने सामने पड़ा सादा पन्ना हवा में उड़ा और ठीक चेहरे के सामने टिक कर उसकी नाक को दो-तीन बार हल्का-हल्का गुदगुदा दिया।

—मजा आ गया!—वुड खुशी से चीख पड़ा। —बिल्कुल इसी की कमी थी मुझे...

वह उछल कर टाइप-राइटर मशीन के पास आया, उसमें सादा पन्ना लगाया और अपने भावी निबंध का शीर्षक छापने लगा : 'भूतों की वापसी!'

फिर झटके से कागज खिसका कर क्षण भर को रुका और प्रथम वाक्य सोचने लगा। लेकिन मशीन अचानक सजीव हो उठी और कंप्यूटर के टाइप-राइटर की तरह खुद छापने लगी :

"तुम्हें मुझ से डर नहीं लगता?"

वुड इस असाधारण रीति से उत्पन्न वाक्य को फटी-फटी आँखों से देखता रहा, लेकिन धीरे-धीरे वह भी इस विचित्र खेल में खिंचने लगा।

"तुम्हारा स्वागत कर के मुझ प्रसन्नता होगी!"

—उसने उत्तर छापा।

कुछ समय तक मशीन 'चुप' रही, फिर पुनः छापने लगी '

"मेरे साथ खेलोगे?"

—कमाल है! —वुड के मुँह से निकला और उसने खुशी में टेबुल पर घूँसा मार दिया, वह भी ऐसा कि मशीन उछल पड़ी। कहर गिरे मुझ पर, आज तक नहीं सुना था कि भूत आदमियों के साथ कोई खेल भी खेलते हैं।

—"मैं भूत नहीं हूँ, —मशीन ने छापा। —मैं दूसरे ग्रह से हूँ।"

—यह तो और भी कमाल है। —वुड खुशी से झूम उठा। —लेकिन तुम हो कहाँ?

मशीन ने तुरंत छापना शुरू किया :

"यहीं, तुम्हारे पास। लेकिन तुम मुझे देख या छू नहीं सकते, मेरी बनावट ही ऐसी है। लेकिन मुझे तुम्हारी बात सुनाई देती है...कुछ खेलो न, मेरे साथ।"

"खेलूँ? —वुड मन ही मन तेजी से सोच रहा था।—लेकिन ऐसे प्राणी के साथ कौन-सा खेल जाए, जिसे न देख सकते हो, न सुन सकते हो? आँखमिचौली? क्या यही काफी नहीं है कि हम लोग किसी तरह से बात ही कर रहे हैं और एक

दूसरे को 'तुम' कह रहे हैं?"

—तुम हमारी भाषा कैसे जानते हो? —वुड ने पूछा।

"हमने इसे सीखा है," —मशीन ने छापा।

—सीखा है?...तो एक खेल है...

वुड ने मशीन में कागज थोड़ा ऊपर खिसका कर जो अक्षर पहले दिमाग में आया उसे छाप दिया—'क'।

—देखो, —वुड उसे खेल समझाने लगा।—इस अक्षर के आगे या पीछे कोई एक अक्षर या मात्रा बैठा सकते हो, लेकिन इस तरह से कि लिखे जा चुके अक्षरों और मात्राओं का मेल किसी न किसी शब्द का खंड हो, पूरा शब्द नहीं ही। जिसके हाथ से शब्द पूरा होगा, वह एक प्वाइंट से हार जाएगा और खेल नए सिरे से शुरू होगा। पाँच प्वाइंट से किसी के हारने पर खेल खत्म हो जाएगा।

मशीन का बेलन घूमा और कागज की सादी जगह पर उपग्रही प्राणी का प्रश्न छप गया :

"इस खेल का नाम क्या है?"

—हम इस खेल को अक्सर 'बकलोल' कहते हैं, वुड ने थोड़ा हिचकिचाते हुए कहा। असल में हम प्वाइंट की जगह हारने वाले के नाम पर 'ब' लिखते हैं, फिर 'क', 'ल', 'ो' और 'ल'। लेकिन तुम शायद इस शब्द का अर्थ नहीं समझते होगे?

"क्यों नहीं, —उत्तर छपा।—मैं सब समझता हूँ। बकलोल गलती कर के नासमझी के साथ टुकुर-टुकुर मुँह देखने वाले मूर्ख को कहते हैं।"

—हा, हा, हा, —वुड ने ठहाका लगाया। बहुत खूब!...यदि ऐसी बात है, तो शुरू करो।

मशीन का बेलन वापस घूमा और 'क' के बाद 'ो' छप गया। वुड ने तुरंत 'म' छाप दिया, यह सोच कर कि प्रतिद्वंदी के सामने शब्द 'कोमल' पूरा करने के अतिरिक्त कोई रास्ता नहीं रह जाएगा। लेकिन प्रतिद्वंदी ने 'क' की बाईं ओर 'अ' लिख दिया और वुड को 'अकोमल' पूरा करना पड़ा : 'बकलोल' का 'ब' वुड के ही नाम पर आया।

अगले दौर में वुड और भी जल्द हार गया और शीघ्र ही पूरा 'बकलोल' हो गया। वुड बदला लेने के लिए खेल जारी रखना चाहता था, लेकिन परग्रही ने बताया कि इस खेल में अब मजा नहीं आ रहा है।

—ठीक है, —वुड ने नया खेल प्रस्तुत किया, —एक शब्द लेते हैं और इस के वर्णों और मात्राओं का उपयोग करते हुए नए-नए शब्द बनाते हैं। देखते हैं कि

पाँच मिनट में कौन अधिक शब्द लिख सकता है।

मशीन ने छापा :

"शब्द बताओ!"

वुड ने उसी मशीन पर एक शब्द छाप दिया, जो उसके दिमाग में आया—'नाटकावतार।'

—शुरू करें...

वुड ने कलम-कागज लेकर लिखना शुरू कर दिया। वह सोच-सोच कर तीन शब्द भी नहीं लिख पाया था कि मशीन बिना रुके धड़ाधड़ ढेर सारे शब्द छापने लगी। पाँच मिनट बाद वुड के मुश्किल से बारह शब्द हुए होंगे, मशीन से साठ के करीब शब्द छप चुके थे : नाक, नाटक नाव, तार, कातर, कतार, वक, नव, ताक, काव, काट, काना, नार, नारा, वन, वानर, नर टका, काता, कातना, काटा, नाका, नट, नाटा, तट, कट, वट, रव, रवा, रत, तर, नर, नरक, करत...उसने तब, तरक, कवन जैसे पुराने व आंचलिक शब्दों को भी नहीं बख्शा। वुड ने पराजय की मुद्रा में दोनों हाथ ऊपर उठा दिए और पूछा :

—अब क्या किया जाए?

"और खेलेंगे" —मशीन ने छापा।

"अब कौन-सा खेल खेला जाए? —वुड ने सोचा। अब उस पर भी खेल का नशा चढ़ रहा था; और आगे हारने की इच्छा नहीं हो रही थी। —मुझे पार्थिव सभ्यता की लाज तो रखनी ही होगी। कोई ऐसा खेल चुना जाए, जिसमें दोनों की जीतने की संभावना समान हो..."

वुड मन ही मन सभी ज्ञात खेलों की संभावना टटोलने लगा। टेबुल-टेनिस? लेकिन यह विचार उसे इतना बेतुका लगा कि उसे हँसी भी आई : भला अदृश्य प्राणी के साथ टेबुल-टेनिस खेला जा सकता है? क्यों न बिलियार्ड खेला जाए? बिल्कुल सही है! पहले क्यों नहीं याद आया मुझे?... वुड को यह खेल बहुत पसंद था और वह इसका अच्छा खिलाड़ी भी था। उसके परिचितों में तो शायद ही कोई उससे टक्कर ले सकता था। इस घर को सजाते वक्त उसने एक अलग कमरे में बिलियार्ड का भी प्रबंध कर रखा था।

—बगल वाले कमरे में चलते हैं, —वुड ने अपनी जगह से उछलते हुए जोर से कहा, मानो वह डर रहा हो कि परग्रही उसे सुनेगा नहीं।

उसने बगल के कमरे का दरवाजा खोला, लेकिन तुरंत माथा पीट कर वापस हो गया, टाइप राइटर मशीन उठा कर उस कमरे में ले गया और उसे बिलियार्ड के पास एक कुर्सी पर रख दिया।

"शुरू करें?" —मशीन ने अधीरता के साथ छापा।

वुड ने बिलियार्ड की छड़ी उठाई और खेल समझाना शुरू किया :

—टेबुल पर पड़ी गोलियों को रोकने और बगल में बने छेदों में पहुँचाना है। हम 'रूसी पिरामिड' खेलेंगे : गोलियों पर एक से पंद्रह तक की संख्या लिखी है। खिलाड़ी जिस संख्या की गोली छेद में पहुँचाएगा, उसे उतने अंक मिलेंगे। जो खिलाड़ी पहले 71 अंक जमा कर लेगा, वह जीत जायेगा। किसी भी गोली को छेद में पहुँचाने के लिए एक विशेष गोली का उपयोग किया जाता है—इसका, जिस पर धारियाँ बनी है। उसे स्ट्राइकर कहते हैं। इस पर छड़ी की नोक से यूँ चोट करते हैं और यह लक्ष्य-गोली से टकरा कर उसे छेद में भेजती हैं। शर्त्त यही है कि पहले से घोषित करना पड़ता है, जैसे—बारहवीं गोली को तीसरी गोली से दायें कोने के छेद में...

और वह, झुक कर बिना कोई खास निशाना लगाए छड़ी की नोक से स्ट्राइकर को आवेग दे कर संख्या तीन की गोली पर चोट कर दी। संख्या बारह की गोली हौले से छेद में जा गिरी।

"समझ गया!—मशीन ने छापा।—चलो, जल्दी शुरू करें खेल।"

"कितना बेसब्र है," —वुड ने तिकोन फ्रेम से गोलियों को त्रिभुजाकर पंक्ति में सजाते हुए सोचा।

उसने स्ट्राइकर को आरंभिक स्थिति में रखा और उसे इस तरह से चलाया कि पिछले घेरे से टकरा कर लौटा और हौले से बाकी गोलियों के साथ मिल गया। उनकी आरंभिक सजावट में कोई परिवर्तन नहीं हुआ।

—अब तुम्हारी पारी है, —वुड ने बताया और तुरंत सोच में पड़ गया कि परग्रहवासी यह खेल कैसे खेल सकता है? वह छड़ी कैसे पकड़ेगा? वुड को तो थोड़ा भी अंदाज नहीं था कि वह कैसा दिखता है। वैसे, इस स्थिति में शब्द 'दिखता' बिल्कुल ही अर्थहीन था।...

लेकिन वुड की शंका जल्द ही दूर हो गई : स्ट्राइकर खुद ब खुद तेजी से घूमा और त्रिभुज की आकृति में सिमटी गोलियों को बिखेर दिया; गोलियाँ सब ओर भाग पड़ीं।

"चालू है!" —वुड ने स्ट्राइकर का चलना देखते हुए सोचा। —संयोग बुरा नहीं है मेरे लिए!

लेकिन तभी उसके मुँह से सीटी निकल गई : चू-इच।

हुआ यह कि स्ट्राइकर अंत में मानो बिल्कुल अनिच्छा से धीरे-धीरे लुढ़कता हुआ कोने तक पहुँच और छेद की किनारी से ठीक एकाध मिलिमीटर की दूरी पर

रुक गया। ऐसी स्थिति में उससे चोट करना मुश्किल था।

"बेवकूफ नहीं है वह! –वुड ने प्रशंसा की। –इतनी जल्दी खेल का सार समझ गया!"

क्षण भर को सोच कर उसने बिना घोषित किए चोट कर दी, सिर्फ स्ट्राइकर को सुविधाजनक स्थिति में लाने के लिए। धारीदार गोली का लुढ़कना देखते हुए वह संतोष से हँसा : अब देखता हूँ, क्या करता है।

मशीन खटखटाने लगी। वुड ने कागज देखा, पर उसे विश्वास नहीं हुआ : "तीसरी गोली से तेरहवीं को, तेरहवीं से दो तरफ के घेरों से रिबाउंड के बाद सातवीं को, सातवीं से पंद्रहवीं को तीसरी के सहारे दाहिने कोने के छेद में।"

असंभव है! वुड टेबुल की ओर आया। ठीक इसी क्षण स्ट्राइकर अपनी जगह से दौड़ कर टेबुल के लंबे घेरे से टकराया नंबर तीन की गोली को जोरदार धक्का दिया। 'तिक्की' तेजी से 'तेरहवीं' के साथ टकराई और वह दो तरफ के घेरों से रिबाउंड होकर 'सातवीं' पर चोट की, सातवीं ने पंद्रहवीं को धक्का दिया; वह कोने वाले छेद की ओर लुढ़की, लेकिन उसकी दिशा स्पष्टतः थोड़ी विचलित थी, मानो छेद में गिरने का इरादा ही न हो। लेकिन आखिरी क्षण तीसरी, जो अबतक लुढ़कती ही जा रही थी, उससे हौले से टकराई। पंद्रहवीं छेद में जा गिरी...

वुड का मुँह आवाक् खुला रह गया। बिलियार्ड उसने इतना खेला था, पर ऐसा कभी नहीं देखा था। परग्रही एक से एक पेंचीले मेल घोषित करता जा रहा था, जिन्हें पूरा करना बिल्कुल असंभव लगता था। लेकिन गोलियाँ बिल्कुल आज्ञाकारी की तरह एक के बाद एक कभी इस छेद में तो कभी उस छेद में गिरती जा रही थीं। खेल इतनी तेजी से चल रहा था कि वुड के लिए उस पर निगाह रखना मुश्किल हो रहा था। जब परग्रही ने 50 से अधिक अंक जमा कर लिये, वुड ने अपनी छड़ी एक ओर रख दी। उसने ठीक ही किया–अगली तीन चोटों के बाद खेल खत्म हो गया।

"एक बार और खेलें?" –मशीन ने मुस्तैदी से छापा।

लगता था कि बिलियार्ड परग्रही को भा गया था।

–रहने देते हैं, –वुड ने धीमे से कहा। उसकी निराशा छिपाए छिप नहीं रही थी।–अब कोई दूसरा खेल सोचते हैं...

तीन भारी पराजय के बाद वुड के लिए स्पष्ट हो चुका था कि परग्रही के साथ ऐसे खेलों में जीतना असंभव है, जिनमें संचित ज्ञान और शुद्ध कलन ही निर्णायक होते हैं। लगता था कि इस अदृश्य प्राणी का मस्तिष्क उच्च कोटि के

कंप्यूटर से कम नहीं था। और जटिल से जटिल प्रश्न हल कर सकता था। उससे सिर्फ ऐसे खेल में जीतने की आशा की जा सकती थी, जिसमें परिणाम बिल्कुल सांयोगिक परिस्थितियों पर निर्भर करते हों ऐसे खेल जीतने में कोई बड़ाई नहीं थी, लेकिन कम से कम बराबरी तो रहेगी...

"ठीक है, अब पासा उछालना रह गया है", वुड ने सोचा और रैक से एक डिब्बी उठा लाया। उसमें हाथी-पाँव से तराशे हुए दो पासे थे यह एक भारतीय कलीग की भेंट थी।

—बारी-बारी से ये गोलियाँ फेकेंगे, —वुड ने समझाया। पचास अंक जो पहले जमा कर लेगा वह जीत जाएगा। लेकिन पासा फेंकने के बाद उसे रोकना, पलटना या छूना मना है, —उसने एहतियात के तौर पर बता दिया। आखिर परग्रही की आसाधारण क्षमताओं से कुछ भी उम्मीद की जा सकती थी।

—शुरू करते हैं...—वुड ने टेबुल से बिलियार्ड की गोलियाँ एक खिसका एक उसकी हरी सतह पर दोनों पासे फेंक दिए।

कई बार पलटी खाने के बाद वे रुक गए। एक की ऊपरी सतह पर तीन काले बिंदु थे और दूसरी की सतह पर चार।

—सात अंक, —वुड ने जोड़ कर बताया।—अब तुम्हारी पारी है। पासे तुरंत हवा में उड़े और गिर कर टेबुल पर लंबी दूरी लुढ़क चुकने के बाद रुक गए। वुड ने देखा, दो छक्के थे—बारह अंक। क्या यह संयोग है? उसने पुनः पासे फेंके, लेकिन इस बार कुछ कम विश्वास के साथ। छक्का और पंजा आया।

"चलो, यह बुरा नहीं है, —वुड ने थोड़ा उत्साह के साथ सोचा।—देखें, आगे क्या होता है..."

पासे फिर उछल कर गिरे और लुढ़कने के बाद रुक गए। फिर दो छक्के।

वुड ने बाकी खेल बुझे मन से खत्म किया। परग्रही के हर बार दो छक्के ही आते थे। चार दाँवों में उसने अड़तालीस अंक जमा कर लिए और अंतिम दाँव में दो इक्के-ठीक पचास अंक।

वुड को इस खेल में भी हार खानी पड़ी। अपने प्रतिद्वंदी की ईमानदारी में शक करने का उसके पास कोई आधार नहीं था। वह शायद नाप-तौल कर इस शक्ति से फेंकता था कि निश्चित पलटनें खा कर पासे आवश्यक फलक ऊपर किए हुए रुक जाते थे।

"सांयोगिकता ने भी काम नहीं दिया, —वुड ने निराशा के साथ सोचा। —फिर यह कैसी सांयोगिकता है, जिसमें सब कुछ पहले से कलित किया जा सकता है? यह तो मेरे लिए सांयोगिकता है, और उसके लिए...परम सांयोगिकता

की जरूरत है, जिसकी कोई भविष्यवाणी संभव नहीं हो।''

तभी वुड को क्वांटम-भौतिकी का एक मूल सिद्धांत याद आया–अनिश्चिति का सिद्धांत। इस क्षेत्र में कार्यरत भौतिकविदों के साथ उसे अक्सर भेंट-वार्त्ता करनी पड़ती थी, वह सूक्ष्म जगत की संवृत्तियों पर ललित निबंध भी लिखता था। विषय का ज्ञान उसे बुरा नहीं था।

अनिश्चिति का सिद्धांत! सूक्ष्म प्रक्रियाओं की भौतिकी का आधारभूत नियम। यह वही सिद्धांत है, जिससे निष्कर्ष निकलता है कि अलग-थलग सूक्ष्म कणों, जैसे एलेक्ट्रोन, की गतिविधि पहले से ही बिल्कुल शुद्ध-शुद्ध कलित नहीं की जा सकती है। वह संभव्यता-सिद्धांत, में प्रतिपादित नियमों के अधीन होती है। और ये नियम तभी लागू होते हैं, जब घटनाओं की संख्या विशाल होती है।

वुड उसी कमरे के कोने में रखे टेलीवीजन की और बढ़ा और उसका खेल वाला ब्लौक चालू कर दिया।

''इस ब्लौक का मुख्य अंग है सांयोगिक राशियों का जनित्र, जिसका कार्य एलेक्ट्रोनी प्रक्रियाओं पर आधारित है, –वुड ने सोचा, –इसलिए इस ब्लौक द्वारा संसाधित आंकड़ों की भविष्यवाणी बिल्कुल नहीं की जा सकती।''

–इस खेल में एक से पचास तक की किन्हीं छे संख्याओं का नाम बताना पड़ता है,–वुड ने यह नया खेल समझाना शुरू किया।–इसके बाद यह बटन दबाते हैं और स्क्रीन पर छे संख्याएँ उभर आती हैं; ये संख्याएँ टेलीवीजन में लगी एक विशेष प्रयुक्ति द्वारा सांयोगिक रूप से चुनी जाती हैं। पाँच चालों में जो खिलाड़ी अधिक से संख्याएँ ताड़ेगा, वह जीत जाएगा। मैं शुरू करता हूँ... 3,8,17,21,46,48। अब देखते हैं कि मेरा चयन कहाँ तक भाग्यशाली है।

वुड ने पैनल पर लगा बटन दबा दिया और पलक भर में स्क्रीन पर बड़े-बड़े अंकों में ये संख्याएँ उग आईं : 2,17,29,35,36,41।

–सिर्फ एक संख्या मिली है, –वुड ने टिप्पणी की। –मुझे एक अंक मिला। अब तुम्हारी पारी है...

''6,23,34,41,43,49,'' –मशीन ने छापा।

वुड ने बटन दबाया और दिलचस्पी से स्क्रीन की ओर देखा : 5,23,34,42,43,50।

''सिर्फ तीन संख्याएँ मिल रही हैं, लगता है कि बात बन चली है,'' –वुड मन ही मन खुश हुआ।

दूसरीं बार परग्रही ने दो संख्याएँ ताड़ीं, तीसरी बार-चार संख्याएँ। लेकिन चौथी पारी में उसका अंदाज शत-प्रतिशत सही निकला। पाँचवें, अंतिम, प्रयत्न में

परिणाम पुनः साधारण रहे—सिर्फ दो संख्याएँ मिलीं। इस प्रकार अंतरिक्षी अतिथि ने 17 अंक प्राप्त कर लिए, जबकि वुड इतने समय में सिर्फ तीन संख्याएँ ताड़ सका था। इस बार भी उसकी पराजय भारी रही। लेकिन इस बार परग्रही की जीत निरपेक्ष नहीं थी।

"इससे क्या होता है,—वुड ने संतोष से सोचा, इस बार मेरी हार इतनी अपमानजनक नहीं है। और परग्रही की जीत इतनी निर्द्वंद नहीं रही। हालाँकि वह शायद सूक्ष्म प्रक्रियाओं की चाल का अधिक शुद्धता से अनुकलन कर सकता है, बनिस्बत कि हमारे पार्थिव भौतिकविद...और कैसा रहेगा यदि?"

परग्रही सांयोगिक राशियों के ब्लौक के साथ सफलतापूर्वक प्रतियोगिता कर रहा था। वह शायद सबसे सुविकसित कंप्यूटर से भी पीछे नहीं रहेगा। लेकिन आदमी से?...आखिर वुड उसके साथ किस चीज में मुकाबला कर रहा था... सूचना-स्मृति की समृद्धि में, दिमागी सूचनागार से आवश्यक सूचना निकालने की फुरती में, शुद्ध आकलन में...फुरती में...शुद्धता में...और अक्ल में?

वुड दृढ़ता के साथ किताबों की आलमारी की तरफ बढ़ा, उसमें से शतरंज निकाला और टाइप राइटर वाली कुर्सी के समीप छोटे से टेबुल पर उसे बिछा दिया। संवाददाता की व्यस्त जिंदगी के बावजूद भी, या संभवतः इसी के कारण वुड का व्यक्तित्व सर्वतोमुखी था। गणितीय बुद्धि के कारण वह शतरंज भी एक अच्छे मास्टर की तरह खेल लेता था, यद्यपि उसने कभी किसी प्रतियोगिता में भाग नहीं लिया था।

—अब देखता हूँ तुझे, —गोटियाँ सजाते हुए वह बड़बड़ाया...

करीब दस मिनट नियम समझाने में लग गए। फिर यह जाँचने के लिए कि परग्रही ने कितना समझा है, उसने शतरंज के कुछेक सवाल दिए—दो चालों और तीन चालों में मात करने के। अंतरिक्षी मेहमान ने उन्हें पलक मारते ही हल कर दिया। तब वुड ने कुछ जटिल अभ्यास प्रस्तावित किए। वे भी कुछेक सेकेंडों में हल हो गए...अब खेल शुरू किया जा सकता था।

वुड ने गोटियाँ आरंभिक स्थिति में सजा दीं।

—तुम शुरू करो, —उसने कहा, —सफेद से।

आदत उसने मशीन की ओर देखी कि वहाँ चाल छपेगी, लेकिन तबतक सफेद राजा के सामने का पैदल खुद दो घर आगे बढ़ आया।

"हाँ, क्यों नहीं, —वुड समझ गया, —यदि वह मशीन पर अक्षर, छाप सकता है, बिलियार्ड की गोलियों को चला सकता है, तो शतरंज की गोटी क्यों नहीं खिसका सकता?"

शतरंज की लड़ाई घमासान होने लगी। पहले तो अंतरिक्षी आगंतुक बहुत जल्द जवाब दे लेता था और यद्यपि रंगारंभ-सिद्धांत, अर्थात् खेल की आरंभिक चालों के सिद्धांत की सूक्ष्मताओं से परिचित नहीं था, फिर भी गलतियाँ नहीं कर रहा था। लेकिन जैसे-जैसे गोटियों की पारस्परिक स्थिति जटिल होती गई, परग्रही की जवाबी चालें विलंब से आने लगीं, उसका खेल कमजोर होता जा रहा था। शायद वह पर्याप्त लंबी चालों तक के सभी विकल्प आकलित करने में असमर्थ हो रहा था। तब वुड ने खेल का तनाव तेजी से बढ़ा दिया। स्थिति इतनी जटिल और पेंचीली हो गई कि विकल्पों का कोई ठोस आकलन व्यवहारतः एक असंभव काम हो गया। ऐसी स्थिति में सिर्फ अंतर्बोध ही सहायक हो सकता था।

—देखेंगे, देखेंगे, —वुड ने घोड़े को बती चढ़ाते हुए बड़बड़ाया।

इस क्षण वह खुद नहीं बता सकता था कि उसकी यह चाल आगे क्या गुल खिलाएगी। लेकिन शतरंज में उसका पुराना अनुभव बता रहा था कि सफेद वाले यह बलि लें या न लें, कठिनाई में पड़ ही जाएँगे!

परग्रही ने घोड़ा गार लिया और तीन चालों बाद उसकी हालत बुरी हो गई, उसके सामने दो ही विकल्प रह गए—या किश्ती खो दे, या घोड़े के किसी समतुल्य के साथ हार की स्थिति बना ले...

इस बार आगंतुक का लंबे समय तक कोई पता नहीं चल रहा था।

"अहा, —वुड ने जीत की खुशी में निष्कर्ष निकाला, —आपकी भी कमजोर नस पकड़ में आ गई। हर चीज में ऊपर नहीं रह सकते..."

तभी शतरंज पर मोहरा खिसकने के बजाय टाइप राइटर मशीन खटखटा उठी।

"मैं खेल पूरा नहीं कर सकता, —वुड ने पढ़ा। —मुझे लेने आ गए हैं..."

बस!

वुड को ऐसा महसूस हो रहा था, मानो उसे ठग लिया गया हो। जीत बिल्कुल पास थी और यह परग्रही पर पहली जीत होती—कितना महत्त्व पूर्ण था यह। इस जीत से सिद्ध हो जाता कि यदि पृथ्वी के आदमी की मेधा बहुत तीव्र न हो, तो भी उसका स्तर इतना ऊँचा है कि उसे अंतरिक्षी संपर्क बनाने का अधिकार दिया जा सके। और यह कमनीय जीत इस तरह हाथ से निकल गई...

लेकिन वुड ने तुरंत अपने को संभाल लिया। क्या यह इतना महत्त्वपूर्ण है, क्या बात यहीं खत्म हो जाएगी? अधिक महत्त्वपूर्ण तो यह है, उसने परग्रही को सोचने पर विवश कर ही दिया, उसमें इतनी बड़ी कलनक क्षमता होने के बावजूद

भी। लेकिन क्या यही महत्त्वपूर्ण है?!

वुड चौंक पड़ा। सिर्फ अब उसकी समझ में आया कि जो कुछ अभी घटा है, उसका वास्तविक महत्त्व क्या है। खेल के नशे और सनसनीखेज खबर पाने की व्यावसायिक धुन में उसने इस बात पर तो ध्यान ही नहीं दिया कि यह वास्तविक सनसनी बाकी सभी से भिन्न है, जिन्हें वह सिर्फ कागज पर रचता रहा है...

उसने यह भी सोचा कि प्रमुख बात यह नहीं है कि इलेतर सभ्यताओं का अस्तित्व एक अखंडनीय तथ्य बन चुका है, यह भी नहीं है मानव उस स्तर तक विकसित हो चुका है कि परग्रही संबुद्ध प्राणियों के साथ संवाद कर सकता है, चाहे वे पार्थिव मनुष्यों से कितना भी भिन्न क्यों न हों। प्रमुख बात यह कि उनके साथ संपर्क संभव है, स्वाप्य है। और वुड अब जान गया था—कैसे, किस तरह से...

ड्यूटी का अफसर कमांडर के कक्ष में आया। उसके पीछे शरारत भरी मुस्कान लिए चाक था; वह अपने को किसी भी तरह अपराधी नहीं महसूस कर रहा था।

—कमांडर, मैं उसे ले आया हूँ, —अफसर ने रपर्ट दी।

कमांडर ने कड़ाई से चाक को देखा, लेकिन वह पहले की तरह मुस्कुराता रहा।

—पूरा किस्सा बताइए, —कमांडर ने अफसर की ओर नजर घुमा कर पूछा।

जैसे-जैसे कहानी का अंत होता गया, कमांडर के चेहरे से बल गायब होते गए, आँखें चमक उठीं।

—यह तो बहुत बड़ा काम हो गया, —भौतिकविद ने उल्लास के साथ कहा।

—अब हम जान गए कि कैसे क्या करना है,—खगोलविद भी शामिल हो गया।

—जल्दबाजी नहीं करेंगे, —कमांडर ने कहा।—इन सभी बातों पर चिंतन-मनन की आवश्यकता है, अच्छी तरह ताप-तौल कर योजना बनाई जाएगी। यह काम अगले अभियान का है। लेकिन मैं सोचता हूँ कि समस्या के हल की कुंजी मिल चुकी है!...

इस समय पृथ्वी पर पुराने वृक्षों की घनी झुरमुट में छिपे छोटे से घर में संवाददाता थीम वुड ने अपनी टाइप राइटर मशीन में जल्दी-जल्दी एक सादा पन्ना चढ़ाया और कुंजियों पर ठक-ठक करता हुआ अपने नए निबंध का शीर्षक छापने लगा। यह उसके जीवन का सबसे महत्त्वपूर्ण निबंध था। शीर्षक में सिर्फ दो शब्द थे : "संपर्क-खेल!"

"खेल सभी जीवधारियों के लिए और विशेषकर संबुद्ध प्राणियों के लिए

एक जीवनावश्यक प्रक्रिया है। —उसने बिना रुके आगे छापा, —अनुमान किया जा सकता है कि यह सिर्फ पार्थिव प्राणियों के लिए ही नहीं, किसी भी अन्य दुनिया के निवासियों के लिए भी सत्य है, चाहे उनका रूप-रंग कैसा भी हो। यह वह सामान्य गुण है, जो ब्रह्मांड के संबुद्ध प्राणियों को एक सूत्र में बांधता है...''

शाम तक निबंध तैयार हो चुका था। वुड ने मशीन से आखिरी पृष्ठ निकाल कर बरामदे में चला आया। ग्रीष्म के काले आकाश में तारे झिलमिला रहे थे। उसकी अथाह गहराइयों में झाँकने का प्रयत्न करते हुए वुड ने दूर तक नन्हीं-सी नीली कौंध देखी। शायद यह परग्रही यान अपने तारे की ओर प्रस्थान कर रहा था। यह हो सकता है और वह वुड को सिर्फ प्रतीत हुआ था।

कथानक की प्रतीकात्मकता और काल्पनिकता के बावजूद कहानी में बिल्कुल वास्तविक समस्या को स्पर्श किया गया है। यह ब्रह्मांड में संबुद्ध जीवन की खोज से संबंधित कार्यक्रम की समस्या है, जिसे निम्न प्रश्न का रूप दिया जा सकता है : क्या अंतरिक्षी सभ्यताओं के साथ संपर्क संभव है?

यदि इस तरह की सभ्यताएँ सचमुच में हैं भी, तो संबुद्ध प्राणियों के ऐसे समाज से भेंट होने की संभावना बहुत ही कम है, जो पार्थिव मानव-समाज से मिलता-जुलता हो, उसी के जैसा विकास-पथ तय किया हो और उस जैसा ही ज्ञान अर्जित किया हो। लेकिन इसका अर्थ यह है कि विश्व का वैज्ञानिक चित्र, जो कोई अन्य सभ्यता प्राप्त करेगी, विश्व के हमारे वैज्ञानिक चित्र से बहुत भिन्न होगा। हो सकता है कि उनमें कुछ भी समानता न हो, क्योंकि विश्व का वैज्ञानिक चित्र और कुछ नहीं, अनंत बहुविध वस्तुगत यथार्थ का एक सांत 'तराश' 'अनुच्छेद' है, जिसकी प्रकृति विचाराधीन सभ्यता के व्यावहारिक एवं अभिज्ञानात्मक कार्यकलापों के पूरे इतिहास पर निर्भर करती है।

इसीलिए अन्य सभ्यताओं के साथ यदि वे हैं, पारस्परिक समझदारी के संबंध स्थापित करना एक अत्यंत जटिल समस्या होगी।

क्या होता, यदि?...

और भी विचित्र दुनिया की अवश्यंभाविता

छठे और सातवें दशकों के मध्य एक पुस्तक प्रकाशित हुई थी, जिसने लोगों का ध्यान तुरंत आकर्षित कर लिया। ''इस विचित्र दुनिया की अवश्यंभाविता'' नाम की इस पुस्तक के रचयिता विख्यात सोवितय लेखक दा. दानिन थे।

किस दुनिया के बारे में यह पुस्तक थी और वह विचित्र एंव अवश्यंभावी

क्यों है?

किताब भौतिकीय अवधारणाओं में क्रांति के बारे में थी, जिसे बीसवीं शती ने जन्म दिया है। उसमें आधुनिक भौतिकी के उन विचारों का वणन है, जो आम धारणाओं का खुल कर विरोध करते हैं और इसीलिए बहुतों को निरर्थक और पागलपन से लगते हैं, लेकिन इसके बावजूद भी प्रयोग में खरा उतरते हैं।

आदमी का दैनंदिन जीवन क्लासिकल भौतिकी की दुनिया में बीतता है, इसीलिए इसमें आश्चर्य नहीं होना चाहिए कि आधुनिक भौतिकी और खभौतिकी के अनेक निष्कर्ष हमारे जीवन के अनुभवों का विरोध करते हैं। उदाहरणार्थ, क्या यह मान लेना सरल है कि पिंड का द्रव्यमान उसके वेग पर निर्भर करता है और इसलिए किसी नन्हें से प्रोटीन या न्युट्रोन का द्रव्यमान (यदि वह प्रकाश-वेग के निकटवर्ती वेग से चल पड़े) सिद्धांततः हमारी पूरी मंदाकिनी के द्रव्यमान से अधिक हो जा सकता है? या क्या इन भौतिकविदों से सहमत हुआ जा सकता है, जिनके अनुसार सिर्फ दो कणिकाओं की टक्कर से खरबों तारे उत्पन्न हो सकते हैं? क्या आप ऐसे सूक्ष्म कण की कल्पना कर सकते हैं, जिसका व्योम में वेग और स्थिति एक साथ नहीं नापी जा सकती; या ऐसे कण का, जो बादल के टुकड़े जैसा बिखरा-बिखरा हो? कुछ अंतरिक्षी पिंडों में द्रव्य का विराट घनत्व भी कल्पनातीत होता है।

विचित्रताओं की यह सूची किसी भी तरह पूर्ण नहीं है, लेकिन सबसे बड़ी विचित्रता शायद इस बात में है कि यह दुनिया हमसे अलग नहीं है, जैसे सड़क पार वाला घर हो : उसमें हम जा भी सकते हैं, या हो सकता है कि कभी भी न जाएँ। यह दुनिया हममें है, हमारे गिर्द है। हम उसी में जीते हैं। और उसमें जीते हुए भी हम उसके अनेक आश्चर्यजनक गुणों से अछूते रह जाते हैं। लेकिन कुछ समय तक के लिए ही।

टोलाइट (त्रिनाइट्रोटोलुएन) की पतली छड़ी चूल्हे में झोंक देने पर वह धीरे-धीरे जलती रहती है। लेकिन यही टोलाईट विस्फोट से पूरे घर को उड़ा सकता है। यह गुण टोलाइट में उस समय भी था, जब वह धीरे-धीरे जल रहा था; बात इतनी है कि उसका विस्फोटक गुण विशेष एवं निश्चित परिस्थितियों में ही प्रकट होता है

हमने अभी-अभी याद दिलाई थी कि सापेक्षिकता-सिद्धांत के अनुसार किसी भी पिंड का वेग बढ़ने पर साथ-साथ उसका द्रव्यमान भी बढ़ता है। इसका मतलब है कि जब हम कार में चलते हैं या विमान में उड़ते हैं, हमारे शरीर का भी द्रव्यमान बढ़ जाता है। यह वृद्धि इतनी क्षुद्र होती है कि उसकी कोई व्यावहारिक भूमिका

नहीं होती। यही नहीं, उसे आधुनिक साधनों से नापा भी नहीं जा सकता। फिर भी यह प्रभाव वास्तविक है और नाभिकीय एवं परमाणुक भौतिकी से संबंधित संयंत्रों के कलन व निर्माण में सापेक्षिकता-सिद्धांत द्वारा ज्ञात किए गए अन्य प्रभावों की तरह इसे भी ध्यान में रखना पड़ता है। और चूँकि विज्ञान की प्रगति कभी भी थमती नहीं है, इसलिए हम अवश्य ही और भी सूक्ष्म एवं असाधारण प्रभाव ज्ञात करते जाएँगे। ब्ला.इ. लेनिन ठीक ही इस बात पर जोर दिया करते थे कि प्रकृति में अनेक विचित्रताओं को ढूंढ़ लेने के बाद आदमी और भी अधिक विचित्रताओं को ज्ञात करेगा।

हमारी शती के आरंभ में भौतिकीय खोजों की मानो फुलझड़ी लगी हुई थी। इन खोजों ने परिवेशी जगत की अवधारणाओं में मौलिक परिवर्तन लाए। पदार्थ की बनावट के बारे में हमारा ज्ञान बहुत ही गहन और विस्तृत हो गया। अनेकों नई संवृत्तियाँ ज्ञात हुईं, नई-नई नियमसंगतियाँ प्रकाश में आईं, अनेक जटिल समस्याएँ हल हुईं । लेकिन इसके साथ-साथ नए प्रश्न उठे, नई कठिनाइयां उत्पन्न हुईं। संभव है कि ये अब आधुनिक भौतिकी की मूलभूत अवधारणाओं-क्षेत्र, कणिका, व्योम, काल आदि की अवधारणाओं-के पुनरीक्षण का मार्ग प्रशस्त करेंगे।

पदार्थ के सूक्ष्म एवं स्थूल रूपों के संबंध पर भी हमारा सामान्य दृष्टिकोण बदल सकता है। क्या सूक्ष्मी और स्थूल जगतों के बीच सचमुच इतनी बड़ी खाई है?

प्रयोगकर्ता नए-नए, एक से एक भारी कणों (तथाकथित अनुनादों) की खोज करते जा रहे हैं, जिनका द्रव्यमान नयुक्लोन से काफी अधिक होता है। क्या इन द्रव्यमानों-की कोई सीमा है? क्या परात्प दिक्कालिक अंचलों में स्थूल वस्तुएँ नहीं उत्पन्न हो सकतीं?

जाहिर है कि यह व्यतिक्रिया की अति उच्च ऊर्जा से ही संभव है। ऐसी ऊर्जाएँ त्वरित्रों से अभी प्राप्त नहीं होतीं। इसमें भौतिकविदों की परंपरागत 'प्रयोगशाला' —अंतरिक्षी किरणों—में भी प्रेक्षण से कोई सहायता नहीं मिल सकती। बात यह है कि ब्रह्मांड के हमारे हिस्से में आने वाली अंतरिक्षी कणिकाएँ अवशिष्ट विकिरण के फोटोनों के साथ व्यतिक्रिया में अपनी ऊर्जा का कुछ भाग अवश्य ही खो देती हैं, इसीलिए इन कणिकाओं की ऊर्जा स्वतः घट जाती है और एक नियत स्तर से ऊपर कभी नहीं होती।

जो भी हो, सूक्ष्म संवृत्तियों के अध्ययन में हमें आज आवश्यक रूप से अंतरिक्षी पैमाने की समस्याओं का सामना करना पड़ रहा है और विश्वलोचनी समस्याओं के हल में अक्सर प्राथमिक कणों की भौतिकी से संबंधित समस्याओं

से जूझना पड़ता है।

सामान्य तौर पर खगोलिकी आज प्राथमिक कणों की भौतिकी से कहीं बढ़-चढ़ कर नई-नई आश्चर्यजनक खोजों का क्षेत्र है। लेकिन इसके लिए हमें प्रकृति-संबंधों अपनी धारणाओं में आमूल परिवर्तन लाना पड़ सकता है।

आधुनिक खभौतिकी और भौतिकी हमें अक्सर अप्रत्याशित खोजों से चकित करती हैं। तरह-तरह की 'विचित्र' संवृत्तियाँ प्रकाश में लाती हैं तथा इस विचित्र से विचित्रतर बनती जा रही दुनिया को और भी गहराई से समझने में मदद करती हैं।

इसीलिए कभी-कभी साधारण, 'सामान्य' संवृत्तियों को भी असाधारण एवं विरोधाभासयुक्त दृष्टि कोण से देखना लाभप्रद होता है।

अधिकांशतः इससे किसी समस्या को अधिक स्पष्ट करने में सहायता मिलती है, किसी प्रक्रिया के सत्व को अधिक गहराई से समझने में सहायता मिलती है।

इस प्रकार की विरोधाभासयुक्त स्थितियाँ रचने का एक तरल तरीका है निम्न प्रश्न रखना : "क्या होता, यदि?..." अस्तु, ये रहे कतिपय काल्पनिक प्रयोग : क्या होता, यदि...

अतिबोझ और भारहीनता

विज्ञान की कोई भी बड़ी उपलब्धि अंततः हमारे जीवन में भी कोई न कोई परिवर्तन जरूर लाती है। विद्युत और विद्युत्चुंबकीय तरंगों की खोज, हवा से भारी उड़न-उपकरणों तथा अर्धचालकों के आविष्कार से यही हुआ था...और अब आदमी का जीवन राकेट तथा अंतरिक्ष-यानों में जगह बना रहा है।

इसमें कोई संदेह नहीं हो सकता कि कुछेक दशकों के बाद लोग अंतर्महादेशीय संचार में राकेटी परिवहन का उपयोग वैसी ही शांति और निश्चिंतता से करेंगे, जिससे आज वे प्रतिकारी विमानों पर यात्रा करते हैं। पृथ्वी और चाँद के बीच अंतरिक्षी संचार भी दैनंदित बात हो जाएगी। लोग अंतरिक्षी संचार भी दैनंदिन बात हो जाएगी। लोग अंतरिक्षी स्टेशनों पर काम करेंगे, अंतरिक्षी वेल्डर और फिर जैसे पेशे अस्तित्व में आएँगे।

अंतरिक्ष-यात्रा की वैज्ञानिक एवं तकनीकी उपलब्धियों की कृपा से ही शायद आदमी पहली बार सिद्धांततः नई परिस्थितियों में पहुँच रहा है, जहाँ सामान्य भौतिकीय नियमसंगतियाँ कुछ दूसरी तरह से प्रकट होती हैं, कुछ अन्य तरह से व्यक्त होती हैं। इस तरह की बात शायद समुद्र की गहराइयों में ही देखने

को मिले।

जाहिर है कि भौतिकी और विशेषकर यांत्रिकी के मूल नियम पृथ्वी पर, पानी में और अंतरिक्ष में बिल्कुल समान हैं, पर वे परिस्थितियों के अनुसार भिन्न रूपों में व्यक्त होते हैं। और ये परिस्थितियाँ पृथ्वी पर और अंतरिक्षी में समान नहीं हैं। हमारे ग्रह पर उनकी दो प्रमुख विशेषताएँ हैं। प्रथमतः, धरातल के बिंदुओं का वेग-परिवर्तन, अर्थात् त्वरण नगण्य है। और दूसरे, हमारा ग्रह सभी वस्तुओं को अपनी ओर खींचता है। (आकर्षित करता है) और उन्हें अपनी टेक (अवलंब) पर दाब डालने को विवश करता है।

त्वरण की नगण्यता विश्व-व्योम में पृथ्वी की गति की विशेषताओं के साथ संबंधित है। अपने ग्रह के साथ-साथ हम खुद भी उसकी दो प्रमुख गति गतियों में भाग लेते रहते हैं : उसके अक्ष के गिर्द दैनिक घूर्णन की गति में और सूर्य के गिर्द परिक्रमण की गति में। हम पृथ्वी के साथ-साथ सूर्य के गिर्द 30 किलोमीटर प्रति सेकेंड के वेग से भ्रमण करते हैं और सौर मंडल के साथ-साथ अपनी मंदाकिनी के केंद्र की 230 किलोमीटर प्रति सेकेंड के विशाल वेग से परिक्रमा करते हैं, फिर भी हम इसे महसूस नहीं करते, क्योंकि मनुष्य का शरीर समरूप वेग से गति के प्रति जरा भी संवेदनशील नहीं होता।

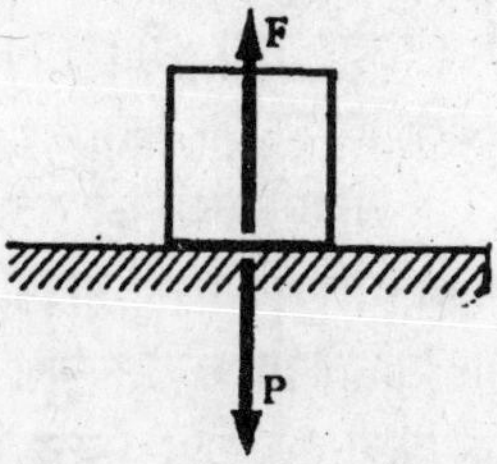

चित्र 17. टेक का दाब (P) और टेक की प्रतिक्रिया (F)।

वैसे, यांत्रिकी के एक मूलभूत सिद्धांत के अनुसार प्रत्ता तंत्र के भीतर किसी भी आंतरिक भौतिकीय प्रयोग या माप से उस तंत्र की समरूप ऋजुरैखिक गति का पता नहीं लगाया जा सकता।

लेकिन यदि कोई तंत्र, जैसे अंतरिक्षी राकेट, अपने चलित्रों से उत्पन्न त्वरण के अधीन या किसी माध्यम से प्रतिरोध के विरुद्ध गतिमान होगा, तो ऐसी गति में अतिबोझ अर्थात् टेक (अवलंब) पर दाब में वृद्धि का जन्म होता है। इसके विपरीत, यदि गति शून्य में हो रही है और चलित्र बंद हैं, तो अवलंब पर से दाब लुप्त हो जाता है और भारहीनता की स्थिति आ जाती है।

पार्थिव परिस्थितियों में अवलंब पर दाब गुरुत्वाकर्षण-बल के कार्य से संबंधित है। लेकिन कुछ लोग सोचते हैं कि अवलंब पर दाब-बल वही बल है, जिससे पिंड पृथ्वी द्वारा आकर्षित होता है। यदि ऐसी ही बात होती, तो (उदाहरणार्थ) चाँद की ओर गतिशील यान में भारहीनता नहीं होती, क्योंकि कक्षक के किसी भी बिंदु पर यान पार्थिव गुरुत्वाकर्षण की क्रिया से मुक्त नहीं होता। अंतरिक्ष में तो

शायद ही कोई ऐसा बिंदु मिले, जहाँ परिणामी गुरुत्वाकर्षणबल शून्य के बराबर हो।

ध्यान दें कि अवलंब पर दाब सिर्फ गुरुत्वाकर्षणबल से ही नहीं उत्पन्न होता। उसके अन्य कारण भी हो सकते हैं, जैसे—त्वरण।

धरातल पर स्थिर पिंड के लिए गुरुत्वाकर्षणबल और अवलंब पर दाब-बल दोनों सचमुच संपात करते हैं (बराबर होते हैं)। लेकिन यह स्थिति विशेष की बात है।

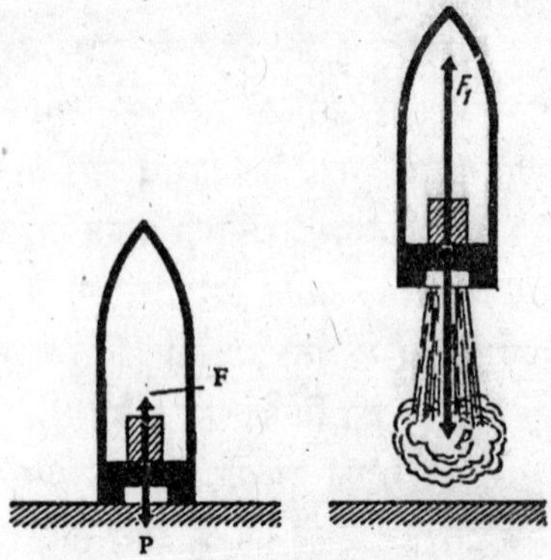

चित्र 18. अतिबोझ का भौतिकीय सार।
P-टेक पर दाब; F-टेक की प्रतिक्रिया।

आदमी पृथ्वी की सतह को कुछ बल से दबाता है। यांत्रिकी के तीसरे नियम के अनुसार पृथ्वी भी आदमी को नीचे से ऊपर की ओर ठीक उसी बल से दाबती है। 'प्रतिक्रिया' के इस बल को अवलंब की प्रतिक्रिया कहते हैं। क्रिया-बल और प्रतिक्रिया-बल सदा भिन्न पिंडों पर लगे होते हैं। हमारे उदाहरण में दाब-बल अवलंब पर लगा होता है और अवलंब की प्रतिक्रिया-खुद पिंड पर।

लेकिन गुरुत्वाकर्षण-बल अवलंब पर नहीं, वरन् पिंड पर क्रियाशील होता है। इस तरह, अवलंब पर दाब का बल और गुरुत्वाकर्षण-बल—ये दो बिल्कुल भिन्न बल हैं।

यदि अंतरिक्ष में राकेट त्वरण के साथ गतिशील होता है, तो पिंड पर अवलंब का दाब उतना ही गुना बढ़ता है, जितना गुना राकेट का त्वरण स्वतंत्र अभिपातन के त्वरण (9.81 मीटर प्रति वर्ग सेकेंड) से अधिक होता है। अन्यतः, त्वरित गति से अवलंब की प्रतिक्रिया बढ़ती है। लेकिन इसके साथ ही, यांत्रिकी के तीसरे नियम के अनुसार, अवलंब पर दाब भी उतना ही गुना अधिक बढ़ जाता है।

पिंड द्वारा अवलंब पर वास्तविक दाब और पार्थिव परिस्थितियों में उसके द्वारा अवलंब पर दाब के व्यतिमान (भागफल) को अतिबोझ की संज्ञा दी गई है। इस प्रकार, धरातल पर स्थित आदमी की अतिबोध इकाई के बराबर है। इस स्थिर अतिबोझ के प्रति आदमी का शरीर आदी हो चुका है, इसीलिए वह उसे महसूस नहीं करता।

अतिबोझ की संवृत्ति का भौतिकीय सत्व यह है कि पिंड के सभी बिंदुओं को

त्वरण एक साथ संप्रेषित नहीं होता। पिंड पर क्रियाशील बल (जैसे राकेट के इंजन का टान-बल) उसकी सतह के एक छोटे से अंश पर ही क्रियाशील होता है। पिंड के बाकी बिंदुओं को यह त्वरण कुछ विलंब से अपरूपण के सहारे संप्रेषित होता है। अन्यतः, पिंड एक तरह से अवलंब के साथ दबता हुआ मानो पिचकने लगता है।

बहुसंख्य प्रायोगिक अन्वीक्षणों ने, जिन्हें अपने समय में क. त्सियोल्कोव्स्की ने शुरू किया था, यह सिद्ध किया है कि शरीर पर अतिबोझ का प्रभाव उसके कार्यकाल पर ही नहीं; शरीर की स्थिति पर भी निर्भर करता है। खड़ी स्थिति में आदमी का अशिकांश रक्त उसके शरीर के निचले भागों में जमा होता है, जिससे मस्तिष्क में रक्त की आपूर्त्ति गड़बड़ हो जाती है। आंतर अंग भी अतिरिक्त भार पाने के कारण नीचे झूल जाते हैं और आबंधों में तनावजनित लमड़ाव उत्पन्न करते हैं।

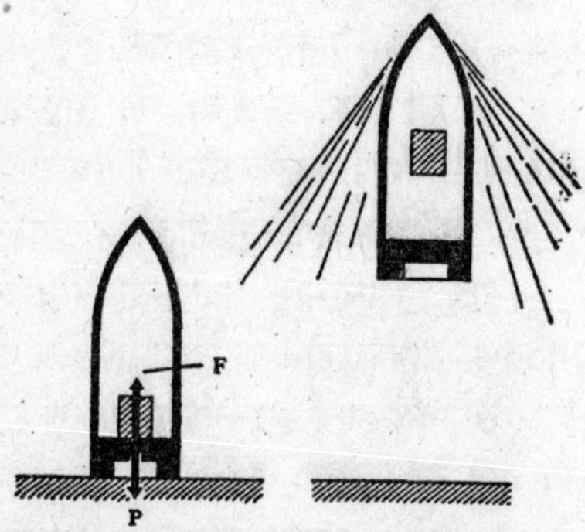

चित्र 19. भारहीनता का भौतिकीय सार। P-टेक पर दाब; F-टेक की प्रतिक्रिया।

त्वरित गति में खतरनाक अतिबोझ से शरीर की रक्षा के लिए ऐसी मुद्रा ग्रहण करनी चाहिए कि अतिबोझ की क्रिया पीठ से वक्ष की दिशा में हो। ऐसी स्थिति में करीब तीन गुना बड़ा अतिबोझ सहन किया जा सकता है।

स्मरणीय है कि इसी कारणवश लेट कर आराम करना बेहतर होता है, बनिस्बत कि खड़े-खड़े...

पृथ्वीवासियों का अतिबोध से तो कभी-कभी सामना हो जाता है, लेकिन भारहीनता के साथ व्यवहारतः नहीं।

यह विलक्षण अवस्था राकेट के इंजन बंद करने के बाद उत्पन्न होती हैं, जब अवलंब पर दाब और अवलंब की प्रतिक्रिया का पूर्णतः लोप हो जाता है। आदमी के लिए ऊपर और नीचे की दिशाएँ भी लुप्त हो जाती हैं और हर वस्तु, जो जकड़ी नहीं होती है, हवा में मुक्त तैरने लगती है।

भारहीनता के बारे में लोगों के बीच अनेक गलत धारणाएँ प्रचलित हैं कुछ लोग सोचते हैं कि यह अवस्था तब उत्पन्न होती है, जब अंतरिक्ष यान निर्वात् व्योम में 'पार्थिव गुरुत्वाकर्षण के क्षेत्र से बाहर' निकल आता है। कुछ अन्य लोग

यह मानते हैं कि पृथ्वी के स्पूतनिक में भारहीनता का कारण उस पर 'अपकेंद्री बल' की क्रिया है।

लेकिन यह सब बिल्कुल गलत है।

किन परिस्थितियों में भारहीनता उत्पन्न होती है और अवलंब पर दाब शून्य हो जाता है? इस संवृत्ति का संबंध निम्न बात से है : अंतरिक्षी व्योम में स्वतंत्र गति के समय राकेट और उसमें स्थित सभी वस्तुएँ गुरुत्वाकर्षण-बल के अधीन बिल्कुल समान त्वरण से गति करती हैं अवलंब मानो हर समय पिंड के और नीचे खिसकता रहता है और पिंड उसे दबा नहीं पाता।

लेकिन राकेट के इंजन की सक्रियता के अधीन और गुरुत्वाकर्षण-बल के अधीन गतियाँ भी त्वरित होती हैं। दोनों ही बल की क्रिया के अधीन संपन्न होती हैं। फिर क्यों एक स्थिति में अतिबोझ उत्पन्न होता है और दूसरी स्थिति में भारहीनता?

यह विरोधाभास एक प्रतीयमान संवृत्ति है। ऊपर कहा जा चुका है कि अतिबोझ उत्पन्न होने के समय पिंड के विभिन्न बिंदुओं को त्वरण अपरूपण के सहारे संप्रेषित होता है। लेकिन जब राकेट गुरुत्वाकर्षण-क्षेत्र में गतिमान होता है, तब बात दूसरी होती है। राकेट की परिमाप अपेक्षाकृत इतनी छोटी होती है कि उसकी सीमा में गुरुत्वाकर्षण का क्षेत्र व्यवहारतः समज (समरूप, एकसार) होता है। इसका मतलब है कि राकेट (और उसमें स्थित वस्तुओं) के सभी बिंदुओं पर एक साथ एकसमान बल लगते हैं। स्मरण करें कि गुरुत्वाकर्षण-बल तथाकथित व्योम-बल है, अर्थात् ऐसा बल है, जो दिए हुए व्योम में स्थित सभी कणों पर एक साथ क्रियाशील रहता है।

इसी वजह से राकेट के सभी बिंदु (कण) समान त्वरण प्राप्त करते हैं और उनके बीच कोई भी आपसी क्रिया नहीं हो पाती। अवलंब की प्रतिक्रिया लुप्त हो जाती है, अवलंब पर दाब लुप्त हो जाता है। पूर्ण भारहीनता की अवस्था उत्पन्न हो जाती है।

भारहीनता की परिस्थितियों में कई भौतिक प्रक्रियाएँ भी असामान्य रूप से चलती हैं। अंतरिक्षी उड़ानों से बहुत पहले ही आइंस्टाइन ने यह रोचक प्रश्न रखा था : अंतरिक्ष-यान के कक्ष में मोमबत्ती जलेगी या नहीं?

महान वैज्ञानिक ने इसका नकारात्मक उत्तर दिया था। वे सोचते थे कि भारहीनता के कारण तप्त गैसें लौ के इर्द-गिर्द ही बनी रहेंगी, ऊपर नहीं उड़ेंगी, इसलिए बत्ती तक आक्सीजन की पहुँच रुक जाएगी और लौ बुझ जाएगी।

लेकिन आधुनिक शंकालु प्रयोगकर्ताओं ने आइंस्टाइन के कथन को प्रयोग द्वारा जाँचने का निश्चय किया। एक प्रयोगशाला में एक बहुत ही सरल प्रयोग

किया गया। काँच के बंद बरतन में रखी गई जलती मोमबत्ती करीब 70 मीटर से गिराई जाती थी। अभिपातनशील वस्तु भारहीनता की अवस्था में होती है। (यदि हवा के प्रतिरोध की उपेक्षा की जाए)। लेकिन मोमबत्ती बुझती नहीं थी, सिर्फ लौ की आकृति बदलती थी—वह गोल हो जाती थी और उसका प्रकाश कुछ कम चमकदार होता था।

शायद इसमें विसरण का हाथ रहा होगा, जिसके सहारे इर्द-गिर्द का आक्सीजन लौ तक पहुँच ही जाती है। विसरण की प्रक्रिया गुरुत्वाकर्षण-बल की क्रिया पर निर्भर नहीं करती है।

फिर भी दहन के लिए आवश्यक परिस्थितियाँ भारहीनता में कुछ भिन्न होती हैं। इस बात का विशेष ध्यान सोवियत डिजाइनरों को रखना पड़ता था, जिन्होंने भारहीनता की परिस्थितियों में वेल्डिंग के लिए एक अनुपम उपकरण बनाया।

इस उपकरण का परीक्षण 1969 में सोवियत अंतरिक्ष-यान 'सोयुज-8' में किया गया था, जो सफल रहा।

निशा से विदा?

सभी जानते होंगे कि रात और दिन पृथ्वी के दैनिक घूर्णन का प्रत्यक्ष परिणाम है। अपने अक्ष के गिर्द घूमते हुए पृथ्वी हर क्षण अपनी सतह का आधा हिस्सा ही सूर्य की ओर उन्मुख रखती है...

इसके कारण लोगों को समय का एक अंश अंधेरे में बिताना पड़ता है और घरों, गलियों को प्रकाशित करने के लिए ऊर्जा की विशाल मात्राएँ खर्च करनी पड़ती हैं।

क्या रात्रि से सदा के लिए छुटकारा नहीं पाया जा सकता?

पिछले वर्षों इससे संबंधित अनेक मौलिक योजनाएँ प्रस्तुत की गईं। अधिकांश तो फिलहाल कल्पना की सीमा पर हैं, लेकिन सिद्धांततः कुछ समय बाद कार्यान्वित हो सकते हैं। कैसी हैं ये योजनाएँ?

एक योजना निम्न है : पृथ्वी के कृत्रिम उपग्रह पर 'हाइड्रोजनी सूर्य' अर्थात् संचाल्य तापनाभिकीय रिएक्टर स्थापित किया जाए, जिसमें संश्लेषण की नियंत्रणीय प्रतिक्रिया चले। इस प्रतिक्रिया में हाइड्रोजन के नाभिकों का परस्पर संयोजन होता है; सच्चे सूर्य में ऐसी ही प्रतिक्रिया चलती है। प्रतिक्रिया से दसियों लाख डिग्री तापक्रम उत्पन्न होता है, अतः तापनाभिकीय रिएक्टर सचमुच ताप और प्रकाश के कृत्रिम स्रोत का काम कर सकता है। स्पूतनिक का कक्षक भी इस प्रकार चुना जा

सकता है कि कृत्रिम सूर्य मुख्यतः पृथ्वी के रात्रिग्रस्त क्षेत्रों के ऊपर गति करे। इससे आर्कटिक और अंतार्क्‌टिक को गर्मी और प्रकाश दोनों ही उपलब्ध कराया जा सकेगा। वहाँ रातें तो बहुत लंबी होती हैं न—करीब छे महीने तक! जाहिर है कि तकनीकी तौर पर यह योजना अभी कार्यान्वित नहीं हो सकती क्योंकि संचाल्य तापनाभिकीय प्रतिक्रिया की समस्या अभी हल नहीं हो पाई है। हल होने के बाद भी जबतक वैज्ञानिक तथा इंजिनियर लोग कृत्रिम 'हाइड्रोजनी सूर्य' बनाना और उसे स्पूतनिक पर स्थापित करना सीखेंगे, बहुत समय बीत जाएगा।

एक और प्रखर योजना है, जिसका आधार है पृथ्वी के कृत्रिम उपग्रहों (स्पूतनिकों) का उपयोग। लेकिन ये स्पूतनिक अंतरिक्षी उपकरण नहीं होंगे, जिनमें तरह-तरह के अनुपम यंत्र लगे होंगे। ये असंख्य धूल-कण होंगे, जिन्हें विशेष राकेटों से पृथ्वीवर्ती व्योम में लाया जाएगा। इस काम के फलस्वरूप पृथ्वी के गिर्द विशाल रेणु-वलय बन जाएगा, जो शनि के छल्ले से मिलता-जुलता होगा।

धूलकण पृथ्वी के पास से गुजर कर अंतरिक्ष में खो जाने वाली सूर्य-किरणों को 'पकड़' लेंगे और उन्हें सब और प्रकीर्णित करते हुए प्रकाश और ताप के रूप में अंशतः पृथ्वी की ओर भी भेजेंगे। इससे रात नहीं होगी और पृथ्वी की जलवायु काफी गर्म हो जाएगी।

इसका कलन तो अभी ही किया जा सकता है कि मनोवांछित प्रभाव उत्पन्न करने के लिए कितने धूल-कणों की आवश्यकता पड़ेगी और रेणु-वलय की परिमाप, स्थिति और घनत्व कैसा होना चाहिए। लेकिन ये सब 'तकनीकी विवरण' हैं।

रात्रि के पूर्ण या आंशिक लोप की शायद अन्य संभावनाएँ भी हैं। कालांतर में ऐसी योजनाओं का भी जन्म हो सकता है, जिन्हें अपेक्षाकृत कम जटिल साधनों से कार्यान्वित किया जा सके।

लेकिन प्रश्न यह है कि ऐसी योजनाएँ सिद्धांतरूप में कार्यान्वित हो सकती हैं या नहीं? यहाँ तकनीकी कठिनाइयों की बात नहीं चल रही है, यहाँ प्रकृति के उल्लंघन की बात है।

सदा के लिए निशा को विदा कर देने का मतलब है पृथ्वी के तापीय एवं प्रकाशीय कालक्रम में आमूल परिवर्तन, ग्रह की जलवायु में परिवर्तन और पृथ्वी पर आने वाली सौर ऊर्जा में वृद्धि। लेकिन हमारे ग्रह जैसी टिकाऊ प्राकृतिक विरचनाएँ ऐसी जटिल स्वनियामक तंत्र हैं जो स्वाभाविक रूप से अपना प्रवेगिक संतुलन स्थिर रखती हैं। कृत्रिम हस्तक्षेप से खतरनाक अवांछनीय संवृत्तियाँ उत्पन्न हो सकती हैं, जैसे सागरों-महासागरों के जल-स्तर में वृद्धि, जल-चक्र एवं वात-संचार

में गड़बड़ी, जलवायु में आदमी के लिए हानिकर परिवर्तन।

इसके अतिरिक्त, यह भी ध्यातव्य है कि पृथ्वी पर अधिकांश जीव रात-दिन के वर्तमान लय के प्रति करोड़ों वर्ष से आदी हो चुके हैं। इस लय को हठात् तोड़ने से पूरे जीव-जगत (जंतुओं और पादपों, दोनों) के लिए अवांछिनीय ही नहीं, घातक भी होगा।

लेकिन इसका मतलब यह नहीं है कि मनुष्य रात्रि पर कभी आक्रमण ही नहीं करेगा। आक्रमण से पहले सर्वतोमुखी वैज्ञानिक तैयारी करनी पड़ेगी।

तारों के बिना

प्राचीन रोम के विख्यात मेधावी दार्शनिक सेनेका (Seneca, करीब 4 से 65 ई.) कहा करते थे कि यदि सितारे पृथ्वी के सिर्फ एक स्थल से दिखते, तो वहाँ लोगों का ताँता बंधा रहता...

इन शब्दों से सेनेका तारक-मंडित नभ की अनुपम सुंदरता और भव्यता को रेखांकित करना चाहते थे।

अंधकारमय अंतरिक्ष की पृष्ठभूमि में चमकदार मोतियों-से बिखरे टिमटिमाते, झिलमिलाते तारों का दृश्य सच ही मनोहर होता है। लेकिन क्या यह तमाशा भर है या तारों भरे आकाश के नियमित प्रणालीबद्ध प्रेक्षण से मनुष्य को कोई व्यावहारिक लाभ भी है? या हो सकता है कि मनुष्य को तारों की कोई जरूरत ही न हो, वह शायद उनके बिना भी काम चला ले?

इन प्रश्नों का उत्तर देने के लिए कुछ देर के लिए कल्पना करें कि आकाश बादलों से बिल्कुल ढ़का हुआ है, जैसा कि अक्सर जाड़ों की रातों को होता है, और हम एक भी तारा नहीं देख सकते। और यह हमेशा के लिए है, पृथ्वी के सभी स्थलों के लिए है।

प्रथम दृष्टि में यह कल्पना बिल्कुल अनहोनी लग सकती है, क्योंकि तारे तो आखिर हम देखते ही हैं। फिर भी इस कल्पना से हमें मनुष्य के विकास में खगोलिकी के महत्त्व का सही मूल्याँकन करने में सहायता मिलेगी।

इसके अतिरिक्त, ऐसी स्थिति इतनी काल्पनिक नहीं है, जितनी आप सोचते हैं। ऐसे अंतरिक्षी पिंड, जिनके लिए आकाश सदा बादलों से ढके होते हैं, सचमुच में पाए जाते हैं। एक तो हमारा पड़ोसी ग्रह शुक्र ही है। कालांतर में शायद लोगों को ऐसे आकाशीय पिंडों पर भी रहना और काम करना पड़े। हो सकता है कि विश्व में शायद ऐसी अनेक संबुद्ध सभ्यताएँ हों, जो मेघाच्छादित ग्रहों पर ही रहती हों...

खैर, धरती, बिना तारों की...

आदमी सूर्य को देखकर खुश होता है। चमकदार नीले आकाश को, पानी में सूर्य की झलमलाती परछाइयों को, सुनहरी सूर्य-किरणों में नहाते किशलयों को देख कर खिल उठना मनुष्य का स्वभाव है।

अब कल्पना करें कि यह सब कुछ नहीं है। नीला आकाश नहीं है। जल में सूर्य की खेलती परछाई नहीं है। तारे नहीं हैं, चाँद नहीं है। हमेशा बदरी छाई है। हमेशा ही धुँधले उदास दिन होते हैं। सिर्फ वर्षा, वर्षा... जिसका अंत नहीं मिलता...

पृथ्वी पर ऐसे इलाके हैं, जहाँ धूप बहुत कम उगती है। कहते हैं कि इन जगहों के बाशिंदे बहुत कम ही मुस्कुराते हैं। फिर ऐसे लोगों की कल्पना कीजिए, जहाँ लोगों ने कभी सूरज देखा ही न हो!

मनुष्य अपने परिवेश, अपने पर्यावरण की संतान है... सहस्राब्दियों से उसका शरीर उन भौतिक परिस्थितियों के अंतर्गत विरचित हुआ है, जो पृथ्वी पर वास्तविक अस्तित्व रखती हैं। इन्हीं परिस्थितियों ने आदमी के शरीर की बनावट, निश्चित प्रकाश-किरणों के प्रति उसकी आँखों की संवेदिता, श्रवणेंद्रिय की बनावट आदि को निर्धारित किया है। और इसमें भी कोई संदेह नहीं हैं कि उन्होंने मनुष्य के मानस पर भी अपनी निश्चित छाप डाली है।

यहाँ हम निस्संदेह अटकलों और अनुमानों के क्षेत्र में पहुँच जाते हैं, जिसे विश्वसनीय नहीं कहा जा सकता। लेकिन मैं सोचता हूँ कि यदि सदियों से संतति दर संतति लोग अपने सर के ऊपर सदा एक ही धुंधला आकाश देखा करते, तो शायद आदमी की मनोक्षमताएँ कुछ सीमित रहतीं, लोग कुछ और ही प्रकार के होते, वे कम जीवनक्षम और कम आशावादी होते। लेकिन यह न्यूनाधिक संभाव्य अनुमान ही है, और कुछ नहीं।

सिर्फ एक बात है जिसमें कोई संदेह नहीं हो सकता : मानव-विकास के प्रथम चरणों पर परिवेशी दुनिया के बारे में धारणा और भी धुंधली तथा रहस्यमयी होती, बनिस्बत कि पार्थिव सभ्यता के वास्तविक इतिहास में।

उदाहरणार्थ, स्मरण करें कि लोगों को पृथ्वी के गोल होने की बात का पता कैसे चला।

सबसे विश्वसनीय प्रमाण चंद्रग्रहणों के प्रेक्षण से प्राप्त हुआ था। इस आकाशीय संवृत्ति में हमें चाँद रूपी विशाल पर्दे पर पार्थिव छाया की परिरेखा दिखती है। लोगों ने ध्यान दिया कि हर चंद्रग्रहण में यह परिरेखा गोल ही होती है। लेकिन इस तरह की वस्तु गोला या वर्तुल ही है, जो हर स्थिति में 'गोल' छाया

बनाती है।

वैसे, एक अन्य प्रमाण भी है : दूर जाती वस्तु का धीरे-धीरे पृथ्वी की उत्तलता के पीछे छिप जाना। थल पर ऐसी संवृत्ति का विश्वास करना कठिन है, क्योंकि इसे हमेशा ही जमीन की असमतलता से समझाया जा सकता है। रह जाता है समुद्र की सतह पर प्रेक्षण करना। आकाश पर छाए हुए बादल क्षितिज के पीछे जहाज का छिपना देखने में बाधक नहीं हो सकते थे। लेकिन इस तथ्य से पृथ्वी के गोल होने का निष्कर्ष निकालने के लिए ग्रह (पृथ्वी) के विभिन्न बिंदुओं पर किए गए इस जैसे प्रेक्षणों के परिणामों की तुलना करनी आवश्यक थी।

इसके लिए महादेशों के बीच संचार आवश्यक था, समुद्री यात्राएँ आवश्यक थीं। यह सब तारों की अनुपस्थिति में बहुत ही कठिन था। यदि अपना स्थान निर्धारित करने और ठीक पथ पर जा रहे हैं या नहीं, इसकी जाँच करने की संभावना के बिना खुले समुद्र या महासागर में जाया कैसे जा सकता है? पार्थिव समुद्री नाविक तो पुराने जमाने से ही इसके लिए तारों की सहायता लेते थे।

सच पूछें तो दिग्ग्रहण (दिशा-निर्धारण) इस आधार पर भी संभव है कि बादलों के पार सूर्योद और सूर्यास्त की प्रभा किधर दिखती है। सभी जानते हैं कि बदरी के मौसम में भी सुबह आकाश का पूर्वी भाग सबसे पहले प्रकाशमान हो उठता है और शाम को पश्चिमी भाग बाकी नभमंडल की अपेक्षा देर से अंधेरा होता है। अनेक बार के प्रेक्षणों से ये बातें निर्धारित हो जा सकती हैं।

मेघाच्छन्न पृथ्वी पर रहने वाले यह तो नहीं जान पाते कि सूर्य का उदय और अस्त जैसी भी संवृत्तियाँ हैं, लेकिन पीढ़ी दर पीढ़ी सुबह-शाम की प्रभा को देखते हुए वे अंततः इस निष्कर्ष पर पहुँच ही जाते कि यह किसी निश्चित नियमसंगति का पालन करती है। यह भी मान लिया जा सकता है कि आज न कल विशेष सारणियाँ बना ली जातीं, जिनमें वर्ष भर के दौरान प्रभा के आकाशीय पथ का परिवर्तन प्रतिबिंबित किया जाता और वह भी पृथ्वी पर प्रेक्षक का स्थानांतरण ध्यान में रखते हुए। लेकिन अफसोस यही है कि बदरी के मौसम में प्रभा के प्रेक्षण से दिग्ग्रहण शुद्ध नहीं हो सकता, क्योंकि बादलों द्वारा सूर्य-किरणों के प्रकीर्णन के कारण आँख से उदय या अस्त का बिंदु निर्धारित करना बहुत ही कठिन है (विशेषकर यदि बादल पर्याप्त घने और कई परतों में हों।)

लेकिन यह कहावत भी आप जानते होंगे कि "आवश्यकता आविष्कार की जननी।" संभव है कि आकाश की चमक नापने के लिए और प्रभा-क्षेत्र में अधिकतम चमकदार बिंदु ज्ञात करने के लिए विशेष संवेदी उपकरण बना लिए जाते, जिससे दिग्ग्रहण की शुद्धता काफी बढ़ जाती।

हो सकता है कि चुंबकीय कंपास का आविष्कार और भी बहुत पहले हो जाता।

मेघाच्छन्न ग्रह पर रहने वाले लोगों को समय नापने से संबंधित काफी जटिल समस्याएँ हल करनी पड़तीं।

मानव-इतिहास के उषाकाल में जब घड़ी का आविष्कार नहीं हुआ था, लोग दिन में सूर्य के अनुसार और रात में तारों के अनुसार समय निर्धारित करते थे। तिथिपत्रों (कैलेंडर) की रचना का आधार खगोलिकीय प्रेक्षण ही थे।

मेघाच्छन्न पृथ्वी पर ऐसे प्रेक्षण असंभव होते। लेकिन इस कठिनाई से निकलने का रास्ता कहीं अधिक सरल है, बनिस्बत कि दिग्ग्रहण की समस्या हल करने का। उपरोक्त उपकरणों की सहायता से आकाश में अधिकतम चमकदार क्षेत्र के स्थानांतरण का अनुसरण करते हुए लोग समय भी निर्धारित करते और कैलेंडर भी बना लेते।

इस कैलेंडर में जाड़े का आरंभ शायद सबसे छोटे दिन से माना जाता और गर्मी का-सबसे लंबे दिन से।

यह भी माना जा सकता है कि समय नापने की कठिनाई घड़ी जैसे उपकरणों के आविष्कार को और भी पहले संप्रेरित करती—मानव-इतिहास में वस्तुतः जब हुआ था, उससे भी पहले। खुले आकाश का इतना महत्व होने के बावजूद प्रकृति-विज्ञानों का इतिहास साक्षी है कि तारक-मंडित आकाश निहारने, सूर्य, चाँद और तारों की गति का अवलोकन करने से ही जगत का वास्तविक ज्ञान नहीं हो जाता। शुरू-शुरू में आकाशीय पिंडों की प्रतीयमान गति को वास्तविक माना गया था और भ्रम को—यथार्थ। इस तरह पृथ्वी की केंद्रस्थता का विचार उत्पन्न हुआ : विश्वरचना में पृथ्वी का विशेष प्रमुख स्थान है, सभी आकाशीय नक्षत्र इसी की परिक्रमा करते हैं (अरस्तू व टोलेमी का विश्व-तंत्र)

मेघाच्छन्न ग्रह की सभ्यता के विकास में भी एक चरण अवश्य आता, जब उन्हें विश्वरचना की समस्या का सामना करना पड़ता।

विकास के एक नियत स्तर पर सभ्यता का काम परिवेशी दुनिया के बारे में असंबद्ध सूचनाओं के संग्रह से नहीं चल पाता, उसे प्रणालीबद्ध ज्ञान की आवश्यकता होती है। कोई भी ज्ञान-तंत्र तबतक पूर्ण नहीं होता, जबतक उसमें विश्व की रचना और ब्रह्मांड में पृथ्वी के स्थान से संबंधित धारणाएँ नहीं समाविष्ट होतीं।

स्पष्ट है कि मेघाच्छन्न ग्रहवासियों के लिए बादलों की परत के पार किन्हीं बाह्य घटकों की उपस्थिति कोई गुप्त बात नहीं होती। आखिर जीवनदायक प्रकाश और ऊष्मा पृथ्वी पर उधर ही से तो आती होगी। संभव है कि आरंभ में मेघाच्छन्न

ग्रह के निवासी प्रकाश की उसी तरह पूजा करते, जैसे एक जमाने में हमारे पूर्वज सूर्य की पूजा करते थे।

लेकिन विश्व का कोई वैज्ञानिक चित्र प्राप्त करना बहुत कठिन होता। सबसे अमूर्त परिकल्पनाएँ रचते वक्त भी मनुष्य के विचार प्रेक्षित वास्तविकता पर ही आधारित होते हैं, जबकि रात्रि के तारों भरे आकाश की तुलना में मेघाच्छन्न पृथ्वी सोचने का बहुत कम मसाला देती।

कोपेर्निकस ने सूर्य के गिर्द पृथ्वी की गति का निष्कर्ष तारों की पृष्ठभूमि में ग्रहों की पेंचीली गति के विश्लेषण से निकाला था। जोरदानो ब्रुनों (Bruno,1548-1600) और मि. लोमोनोसोव (1711-1765) ने जीवनयुक्त असंख्य जगों के अस्तित्व का विचार विकसित किया, जिसका आधार हमारे सूर्य और दूरस्थ सितारों की समानता थी।

मेघाच्छन्न दुनिया के वैज्ञानिक ऐसा कुछ भी नहीं कर पाते। संभवतः वे भी विश्व की रचना संबंधी परिकल्पनाओं को जन्म देते, लेकिन वे सत्य से कहीं अधिक दूर होतीं, बनिस्बत कि हमारे पूर्वजों की अस्पष्ट अटकलें।

निस्संदेह, ब्रह्मांड की अप्रेक्ष्यता का विज्ञान के विकास पर, प्रकृति के मूलभूत नियमों की ज्ञान-प्राप्ति पर भी बुरा प्रभाव पड़ता।

उदाहरणार्थ, गैलीली ने अपने विख्यात 'जड़त्व-सिद्धांत' की खोज मुख्यतः खगोलिक प्रेक्षणों के ही आधार पर की थी। क्योंकि पृथ्वी पर दैनंदिन अनुभव यह किसी भी तरह नहीं दिखाता कि जिस पिंड पर कोई बल क्रियाशील नहीं होता, वह ऋजु पथ पर समरूप गति से चलता रहता है। उल्टा, इस तरह के अनुमान 'पार्थिव सामान्य बुद्धि' के विपरीत ही थे। तभी तो गैलीली को अपने समकालीनों का विरोध सहना पड़ा था। आज जड़त्व-सिद्धांत समग्र यांत्रिकी का एक आधार-भूत सिद्धांत है।

गुरुत्वाकर्षण के नियम जैसे प्रकृति के मूलभूत नियम का जन्म भी खगोलिक प्रेक्षणों के ही आधार पर हुआ था। निस्संदेह 'सेब' मेघाच्छन्न ग्रह पर भी गिरते, लेकिन यह नहीं भूलना चाहिए कि न्यूटन के प्रतिभाशाली अनुमान के जन्म से पूर्व पृथ्वी के गिर्द चाँद की गति का सविस्तार विश्लेषण संपन्न हो चुका था।

जो भी हो, मेघ से ढके आकाश के नीचे गुरुत्वाकर्षण का नियम ढूँढ़ पाना बहुत ही कठिन होता, क्योंकि पार्थिव वस्तुओं के बीच पारस्तरिक गुरुत्वाकर्षण का बल इतना क्षीण होता है कि उसे सिर्फ विशेष अतिसूक्ष्म प्रयोगों द्वारा ही नापा जा सकता है।

सापेक्षिकता-सिद्धांत जैसे क्रांतिकारी सिद्धांत की नींव में भी खगोलिक तथ्य

ही थे। सभी जानते हैं कि इस सिद्धांत की प्रमुख मान्यताओं में से एक है–प्रकाश-किरणों के प्रसरण का वेग सांत (अर्थात सीमित) होना। लेकिन पृथ्वी पर हमारा अनुभव कुछ और ही कहता है : कोई भी घटना ठीक उस क्षण घटती है, जिस क्षण हम उसे देखते हैं (अर्थात् प्रकाश घटनास्थल से हमतक क्षण भर में पहुँच जाता है–अनंत वेग से) । कारण समझना कठिन नहीं है : प्रकाश एक सेकेंड में जितनी दूरी तय करता है, उसके सामने पार्थिव दूरियाँ नगण्य रूप से छोटी हैं। सिर्फ अंतरिक्षी पैमानों पर होने वाली परिघटनाओं के प्रेक्षण से ही यह भ्रम टूट सकता था।

अंतरिक्ष ने हमें अनेक उत्कृष्ट खोजें प्रदान की हैं। यहाँ द्रव्य की ऐसी अवस्थाएँ मिली हैं, जो पृथ्वी पर ज्ञात नहीं हैं; ऊर्जा के नए स्रोतों (विशेषकर परमाणुक ऊर्जा) का पता भी अंतरिक्ष से ही लगा।

अनेक विज्ञानों के (भौतिकी ही नहीं, रसायन, गणित और यहाँ तक कि जीवलोचन के भी) इतिहास का ध्यानपूर्वक विश्लेषण करने पर पता चलेगा कि उनकी अनेक उपलब्धियाँ ब्रह्मांड के अध्ययन से ही प्रत्यक्ष या परोक्ष रूप से संबंधित रही हैं।

अल्बर्ट आइंस्टीन यूँ ही नहीं कहते थे कि बौद्धिक औजार, जिनके बिना आधुनिक तकनीक का विकास असंभव था, हमें मुख्यतः सितारों के अवलोकन से मिले हैं। इस अर्थ में मेघाच्छन्न ग्रह के वैज्ञानिक कहीं बदतर स्थिति में होते। उनकी नजरों से छिपा हुआ ब्रह्मांड उन्हें फलप्रद विचार नहीं प्रदान कर पाता। लेकिन बात इतनी ही नहीं है। बादलों की दीवार के पार क्या हो रहा है, यह समझने के लिए हमारे पूर्वजों की अपेक्षा उन्हें 'सामान्य बुद्धि' से कहीं अधिक तीव्र संघर्ष करना पड़ता। मेघाच्छन्न ग्रह पर पनपने वाली सभ्यता जन्मजात नेत्रहीन व्यक्ति की तरह होती। ब्रह्मांड के वास्तविक अध्ययन में लंबे समय तक आकाशीय पिंडों के प्रकाशिकीय विकिरण की ही भूमिका प्रमुख रही है। इसीलिए तो प्रकाश को 'दूरस्थ जगों का दूत' कहा गया है। मेघाच्छन्न ग्रह के निवासियों के लिए व्यवहारतः ऐसा कोई दूत नहीं होता।

लेकिन दूसरी ओर हम यह भी जानते हैं कि नेत्रहीन ही नहीं, बल्कि साथ-साथ जन्मजात बधिर लोग भी परिवेशी दुनिया के प्रत्यक्ष ज्ञान की क्षमता नहीं खोते; वे भी सृजनात्मक कार्य कर सकते हैं। उनके लिए सूचना के प्रकाशीय एवं ध्वनिक चैनेल बंद होते हैं, फिर भी वह अन्य चैनेलों से उनतक पहुँचती रहती है।

यही बात हमारी परिकाल्पनिक मानव-जाति के साथ होती। अंतरिक्षी

प्रकाश में निहित महत्त्वपूर्ण सूचना ज्ञात करने का अवसर न होने पर वैज्ञानिक लोग आज न कल ब्रह्मांड के अन्य दूतों का अन्वीक्षण आरंभ कर देते और इनमें सबसे पहला होता—रेडियो-विकिरण।

जाहिर है कि अंतरिक्षी रेडियो-चैनेल का उपयोग लोग वैज्ञानिक एवं तकनीकी विकास के एक नियत स्तर पर पहुँचने के बाद ही करते हैं। सिर्फ रेडियो तरंगों की खोज से ही उनका काम नहीं चलता; उन्हें रेडियो-विकिरण के अतिसंवेदी अभिग्राहक का आविष्कार भी करना पड़ता।

"मेघाच्छन्न सभ्यता" के विकास में महत्त्वपूर्ण चरण होता—बादलों के पार पहुंचना। आशा करनी चाहिए कि अधिकांश शक्ति इसी समस्या के हल में व्यय की जाती।

लेकिन इस क्षण के बाद मेघाच्छन्न ग्रह की सभ्यता का विकास शायद हमारी पार्थिव सभ्यता के विमानन और खनाविकी के युग से बहुत अधिक इतर नहीं होता।

इस प्रकार, तारों के देखने की सुविधा न होने पर भी आदमी आज न कल इनसे संबंधित कठिनाइयों को दूर कर ही लेता। इसलिए किसी मेघाच्छन्न ग्रह को बसाने में जो खगोलिकीय कठिनाइयां आयेंगी, उन्हें आधुनिक पार्थिव मानव-जाति और भी सरलतापूर्वक दूर कर लेगी।

यदि चाँद न होता

क्षण भर की कल्पना करें कि पृथ्वी के गिर्द कोई प्राकृतिक उपग्रह नहीं है। क्या फर्क पड़ता है? बिल्कुल साफ है कि पहले तो हमारे पार्थिव दृश्यों पर प्रभाव पड़ेगा : पारदर्शक चांदनी रातें गायब हो जायेंगी, पानी की तसह पर रुपहली झलमलाहत देखने को नहीं मिलती, लेकिन यह सब तो बाह्य पक्ष है। ज्वार-भाटा नहीं होता, अतः समुद्र-यात्रा की परिस्थितियाँ बदल जातीं। सौर ज्वार-भाटाएं होतीं, लेकिन सूर्य से विशाल दूरी के कारण वे चाँद की तुलना में बहुत ही क्षीण हैं।

दूसरी ओर, चांदनी रातें न होने के कारण अनेक खगोलिकीय प्रेक्षण सरल हो जाते। आषा कर सकते हैं कि ऐसी परिस्थितियों में वैज्ञानिक लोग सौर मंडल में और भी अधिक धूमकेतु तथा नन्हें ग्रह ढूढ़ने में सफल होते।

बहुत संभव है कि चाँद के न रहने पर चंद ज्या-भौतिकीय प्रक्रियाओं के प्रवाह पर भी निश्चित प्रभाव पड़ता।

लेकिन एक बात ऐसी भी है, जो शायद इतनी स्पष्ट नहीं है। याद दिला दें कि पृथ्वी के गोल होने की बात चंद्रग्रहण के समय चांद पर पृथ्वी की छाया-कृति

द्वारा ही प्रमाणित हुई थी।

यह भी स्मरण करें कि टेलीस्कोप से चाँद को देखकर गैलीली ने उसकी सतह पर पर्वतों की उपस्थिति ज्ञात की और इसी से पार्थिव तथा आकाशीय के बीच खड़ी अभेद्य दीवार में पहली वास्तविक खिड़की खोली।

न्यूटन ने पृथ्वी के गिर्द चाँद की गति के अध्ययन पर गुरुत्वाकर्षण-नियम का अंतिम रूप आधारित किया।

पृथ्वी के गिर्द चाँद की गति के प्रेक्षण से हमारे ग्रह के लिए कृत्रिम उपग्रह बनाने की प्रथम प्रेरणा मिली।

यह भी ध्यान देने योग्य है कि चाँद के नहीं होने पर सूर्यग्रह नहीं होता।

लेकिन चाँद की भूमिका वैज्ञानिक सिद्धांतों के विकास को प्रभावित करने तक ही सीमित नहीं है। पिछले समय से हमारे निकटम आकाशीय पिंड के रूप में चाँद एक तरह से परीक्षण-भूमि बन गया है, जहाँ अंतरिक्ष के अध्ययन और आत्मसातन से संबंधित अनेक जटिल कार्रवाइयों की जाँच की जाती है, उनका विकास किया जाता है।

यथा, चाँद प्रथम अंतरिक्षी 'रेडियो-दर्पण' था, जिसकी सहायता से खगोलिक रश्मिलोचन की विधियाँ विकसित की गईं। चंद्रतल से रेडियो-तरंगें परावर्तित करने के प्रयोगों से ही ऐसे उपकरण विकसित किए जा सके, जो सूर्य तथा अन्य ग्रहों की सतह टटोलने की क्षमता रखते हैं।

अंतरिक्षी उड़ानों के विकास में भी चाँद बहुत बड़ी भूमिका निभाता है। भविष्य में चंद्रतल पर अंतरिक्षी स्टेशन बनाने की संभावना तो है ही। वर्तमान समय में भी चंद्रवर्ती क्षेत्रों में अंतरिक्षी उपकरणों की गति की अनेक रीतियों का अभ्यास किया जा रहा है, जो अन्य ग्रहों तक पहुँचने के काम आएँगे।

इस प्रकार, हमारा चाँद रात की सजावट ही नहीं है। उसकी अनुपस्थिति से विज्ञान के विकास और मनुष्य अंतरिक्षी व्योम के आत्मसातन में भी कुछ हद तक कठिनाई अवश्य होती।

चाँद की अनुपस्थिति में पृथ्वी का प्रवलन* बहुत ही क्षीण होता। ज्ञात है कि हमारी पृथ्वी दैनिक घूर्णन के कारण कुछ पिचकी हुई आकृति रखती है—ध्रुव पर उसकी त्रिज्या विष्वक पर उसकी त्रिज्या से करीब 21 किलोमीटर छोटी है। इस

---

* प्रवलन : जब किसी घूर्णनरत वस्तु का घूर्णनाक्ष किसी अन्य अक्ष की परिक्रमा करता हुआ एक शंकु निरूपति करता है। तो इस संवृत्ति (या घटना) कोट वलन कहते हैं। यथा लट्टू यदि बिल्कुल सीधा नहीं नाच रहा हो। तो उसका घूर्णनाक्ष उसकी नोक से गुजरते उद्ग्र अक्ष के गिर्द शंकु निरूपित करता है।—अनु.

प्रकार, घूर्णन के कारण पृथ्वी का कुछ द्रव्य ध्रुवों से विष्वक (भूमध्य रेखा) की ओर स्थानांतरित हुआ है, जिससे विष्वक पर वह कुछ उभरी हुई है। इस उभार पर चाँद के (और सूर्य तथा अन्य ग्रहों के भी) गुरुत्वाकर्षण- बल का असर यह है कि हमारे ग्रह को घूर्णनाक्ष व्योम में 26 हजार वर्ष की अवधि में शंकु निरूपित करता है। इस शंकु का शीर्ष कोण 47 डिग्री है। इसलिए आज का ध्रुव तारा सदैव उत्तरी ध्रुव नहीं दिखाता था और न ही दिखाता रहेगा। उदाहरणार्थ, करीब 13 हजार वर्ष का पथ तय कर लेने के बाद उत्तर की दिशा वीणा नमक संराशि का चमकदार सात वेगा द्वारा इंगित होती है।

चाँद का द्रव्यमान सूर्य तथा अन्य ग्रहों की तुलना में बहुत अधिक नहीं है, लेकिन वह पृथ्वी के सबसे निकट है। और गुरुत्वाकर्षण का बल दूरी के साथ-साथ बहुत तेजी के साथ घटता है, वह दूरी के वर्गानुपात में क्षीण होता है। यदि चाँद न होता, तो भी पृथ्वी का प्रवलन तो होता ही, लेकिन पृथ्वी के घूर्णनाक्ष द्वारा निरूपित शंकु का शीर्ष-कोण बहुत ही छोटा होता।

चाँद अपनी गति की बहुत विशेषताओं के कारण प्रवलन उत्पन्न करते समय उसमें एक आवर्ती विचलन भी उत्पन्न करता है, जिसे विदोलन कहते हैं; उसका आवर्त-काल 19 वर्ष है। चाँद के गायब होने पर विदोलन बिल्कुल ही लुप्त हो जाता।

यदि यह संभव होता

आपको बता दें—यहाँ अतीत-यात्रा, अर्थात् समय की सामान्य चाल की उल्टी दिशा में जा कर पुनः वर्तमान में लौटने की संभावना के बारे में बात हो रही है।

शुरू में हम समस्या के शुद्ध भौतिकीय पक्ष पर मनन नहीं करेंगे, सिर्फ कल्पना में यह देखने की कोशिश करेंगे कि यदि अतीत की यात्रा सचमुच संभव होती, तो क्या होता।

विख्यात अमरीकी लेखक रेड ब्रेडबेरी ने इस विषय पर एक शिक्षाप्रद गाल्पनिक कहानी लिखी है। एक यात्रा-ब्यूरो शिकार के शौकीन ग्राहकों को काल-यंत्र में बिठा कर सुदूर अतीत की यात्रा कराता है। वहाँ जीवित दीनोजौर** के शिकार का अवसर दिया जाता था। लेकिन यात्रियों को एक शर्त्त का बड़ी कड़ाई से पालन करना पड़ता था। उन्हें सिर्फ निश्चित गोह को ही मारना पड़ता था, जिसे ब्यूरो के सेवक बताते थे। यात्रियों को पुरातन दुनिया की किसी भी बात

** शब्दशः-भीषण गोह; पुरातन युगों के छिपकली या गोह जाति के भीमकाय जंतु।—अनु.

में हस्तक्षेप करने या कुछ परिवर्तन करने की अनुमति नहीं होती थी।

एक बार एक यात्री ने यह नियम तोड़ दिया। विशेष रूप से बनी पगडंडी पर चलते वक्त उससे असावधानीवश एक तितली कुचल कर मर गई। इस नन्हीं सी घटना को वहाँ किसी ने कोई महत्त्व नहीं दिया, लेकिन जब यात्री वर्तमान में पहुँचे, तो दुनिया में बहुत कुछ बदला हुआ नजर आया।

आप जानते ही होंगे कि प्रकृति में स्थान ग्रहण करने वाली सभी संवृत्तियाँ कारण और कार्य की शृंखला (लरी) बनाती हैं। अतीत में जाकर किसी एक घटना में हस्तक्षेप कर के हम कार्य-कारण संबंध से जुड़ी आगे की सभी संवृत्तियों में अपरिहार्य रूप से निश्चित परिवर्तन ला देते हैं। इसीलिए तो ब्रेडबेरी की कथा में यात्रा-व्यूरो के कार्यकर्त्ता शिकारियों से निश्चित दीनोजौर को ही मारने के लिए कहते थे। वे उसी दीनोजौर को चुनते थे, जिसे कुछ मिनटों बाद यूँ भी मरना ही था। इससे घटनाओं की कारणता-शृंखला में कोई परिवर्तन होने का डर नहीं रहता था।

ब्रेडबेरी की कथा के एक पात्र द्वारा कुचली गई तितली पूरी मानव-जाति के भविष्य को कैसे प्रभावित कर सकती थी, यह निश्चित ही विवाद का विषय हो सकता है। लेकिन यदि काल-यंत्र जैसा उपकरण सचमुच बन जाता, तो अतीत-यात्रा के प्रेमी अपने निरंकुश कार्यों से कारण-कार्य की शृंखलाओं में गंभीर गड़बड़ियाँ उत्पन्न कर सकते थे।

उदाहरण के लिए कल्पना करें कि आपको कोई समकालीन व्यक्ति 11-वीं शती में पहुँच कर लड़ाई में किसी नवयुवक को मार देता है। घटनाओं के 'सामान्य' क्रम में उसके बच्चे होते...लेकिन अब उनका जन्म नहीं हो सकेगा। फलस्वरूप उनकी संततियाँ भी नहीं होंगी।

तब वर्तमान से दसियों या शायद सैकड़ों लोग यूँ ही गायब हो जाएँगे; ये वही लोग होंगे, जिनका पूर्वज वह नवयुवक था। ये लोग ऐसे गायब होंगे कि कोई नामो-निशान तक नहीं रहेगा, वे कालविलीन हो जाएँगे, क्योंकि कारण-कार्य की जिस शृंखला से उनका जन्म होना है, उसकी एक कड़ी ही गायब हो जाएगी...

इस तरह सिर्फ लोग ही नहीं, कला-कृतियाँ, भवन या पूरा का पूरा शहर भी गायब हो जा सकता है।

जी हाँ, यदि काल-यंत्र बन जाता और काल-यात्रा के निरंकुश प्रेमी समय के प्रवाह में आगे-पीछे भिन्न युगों में घूमना शुरू कर देते तो आदमी का जीवन परेशानियों से भर जाता। हमें हमेशा डर लगा रहता कि कोई चीज या कोई आदमी अचानक गायब हो जाएगा। दूसरी ओर, ये काल-यात्री कारण-कार्य की शृंखलाओं

को तोड़ते ही नहीं, नई शृंखलाओं को जन्म भी देते। इसके फलस्वरूप हमारे जीवन में अप्रत्याशित रूप से नई-नई वस्तुएँ और घटनाएँ उत्पन्न होती रहतीं।

विख्यात अमरीकी वैज्ञानिक और गल्पनाकार आइजेक आजीमोव की एक अत्यंत रोचक कहानी है—'अमरत्व का अंत'। इसमें भी काल-प्रवाह में यात्राओं के परिणामों पर मनन किया गया है। कहानी में एक विशेष 'अंतर्कालिक' संगठन है, जो काल-यात्रा की रीतियों से वास्तविक वर्तमान में सुधार लाने का काम करता है।

मानव-जाति के इतिहास में कोई अवांछनीय घटना देख कर विशेषज्ञ लोग उसके आरंभिक कारणों का ध्यानपूर्वक अध्ययन करते थे और उनमें इस प्रकार सुधार लाते थे कि अवांछित परिणाम नहीं उत्पन्न होते थे। इसी के अनुरूप लोगों की स्मृति भी बदल जाती थी, घटना-क्रम के पुराने विकल्प की कोई भी याद बची नहीं रहती थी।

यद्यपि इस काम का उद्देश्य था—लोगों का जीवन बेहतर बनाना, इसके वास्तविक परिणाम ठीक उल्टा हुए, क्योंकि पूरी मानव-जाति को किसी पहले से निश्चित नाट्य-लेख के अनुसार जीने को विवश नहीं किया जा सकता, और वह भी कारण-कार्य की शृंखला में क्षुद्र हस्तक्षेपों की रीति से। इतिहास आखिर इतिहास ही है; उसमें कोई-कोई सांयोगिक परिस्थितियाँ भी महत्त्वपूर्ण भूमिका निभा जाती हैं, फिर भी उसका प्रवाह मुख्यतः वस्तुगत नियमों द्वारा ही निर्धारित होता है, जो आकस्मिकताओं के ढेर में भी अपना रास्ता बना ही लेते हैं। पूरी पृथ्वी के पैमाने की घटनाओं को प्रभावित करने के लिए मानव-जाति के पूरे इतिहास की रूपरेखा ही नहीं बदलनी पड़ती, सामाजिक विकास के नियमों को भी बदलना पड़ता।

खैर, यह सब तो समस्या का दार्शनिक पक्ष है। अब भौतिकी की ओर लौटें। अतीत-यात्रा की संभावना के बारे में यह विज्ञान क्या कहता है? वह इसका सीधा-सीधा निषेध कर देता है। ठीक उसी तरह, जैसे शाश्वत-चलित्र के निर्माण को।

आधुनिक सैद्धांतिक भौतिकी का कथन है कि किसी भौतिक तंत्र में घटने वाली कोई भी घटना इस तंत्र के विकास पर अपना प्रभाव सिर्फ भविष्य में डाल सकती है, तंत्र के विगत व्यवहार पर कोई प्रभाव नहीं डाल सकता।

व्यापक कारणता-सिद्धांत का भौतिकीय प्रतिरूप यही है, जिसका सार है : हर संवृत्ति का स्वाभाविक कारण होना चाहिए।

दूसरी ओर, दुष्कर होने पर भी कल्पना की जा सकती है कि ब्रह्मांड में ऐसे भी क्षेत्र हैं, जहाँ काल का प्रवाह हमारी दुनिया से उल्टी दिशा में बहता है। इसका

उपयोग अतीत यात्रा में किया जा सकता था, कम से कम निकट अतीत में ही (यदि उन क्षेत्रों में काल-प्रवाह अधिक तीव्र गति से होता, तो दूर अतीत में भी यात्रा संभव होती), लेकिन इसके लिए दो संक्रमण करने पड़ते थे—हमारे क्षेत्र से 'उस' क्षेत्र में और वहाँ से वापस।

इस प्रश्न का अध्ययन अभी बिल्कुल नहीं हुआ है, फिर भी इतना अभी से कहा जा सकता है कि ऐसे संक्रमणों पर भौतिकी के नियम शायद इतने ही कठोर निषेध लगाते हैं, जितने सीधी अतीत-यात्रा पर।

प्रकाश से भी तीव्र?

यह एक प्रचलित मत है कि सापेक्षिकता-सिद्धांत में अतिप्रकाशीय वेग अनुमत नहीं हैं। क्या यह सच है? भौतिकीय अर्थ क्या है?

बात यह है कि किसी भी गतिमान वस्तु का वेग भिन्न मापतंत्रों की दृष्टि में (भिन्न मापतंत्रों के सापेक्ष) सामान्यतः समान नहीं होता। एक मापतंत्र के सापेक्ष वस्तु विश्रामावस्था में हो सकती है, दूसरे के सापेक्ष कुछ वेग से गतिमान हो सकती है, तीसरे के सापेक्ष बहुत बड़े वेग से भी क्या आधुनिक सिद्धांतों के अनुसार प्रकृति में ऐसे वेग संभव हैं, जो प्रकाश-वेग से अधिक हों? अ. जेल्मानोव इस रोचक प्रश्न का उत्तर यूँ देते हैं।

सापेक्षिकता-सिद्धांत के अनुसार प्रकृति में सचमुच एक आधारभूत वेग C है, जो किसी भी बल की अभिक्रिया का महत्तम संभव वेग है। इसका गतिमान हो सकती है। न्यूटन की यांत्रिकी में एक ऐसा वेग भी है, जिसका मान सभी मापतंत्रों की दृष्टि में बिल्कुल समान होगा। लेकिन यह अनंत बड़ा वेग होगा। ऐसा वेग सिर्फ सीमा है। कोई भी वास्तविक वस्तु सिर्फ सांत (सीमित) वेग से ही गतिमान हो सकती है। लेकिन न्यूटन की यांत्रिकी में यह वेग सिद्धांततः जितना चाहें बड़ा हो सकता है।

सापेक्षिकता-सिद्धांत में भी एक स्थिति है, जब वेग का मान मापतंत्र के चयन पर निर्भर नहीं करता। यह तब होता है, जब पिंड का वेग आधारभूत वेग के बराबर होता है।

इस प्रकार, सापेक्षिकता-सिद्धांत का आधारभूत वेग न्यूटन की यांत्रिकी के अनंत विशाल वेग का ही सदृशरूप है।

सापेक्षिकता-सिद्धांत के अनुसार द्रव्यमान और ऊर्जा का कोई भी स्थानांतरण, बलीय व्यतिक्रियाओं का कोई भी प्रेषण आधारभूत वेग से अधिक क्षिप्र वेग से संभव नहीं है।

प्रकृति में हो प्रकार की वस्तुएँ हैं : एक का स्थैर्य द्रव्यमान शून्येतर होता है; ये आधारभूत वेग से कम मान के वेगों से ही गतिमान हो सकते हैं। शून्य स्थैर्य द्रव्यमान वाली वस्तुएँ सिर्फ आधारभूत वेग से गतिमान रहती हैं।

फिर भी, बात कितना भी विरोधाभासयुक्त क्यों न लगे, आधारभूत वेग से बड़े वेग भी संभव हैं। ऐसे वेग का एक उदाहरण दीवार पर दर्पण से परावर्तित प्रकाश के धब्बे के स्थानांतरण का वेग है। प्रकाश के धब्बे को मनचाहे बड़े वेग से स्थानांतरित किया जा सकता है। लेकिन यह दीवार पर सिर्फ प्रकाशमान स्थल के स्थानांतरण का वेग है, इसमें द्रव्य का स्थानांतरण या व्यतिक्रिया का प्रेक्षण नहीं होता।

अब यह स्पष्ट किया जाए कि किसी वस्तु का वेग क्या है। यह हमेशा किसी न किसी मापतंत्र के सापेक्ष गति का वेग होता है। यही नहीं, वह उस मापतंत्र के उस बिंदु-विशेष के सापेक्ष होता है, जिससे वस्तु प्रत्त क्षण गुजर रही होती है। किसी दूरी पर स्थित बिंदु या किसी अन्य काल में अस्तित्वमान किसी अन्य वस्तु के सापेक्ष विचाराधीन वस्तु के वेग की बात करना सच पूछें तो निरर्थक है।

फिर पार्थिव प्रेक्षक के सापेक्ष किसी मंदाकिनी के वेग का क्या अर्थ है? जाहिर है कि ऐसी अवधारणा और भी निरर्थक है, क्योंकि हम उससे व्योम और काल दोनों ही में दूर हैं।

लेकिन आखिर ऐसी स्थितियों में मंदाकिनियों के किस वेग की बात चलती है? सिर्फ किसी निश्चित मापतंत्र के सापेक्ष वेग के बारे में; यह मापतंत्र ऐसा होना चाहिए कि उसमें वह काल तथा क्षेत्र भी आ जाए, जिसमें हम जी रहे हैं और वह काल तथा क्षेत्र भी, जिसमें मंदाकिनी प्रकाश-उत्सर्जन के क्षण थी। ऐसा मापतंत्र कई रीतियों से रचा जा सकता है। अनेक विकल्प-रूपों में से एक ऐसा तंत्र चुन लेते हैं, जिसमें हमारा निजी वेग शून्य हो। तब बाकी मंदाकिनियों का वेग स्पष्टतः इस बात पर निर्भर करेगा कि हमारा मापतंत्र समय के साथ-साथ अपरूपित होता है या नहीं, और यदि होता है, तो किसी प्रकार अपरूपित नहीं होने वाला कोई 'कठोर' मापतंत्र चुनना निश्चय ही युक्तिसंगत होता, पर यह संभव नहीं है, क्योंकि मंदाकिनियों के दूर भागते रहने से द्रव्यमान-वितरण का घनत्व बदलता रहता है और इसके फलस्वरूप व्योम की ज्यामिति भी।

इसलिए ऐसा मापतंत्र चुनने की कोशिश करते हैं, जो कम से कम उस बिंदु से त्रिज्य दिशाओं में अपरूपित न होता हो, जिसमें हम खुद स्थित हैं। समज संपर्ययी ब्रह्मांड में यह संभव है। ऐसे मापतंत्र के सापेक्ष मंदाकिनियों के वेग

शून्येतर और आधारभूत वेग से सदा कम होंगे। स्पष्ट है कि ये वेग दूरगामी मंदाकिनियों और उस बिंदु के बीच दूरी में वृद्धि की दर भी हैं, जिसमें हम स्थित हैं।

लेकिन सिद्धांत में अपरूपणरत मापतंत्र का उपयोग अधिक सुविधाजनक होता है, जो मंदाकिनियों के प्रसारमान तंत्र का सहवर्त हो, अर्थात् ऐसा मापतंत्र हो, जिसमें सभी मंदाकिनियों का वेग शून्य हो (यदि बेतरतीब गति के अपेक्षाकृत अल्पवेगों की उपेक्षा की जाए)। सहवर्त मापतंत्र में मंदाकिनियों के बीच की दूरी इस तंत्र के सापेक्ष उनके स्थानांतरण के कारण नहीं, बल्कि खुद तंत्र के अपरूपण (प्रसारण) के कारण बढ़ती है।

मंदाकिनियों के बीच की दूरियों के बढ़ने की ये दरें (वेग) दर्पण से बने प्रकाशमान धब्बे के वेग की तरह की आधारभूत वेग से बड़े हो जा सकते हैं।

लेकिन ये किसी भौतिक वस्तु की गति के वेग नहीं हैं।

फिर भी मानों एक विरोधाभासयुक्त स्थिति बन जाती है : प्रथम मापतंत्र में मंदाकिनियों की दूरी बढ़ने के वेग आधारभूत वेग से कम ही रहते हैं, लेकिन दूसरे में अधिक भी हो जा सकते हैं।

लेकिन यह विरोधाभास प्रतीतमान है। असलियत यह है कि किन्हीं दो वस्तुओं के बीच की दूरी और उसके बढ़ने की दर (अर्थात् उनका सापेक्षित वेग) मापतंत्र पर निर्भर करने वाली राशियाँ हैं।

पराप्रकाश वेग की दुनिया में

क्या वास्तव में प्रकाश-वेग से बड़ा कोई वेग हो सकता है? जैसा ऊपर कहा गया है, सापेक्षिकता-सिद्धांत के अनुसार कोई भी भौतिक प्रक्रिया निर्वात में प्रकाश-वेग से तेज नहीं हो सकती। ऐसे वेगों का वहिष्कार आधुनिक भौतिकी के सबसे मोहक परिग्रहों में से एक है।

फिर भी सिद्धांततः यह कहा जा सकता है कि प्रकाश-वेग से धीमे वेग वाली दुनिया (टार्डियन विश्व) के साथ-साथ एक और दुनिया है, जिसमें प्रकाश का वेग सभी संभव वेगों की ऊपरी नहीं, वरन् निचली सीमा है; इसे टार्डियन विश्व के विपरीत टैखियन-विश्व का नाम दिया गया है—ग्रीक टाईस (मंद) और टाखिस (क्षिप्र, द्रुत) शब्दों से। यह दूसरी दुनिया अननुवेदित रहती है, क्योंकि इसका पहली दुनिया के साथ कोई कटान-बिंदु नहीं है (अर्थात् दोनों एक-दूसरे से पूर्णतया हुई हैं, जिनमें उनके लेखकों ने 'पराप्रकाशीय' कणिकाओं की संभावना पर मनन किया है और इन कणिकाओं को उन्होंने टैखियन (tachyon) का नाम दिया है।

इस परिकल्पना के साथ रोचक बात यह है कि वह विशिष्ट सापेक्षिकता-सिद्धांत का विरोध नहीं करती, बल्कि उल्टा उसे प्रकाश-वेग की सीमा के पार की दुनिया के साथ और भी सुसंगत बना देती है। भौतिकी और गणित के डॉक्टर बाराशेन्कोव का कहना है कि टैखियनों की परिकल्पना सही हो या गलत हो, वह विशिष्ट सापेक्षिकता- सिद्धांत के साथ बड़े स्वाभाविक ढंग से घुलमिल जाता है और एक पूर्ण, अंतर्विरोधहीन चित्र प्रस्तुत करती है। उन्होंने यह भी कहा कि इस सिद्धांत की सत्यता तो प्रयोग द्वारा ही जाँची जा सकती है, फिर भी सापेक्षिकता के साथ वह जिस सरलता से सार्वकृत (व्यापकीकृत) हो जाता है, यह आश्चर्यजनक है।

सभी सिद्धांतविद इस दृष्टिकोण से सहमत नहीं हैं। विख्यात सोवियत वैज्ञानिक डॉक्टर या स्मोरोदींस्की से एक सार्वजनिक व्याख्यान के बाद जब टैखियनों के बारे में उनका विचार पूछा गया, तो उन्होंने कहा कि इस क्षेत्र में जो भी खोजें हुई हैं, वे अटकलबाजियाँ हैं और यथार्थ से बिल्कुल परे हैं; यह सब महज सैद्धांतिक खेल है।

इस प्रश्न पर लोगों के मत एक नहीं हैं लेकिन यदि टैखियन सचमुच में हों तो? वे एक तीसरे प्रकार के कण होंगे। प्रथम प्रकार के कण वे हैं, जो प्रकाश-वेग कभी भी नहीं प्राप्त कर सकते; इनमें सभी ज्ञात कणिकाएँ (प्राथमिक कण) आ जाती हैं। दूसरे प्रकार के कण हैं फोटोन-विद्युचुंबकीय विकिरण के क्वांटम-और शायद न्युट्रीनो। ये दोनों कण प्रकाश-वेग से प्रसरण करते हैं। टैखियनों का वेग सदा प्रकाश-वेग से अधिक होगा।

हमें यह स्पष्ट करना है कि टैखियनों की परिकल्पना भौतिक रूप से संभव है या नहीं। कठिनाई यह है कि कुछ संबंध या प्रक्रियाएँ, जो सामान्य घटनाओं की सीमा में वास्तविक (या शक्य) भी हो सकती हैं। अन्यतः, हमारी संभव और असंभव की धारणाएँ सापेक्षिक हैं। सिर्फ उन्हीं सिद्धांतों को भौतिकयी रूप से निरर्थक माना जा सकता है, जो प्रकृति के किसी नियम (या नियमों) का उस क्षेत्र में प्रतिवाद करते हैं, यहाँ यह नियम विश्वस्त रूप से सत्य सिद्ध हो चुका है। टैखियनों की परिकल्पना ऐसा कोई प्रतिवाद नहीं करती। टैखियनों की दुनिया हमारी अवप्रकाश-वेगों की दुनिया को कहीं भी व्यतिछेदित नहीं करती (काटती नहीं है)। उपरोक्त तीन प्रकार के कणों में एक सामान्य गुण है : एक प्रकार का कण दूसरे प्रकार के कण में किसी भी परिस्थिति में परिणत नहीं हो सकता। दूसरी ओर, उस प्रकार की स्वीकारोक्ति हम सिर्फ अपने वर्त्तमान ज्ञान के आधार पर कर सकते हैं। यदि और भी गहन वैज्ञानिक तथ्यों की दृष्टि से देखेंगे (जो अभी अज्ञात हैं), तो शायद बात बिल्कुल उलट जाए।

इस स्थिति में हम मान सकते हैं कि टैखियनों की दुनिया हमारी दुनिया को व्यतिछेदित करती है (काटती है)। इसका अर्थ यह होगा कि प्रकृति में अनिश्चित विकास-दिशा वाली प्रक्रियाएँ अस्तित्व रखती हैं कारणता-सिद्धांत, जिसके अनुसार कारण पहले आता है और कार्य बाद में, भौतिकी का एक मूल परिग्रह है। अन्य शब्दों में, कोई भी घटना अपने अतीत को प्रभावित नहीं कर सकती और जो हो चुका है, उसे बदल नहीं सकती। लेकिन प्रकाश-वेग से या इससे भी क्षिप्र चलने वाली कणिकाओं की दुनिया में यह सिद्धांत उल्ट भी सकता है—कार्य पहले आ सकता है और कारण बाद में; यह मापतंत्र पर निर्भर करेगा।

ऐसी प्रक्रियाओं में; जिनमें संकेत (सिग्नल) पराप्रकाश-वेग से गति करते हैं; घटनाओं का क्रम (कि कौन पहले होती है और कौन बाद में) दिनांक-तंत्र के चयन पर निर्भर करता है। दूसरी ओर, सूचना-प्रवाह की दिशा-जो कारण-कार्य के संबंध का आधार है—अपरिवर्तित रह जाती है। इसीके फलस्वरूप कारणता-सिद्धांत का उल्लंघन होता है।

क्या टैखियनों का कोई प्रवाह अतीत की ओर सूचना-प्रसार को संभव बना सकता है?

इस तरह के प्रवाह से हम अतीत के साथ बात-चीत के लिए टेलीफोन बना सकते हैं या आज किसी आदमी के लिए पिछले दिन ग्यारह बजे खुद को गोली मारना संभव कर सकते हैं...यह विरोधाभास है, लेकिन जबतक अवप्रकाश-वेगों की दुनिया पराप्रकाश-वेगों की दुनिया को व्यतिछेदित करती है, तभी तक यह संभव है। यदि सिर्फ प्रकाश-वेगों के क्षेत्र को ध्यान में रखा जाए, तो इस तरह के विरोधाभास जन्म नहीं लेंगे।

अबतक ऐसे कोई प्रायोगिक आंकड़े नहीं मिले हैं, जिनसे टैखियनों का अस्तित्व सिद्ध हो सके। शायद इसका कारण यह बताया जा सकता है कि प्रयोगों के समय इन परिकाल्पनिक कणों के कुछ गुणों को ध्यान में नहीं रखा गया, उन्हें उपेक्षित कर दिया गया, सिर्फ इसलिए कि हम उन्हें अभी जानते नहीं हैं। यही बात है या कुछ और, यह तो भविष्य ही बता सकता है। जैसे-जैसे सूक्ष्म जगत की भौतिकी विकसित हो रही है, वह एक से एक असाधारण अवधारणाओं को जन्म देती जा रही है, जो हमारे परंपरागत ज्ञान को झकझोर देती हैं। इससे वर्तमान ज्ञान-विज्ञान को परम का दर्जा देने की भ्रांति स्पष्ट हो जाती है। भौतिकी या खगोलिकी के विकास का कभी अंत नहीं होगा।

प्राथमिक कणों के सिद्धांत में, जो एक से एक अविश्वसनीय घटनाओं को प्रकाश में ला रहा है, ऐसी-ऐसी जटिल गणितीय तथा अन्य धारणाएँ हैं, जिनकी

हमारी परिवेशी दुनिया में कोई उपमा नहीं है।

यह भी ध्यातव्य है कि यह सिद्धांत दिनप्रतिदिन अंतरिक्षी पैमाने की घटनाओं के सिद्धांत के साथ घुलता-मिलता जा रहा है, और यह कि हमारे मानवीय पैमाने के दोनों सिरों-सूक्ष्म कणों की दुनिया और अंतरिक्षी घटनाओं की दुनिया-को संचालित करने वाले नियम कभी भी एक-दूसरे का प्रतिवाद नहीं करते।

यह मोटा-मोटी गुरुत्वाकर्षी संवृत्ति द्वारा दिखाया जा सकता है। सूक्ष्म जगत के गहरे अध्ययन से पता चलता है कि उसमें गुरुत्वाकर्षी प्रभाव बहुत क्षीण हो जाते है, लेकिन एक निश्चित सीमा तक ही; इसके बाद पुनः उनकी भूमिका तेजी के साथ बढ़ने लगती है, वे एक प्रबल और प्रधान संवृत्ति में परिणत हो जाते हैं, जैसे ब्रह्मांड के स्थूल जगत में होते हैं।

पराल्प दूरियों से लंछित होने वाले सूक्ष्म जगत में ऊर्जा और तदनुरूप द्रव्यमान इस हद तक बढ़ जाते हैं कि सूक्ष्म जगत के इस क्षेत्र में स्थूलदर्शी तो क्या विराटदर्शी संवृत्तियाँ मिलने लगती हैं। दोनों जगत आपस में घुल-मिल जाते हैं, इसीलिए तो प्रकृति के कुछ नियम दोनों पर लागू होते हैं।

काले विवर, जिनमें द्रव्य का घनत्व पराकाष्ठा पर होता है, एक अन्य क्षेत्र हैं, जहाँ सूक्ष्मदर्शी और स्थूलदर्शी घटनाएँ संलीन हो जाती हैं। यहाँ गुरुत्वाकर्षी प्रभाव दोनों स्तरों पर विराट होते हैं; प्रथम स्थिति में वे व्योम की परिवर्तित ज्यामिति में अभिव्यक्त होते हैं और दूसरी में—क्वांटमयांत्रिकीय प्रभावों में।

इस प्रकार यह स्पष्ट हो जाता है कि ब्रह्मांड में सूक्ष्म एवं स्थूल दोनों ही जगतों को समझने के लिए सुराग छिपे हुए हैं। इसलिए इसमें आश्चर्य की कोई बात नहीं है कि सिद्धांतविद-भौतिकविद और खगोलविद-पिछले समय से क्वांटमी गुरुत्व और क्वांटमी विश्वलोचन के सिद्धांत पर अपना ध्यान केंद्रित कर रहे हैं। आशा है कि इससे सूक्ष्म जगत की व्याख्या करने वाली क्वांटमी भौतिकी और अनंत बड़े पैमानों पर लागू होने वाले सामान्य सापेक्षिकता-सिद्धांत के बीच मेल स्थापित किया जा सकेगा।

यदि व्योग चतुर्विम होता

सभी जानते हैं कि हमारी दुनिया त्रिविम है, अर्थात् इसका विस्तार त्रिगुण है : हमारे परिवेशी व्योम की तीन मापें हैं—लंबाई, चौड़ाई और ऊँचाई। प्रत्येक विस्तार को विमा कहते हैं।

लेकिन यदि हमारी दुनिया की तीन से अधिक मापें होतीं? अतिरिक्त

विमाएँ विभिन्न भौतिक प्रक्रियाओं के प्रवाह पर कैसा प्रभाव डालतीं?

आधुनिक विज्ञान-गल्पों के पृष्ठों पर 'शून्य-परिवहन' के सहारे विराट अंतरिक्षी दूरियों को लगभग क्षण भर में पार करने या 'अतिव्योम', 'अधिव्योम', 'अवव्योम' आदि से होकर संक्रमण करने की घटनाओं का वर्णन मिलता है।

यह सब क्या है? सभी अच्छी तरह जानते हैं कि किसी भी यथार्थ वस्तु का वेग अधिक से अधिक शून्य में प्रकाश-वेग के बराबर हो सकता है, जिसे प्राप्त करना व्यवहारतः असंभव है। फिर करोड़ों-करोड़ प्रकाश-वर्ष की दूरियाँ 'छलांगने' का क्या मतलब हो सकता है? जाहिर है कि यह विचार गाल्पनिक है, लेकिन इसके पीछे गणित और भौतिकी के रोचक सिद्धांत हैं।

शुरू में एक बिंदुवत प्राणी की कल्पना करें, जो एकविम व्योम में, अर्थात् एक सरल रेखा पर रहता है। इस 'संकीर्ण' दुनिया में सिर्फ एक विस्तार है—लंबाई, और सिर्फ दो संभव दिशाएँ हैं—आगे और पीछे।

दुविम काल्पनिक प्राणिओं—'चपटुओं'—की गति-विधि के लिए कहीं अधिक संभावनाएँ हैं। वे दो विमाओं में भ्रमण कर सकते हैं, उनकी दुनिया में लंबाई के अतिरिक्त चौड़ाई भी है। लेकिन ये तीसरी विमा में नहीं निकल सकते, ठीक उसी तरह, जैसे बिंदुवत प्राणी अपनी सरल रेखा से बाहर नहीं निकल सकते। एकविम और दुविम दुनियाँ के प्राणी सिद्धांततः इस निष्कर्ष पर पहुँच सकते हैं कि विमाओं की संख्या अधिक है, लेकिन इन अतिरिक्त विमाओं में निकलने का रास्ता उनके लिए बंद होगा।

समतल के दोनों तरफ त्रिविम व्योम है, जिसमें हम, अर्थात् त्रिविम प्राणी रहते हैं। दुविम दुनिया में कैद दुविम प्राणी हमारी त्रिविम दुनिया को देख ही नहीं सकता, क्योंकि वह सिर्फ अपनी दुनिया की ही सीमा में देख सकता है। इसलिए त्रिविम प्राणियों के अस्तित्व के बारे में दुविम प्राणियों को तभी पता लगता, जब कोई आदमी उंगली से उनके समतल में छेद कर देता। लेकिन इस स्थिति में भी दुविम प्राणी समतल और उंगली का सिर्फ

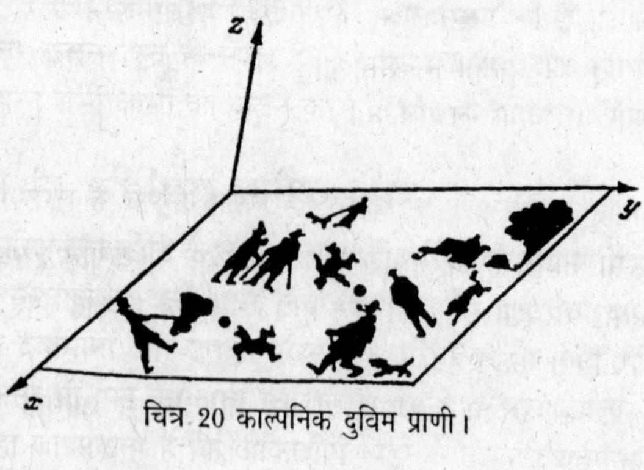

चित्र 20 काल्पनिक दुविम प्राणी।

दुविम स्पर्श-क्षेत्र ही देखेंगे। यह इस बात के लिए काफी नहीं है कि वह त्रिविम व्योम और उसके रहस्यमय प्राणियों के अस्तित्व के बारे में निष्कर्ष दे सके।

ठीक इसी तरह का विचार-क्रम हमारे त्रिविम व्योम के लिए भी दिया जा सकता था, यदि वह किसी और भी विस्तृत, चतुर्विम व्योम के भीतर होता (जैसे दुविम व्योम त्रिविम व्योम के भीतर है)।

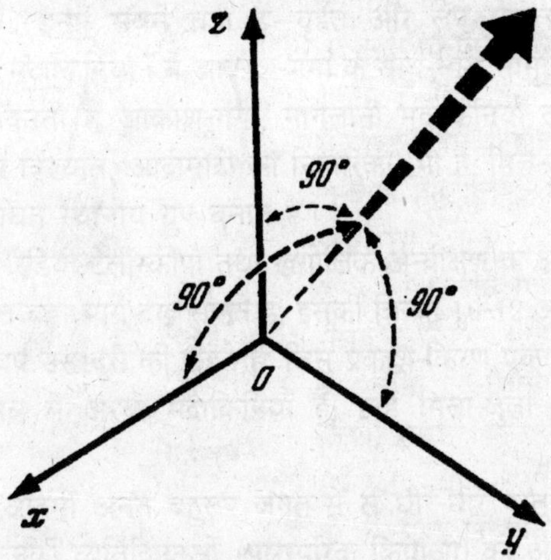

चित्र 21. चौथी विमा।

लेकिन पहले यह स्पष्ट कर लें कि चतुर्विम व्योम क्या है। त्रिविम व्योम का विस्तार तीन परस्पर लंब दिशाओं में होता है, ये ही उसकी विमाएँ हैं : 'लंबाई', 'चौड़ाई' और 'ऊँचाई' (दिशांक-तंत्र में तीन परस्पर लंब दिशाएँ)। यदि इन तीनों दिशाओं के साथ एक चौथी भी मिलाई जा सकती, जो इन तीनों में से प्रत्येक के साथ लंब होती, तो व्योम में चार विमाएँ होतीं, वह चतुर्विम होता।

गणितीय तर्क की दृष्टि में चतुर्विम व्योम की कल्पना और इसके परिणाम पूर्णतया सुसंगत हैं, इसमें कहीं भी कोई अंतर्विरोध नहीं है। लेकिन तार्किक सुसंगति (अंतर्विरोधहीनता) अपने-आप में भौतिक अस्तित्व का प्रमाण नहीं है। इस तरह का प्रमाण सिर्फ अनुभव और प्रयोग से मिल सकता है। और अनुभव यही कहता है कि हमारे व्योम में किसी बिंदु से सिर्फ तीन परस्पर लंब ऋजु रेखाएँ (सरल रेखाएँ) खींची जा सकती हैं।

एक बार फिर 'चपटुओं' की 'सहायता' लें। इन प्राणियों के लिए तीसरी विमा (जिसमें वे निकल नहीं सकते) वैसी ही है, जैसी हमारे लिए चौथी विमा है। लेकिन हमारे और इन काल्पनिक चपटे प्राणियों के बीच एक महत्त्वपूर्ण अंतर है। उनका समतल यथार्थ अस्तित्व वाली त्रिविम दुनिया का एक अंश है, लेकिन हमारी दुनिया ज्यामितिक रूप से त्रिविम है और किसी चतुर्विम दुनिया का अंश नहीं है; हमारे हाथों में जितने भी वैज्ञानिक तथ्य हैं, वे इसी बात की पुष्टि करते

हैं। यदि ऐसी चतुर्विम दुनिया सचमुच में होती, तो हमारी त्रिविम दुनिया में चंद 'विचित्र' संवृत्तियाँ भी अवलोकित होतीं।

पुनः समतल दुविम दुनिया की ओर लौटें। उसके निवासी समतल की सीमा से बाहर नहीं निकल सकते, लेकिन बाह्य त्रिविम दुनिया की उपस्थिति के कारण सिद्धांतत; वहाँ चंद संवृत्तियाँ तीसरी विमा में निकल कर भी संपन्न हो सकती हैं। इस बात के कारण वहा ऐसी प्रक्रियाएँ भी संपन्न हो सकती हैं, जो दुविम दुनिया में अपने-आप नहीं हो सकतीं।

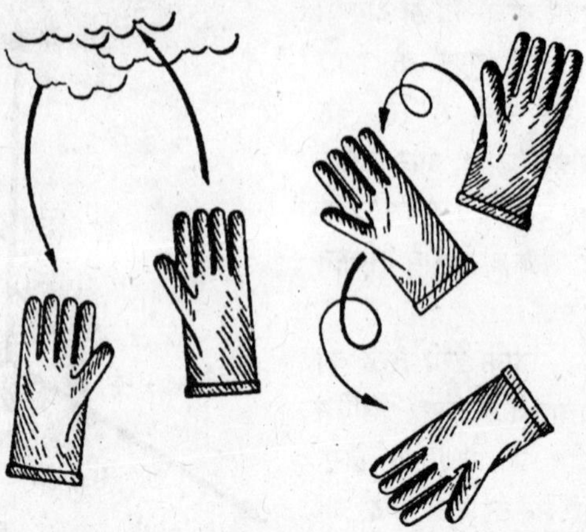

चित्र 22 दस्ताने के साथ प्रयोग।

उदाहरणार्थ, कल्पना करें कि समतल पर घड़ी के डायल का चित्र पड़ा है। इस डायल को समतल से हटाये बिना उसे आप चाहे जितना घुमाएँ-फिराएँ, आप उस पर अंकों की पारस्परिक स्थिति इस तरह नहीं बदल सकते कि उनके बढ़ने की दिशा सूइयों के चिलने की विपरीत दिशा में हो जाए। यह तभी संभव होगा जब आप डायल को समतल से त्रिविम व्योम में ला कर उलटते हुए पुनः उस समतल पर लौटा देंगे।

त्रिविम व्योम में इससे मिलता-जुलता काम निम्न होता। क्या बाएँ हाथ के दस्ताने को व्योम में उलट-पुलट कर, घुमा-फिरा कर (अर्थात् उसे भीतर से उलटे बगैर सिर्फ व्योम में उसकी स्थिति बदलते हुए) उसे दाएँ हाथ के दस्ताने में परिणत कर सकते हैं? कोशिश कीजिए, आपको जल्द ही विश्वास हो जाएगा कि यह असंभव है। लेकिन यदि चतुर्विम व्योम होता, तो यह बहुत सरलता के साथ संपन्न हो जाता, जैसे डायल के साथ हुआ था।

हम चतुर्विम व्योम में निकलने का रास्ता नहीं जानते। लेकिन बात इतनी ही नहीं है। उसे शायद प्रकृति भी नहीं जानती है। हम ऐसी एक भी संवृत्ति नहीं जानते, जिसे समझने-समझाने के लिए चौथी विमा की जरूरत पड़ती।

यह सचमुच अफसोस की बात है। यदि चतुर्विम व्योम और उसमें जाने का

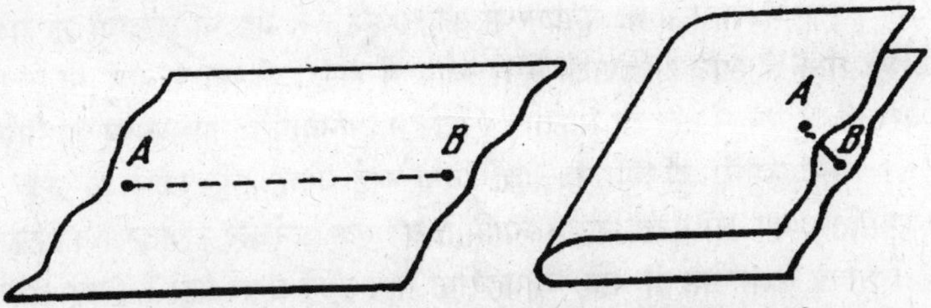

चित्र 23 शून्य-परिवहन की काल्पनिक विविध का ज्यामितिक अर्थ।

रास्ता अस्तित्व रखते, तो हमारे सामने अनेक आश्चर्यजनक संभावनाएँ उत्पन्न होतीं।

एक 'चपटू' की कल्पना करें, जिसे अपनी समतल दुनिया में एक स्थान से 50 किलोमीटर दूर किसी स्थान पर पहुँचना है। यदि वह एक दिन-रात में एक मीटर की दूरी तय करता है, तो उसे गंतव्य स्थान पर पहुँचने में सौ से अधिक वर्ष लग जाएँगे। अब कल्पना करें कि उसका समतल त्रिविम व्योम में इस प्रकार तह लगा कर रखा हुआ है कि उसका प्रस्थान और गंतव्य बिंदु एक दूसरे से सिर्फ एक मीटर की दूरी पर हैं। अब उनके बीच सिर्फ एक छोटी-सी दूरी है, जिसे चपटू एक अहर्निश में तय कर सकता है। लेकिन यह मीटर तीसरी विमा में है! यदि चपटू उसमें जा सकता, तो यह 'शून्य-परिवहन' या अतिसंक्रमण का उदाहरण होता।

इस तरह की परिस्थिति वक्रित त्रिविम दुनिया में भी हो सकती थी...

व्यापक सापेक्षिकता-सिद्धांत दिखता है कि हमारी दुनिया सचमुच वक्रित है। इसके बारे में अब हम जान चुके हैं। यदि इसके साथ-साथ चतुर्विम व्योम भी होता, जिसमें हमारी त्रिविम दुनिया डुबी होती, तो चंद विराट अंतरिक्षी दूरियाँ हम चतुर्विम छेद से होकर आसानी से तय कर लेते। गल्प-लेखकों का तात्पर्य यही है।

चतुर्विम दुनिया से इतने मोहक लाभ हैं। लेकिन उसकी 'खामियाँ' भी हैं। पता चला है कि विमाओं की संख्या बढ़ने पर गति का टिकाऊपन घटता है। बहुसंख्य अन्वीक्षण दिखाते हैं कि ऐसा कोई क्षोभ संभव नहीं है, जो दुविम व्योम में किसी पिंड के गिर्द संवृत पथ पर गतिशील पिंड का संतुलन इतना बिगाड़ दे कि वह अनंत दूर चला जाए। तीन विमाओं वाले व्योम में यह प्रतिबंध अधिक क्षीण हैं, फिर भी यदि क्षोभ बहुत बड़ा न हो, तो गतिमान पिंड का पथ यहाँ भी अनंत की ओर नहीं जाता।

लेकिन चतुर्विम व्योम में सभी गोल (वृत्ताकार) पथ अटिकाऊ हो जाते हैं। ऐसे व्योम में ग्रह सूर्य के गिर्द वलन नहीं करते रहते; वे या तो उसपर गिर जाते या उससे अनंत में भाग जाते।

क्वांटम-यांत्रिकी के समीकरणों की सहायता से यह भी दिखाया जा सकता है कि तीन से अधिक विमाओं वाले व्योम में हाइड्रोजन का परमाणु भी टिकाऊ विरचना के रूप में नहीं रह सकता। एलेक्ट्रोन अनिवार्यतः नाभिक पर जा गिरता।

यदि हमारी दुनिया में चौथी विमा जुड़ जाती, तो व्योम के चंद शुद्ध ज्यामितिक गुण भी बदल जाते। ज्यामिति का एक अनुच्छेद रूपांतरण का सिद्धांत है जिसका सैद्धांतिक ही नहीं, व्यावहारिक महत्त्व भी बहुत बड़ा है। इस अनुच्छेद के अंतर्गत यह अध्ययन किया जाता है कि एक दिशांक-तंत्र से दूसरे में संक्रमण से अलग-अलग ज्यामितिक आकृतियाँ किस प्रकार बदलती हैं। ऐसे ज्यामितिक रूपांतरणों में एक विशेष प्रकार के रूपांतरण हैं, जिन्हें समरूपी कहते हैं। इन रूपांतरणों में कोण सुरक्षित रहते हैं।

यदि और सही कहा जाए, तो बात निम्न है। किसी सरल ज्यामितिक आकृति—वर्ग या बहुभुज—की कल्पना करें और उस पर रेखाओं की मनचाही जाली बिछा लें; यह एक तरह से 'कंकाल' होगा। तब दिशांक-तंत्र के ऐसे रूपांतरणों को समरूपी कहेंगे, जिनके फलस्वरूप हमारा वर्ग या बहुभुज किसी भी अन्य आकृति में परिणत हो जाए, लेकिन इस तरह कि 'कंकाल' की रेखाओं के बीच के कोण ज्यों के त्यों रहें। समरूपी रूपांतरण का एक दृश्यसुगम उदाहरण है ग्लोब की सतह को समतल पर उतारना; भौगोलिक मानचित्र इसी प्रकार बनाए जाते हैं।

पिछली शती में ही जर्मन गणितज्ञ बेर्नहार्ड रीमान (Riemann, 1826-66) ने सिद्ध किया था कि कोई भी समतल सतत (अर्थात् 'छिद्रहीन' या जैसा कि गणित में कहते हैं—एकसंयोजी) आकृति वृत्त में समरूप रूपांतरित हो सकती हैं।

जल्द ही रीमान के समकालीन फ्रांसीसी गणितज्ञ जोजेफ लीउविल (1809-82) ने एक महत्त्वपूर्ण प्रमेय सिद्ध किया कि सभी प्रकार के त्रिविम पिंड का वर्तुल (गोले) में समरूप रूपातरण संभव नहीं हैं।

इस प्रकार, त्रिविम व्योम में समरूप रूपांतरण इतना विस्तृत नहीं है, जितना समतल में। सिर्फ एक दिशाक्ष मिला देने से व्योम के ज्यामितिक गुणों पर काफी कठोर अतिरिक्त प्रतिबंध लग जाते हैं।

कहीं इसीलिए तो यथार्थ व्योम त्रिविम है, दुविम या पंचविम नहीं है? कहीं असली कारण यही तो नहीं कि दुविम व्योम जरूरत से ज्यादा स्वतंत्र है और पंचविम दुनिया की ज्यामिति इसके विपरीत कुछ ज्यादा ही कठोरता से प्रतिबंधित है? लेकिन सचमुच में आखिर क्यों? क्यों यह व्योम, जिसमें हम जी रहे हैं, त्रिविम है, चतुर्विम या पंचविम नहीं है?

अनेक वैज्ञानिकों ने इस प्रश्न का उत्तर व्यापक दार्शनिक मान्यताओं के आधार पर देने की कोशिश की है। यथा, अरस्तू का कहना था कि विश्व में आदर्श पूर्णता होनी चाहिए, जो तीन विमाओं से ही संभव है।

लेकिन मूर्त्त भौतिकीय समस्याएँ इस जैसी रीतियों से हल नहीं हो सकतीं।

अगला कदम गैलीली ने उठाया। उन्होंने इस प्रयोगात्मक तथ्य की ओर ध्यान दिलाया कि हमारी दुनिया में तीन से अधिक परस्पर लंब दिशाएँ संभव नहीं हैं। लेकिन इस स्थिति का कारण क्या है, इसकी छान-बीन गैलीली ने नहीं की।

जर्मनी के दार्शनिक, गणितज्ञ, भौतिकविद और भाषाविद लेइबनिट्स (Leibnitz, 1646-1716) ने इस प्रश्न का उत्तर शुद्ध ज्यामितिक प्रमाणों की सहायता से देने की कोशिश की। लेकिन यह रास्ता ज्यादा कारगर नहीं हो सका, क्योंकि ये प्रमाण सिर्फ तार्किक थे और वास्तविकता से बिल्कुल अवच्छिन्न थे।

लेकिन यदि सच पूछा जाए, तो विमाओं की कोई भी संख्या यथार्थ व्योम का एक भौतिकीय गुण है और उसके निश्चित भौतिक कारण होने चाहिए; उसे किसी न किसी गहन भौतिक नियमसंगति का परिणाम होना चाहिए।

ये कारण आधुनिक भौतिकी के किसी सिद्धांत से शायद ही निगमित हो सकें, क्योंकि व्योम की त्रिविमता पर ही सभी वर्तमान भौतिकीय सिद्धांत आधारित हैं। शायद इस प्रश्न का उत्तर भविष्य के किसी व्यापक भौतिकीय सिद्धांत से ही मिल सकेगा।

अब एक अंतिम प्रश्न रह गया है। सापेक्षिकता-सिद्धांत में ब्रह्मांड के चतुर्विम व्योम की बात होती है। लेकिन यह उपरोक्त सही अर्थ में चतुर्विम व्योम नहीं है।

पहली बात तो यह है कि सापेक्षिकता-सिद्धांत का चतुर्विम व्योम कोई साधारण व्योम नहीं है। इसमें चौथी विमा समय (काल) है। जैसा कि पहले बता चुके हैं, सापेक्षिकता-सिद्धांत ने व्योम और पदार्थ के बीच गहरा संबंध स्थापित किया है। लेकिन बात इतनी ही नहीं है। पता चला कि पदार्थ और समय भी आपस में प्रत्यक्ष रूप से जुड़े हुए हैं। इससे निष्कर्ष निकलता है कि व्योम और समय भी आपस में संबंधित हैं (और एक दिक्कालिक सातत्य बनाते हैं—अनु.) पदार्थ, व्योम और समय की इसी आपसी निर्भरता के संदर्भ में जर्मनी के विख्यात गणितज्ञ और भौतिकविद् गेर्मान मिंकोव्स्की (Minkowski, 1864-1909) ने कहा था : "अब से अपने-आप में व्योम और अपने-आप में समय को मात्र प्रतिच्छाया बना रहना चाहिए, उनकी स्वनिर्भरता उनके विशेष संचय (सम्मेल) में ही सुरिक्षत रह सकती है।" मिंकोव्स्की की कृतियाँ ही आगे चलकर सापेक्षिकता-सिद्धांत का

आधार बनीं। व्योम और काल की आपसी निर्भरता का आधार बनीं। व्योम और काल की आपसी निर्भरता की गणितीय अभिव्यक्ति के लिए औपचारिक ज्यामितिक प्रतिरूप–'चतुर्विम दिक्काल'–उन्होंने ही प्रस्तावित किया था। इस औपचारिक (अभिग्रहीत) व्योम में तीन मुख्य अक्षों पर लंबाई के अंतराल अंकित किए जाते हैं और चौथे अक्ष पर–समय के अंतराल।

इस प्रकार, सापेक्षिकता-सिद्धांत में चतुर्विम 'दिक्काल' महज एक गणितीय युक्ति है, जिसकी सहायता से विभिन्न भौतिकीय प्रक्रियाएँ सुविधाजनक रूप में वर्णित हो सकती हैं। इसलिए "हम चतुर्विम व्योम में रहते हैं" जैसी उक्ति का अर्थ इतना ही है कि विश्व में सभी घटनाएँ व्योम में ही नहीं; समय में भी घटती हैं।

जाहिर है कि किसी भी गणितीय संरचना में, चाहे वह कितनी भी विविक्त, अमूर्त्त क्यों न हो, सद यथार्थ वस्तुगत जगत का कोई न कोई पक्ष प्रतिबिंबित होता है, यथार्थ वस्तुओं और संवृत्तियों के कोई न कोई संबंध अभिव्यक्त होते हैं। लेकिन किसी सहायक गणितीय उपकरण (और साथ ही गणित में बशर्त अभिग्रहीत किसी शब्द) तथा वस्तुगत यथार्थ को समान समझना बिल्कुल गलत होगा।

इन बातों को ध्यान में रखने पर स्पष्ट हो जाता है कि सापेक्षिकता-सिद्धांत के आधार पर अपनी दुनिया को चतुर्विम मानना लगभग ऐसा ही है, जैसे चाँद पर काले धब्बों को पानी से भरा क्षेत्र मानना–इस आधार पर कि खगोलविद उन्हें सागर नाम से पुकारते हैं।

इसलिए ज्ञान-विकास के कम से कम आधुनिक स्तर पर 'शून्य परिवहन' सिर्फ विज्ञान-गल्प के पृष्ठों पर संभव है।

हम बता चुके हैं कि ब्रह्मांड में स्थित हमारी महामंदाकिनी प्रसारमान क्षेत्र है; इसमें कोई भी मंदाकिनी हमसे जितनी ही दूर है, वह उतनी ही तेजी से दूर होती जा रही है।

लेकिन सापेक्षिकता-सिद्धांत के समीकरण एक अन्य संभावना को भी अनुमत बताते हैं–संकोचन को।

क्या इस बात का कोई सैद्धांतिक महत्त्व है कि महामंदाकिनी प्रसारित हो रही है या संकोचित हो रही है?

संकोचमान ब्रह्मांड में

हम निम्न प्रश्नों का उत्तर देने की कोशिश करते हैं : यदि महामंदाकिनी संकोचमान होती, तो क्या होता? विश्व के चित्र में कोई परिवर्तन होता या नहीं?

पहली दृष्टि में यह प्रतीत हो सकता है कि कोई खास बात नहीं होती। सिर्फ खगालविदों को लाल स्थानांतरण की जगह बैंगनी स्थानांतरण प्रेक्षित होता, इसके अतिरिक्त और कोई नई बात देखने को नहीं मिलती, क्योंकि मंदाकिनियाँ पृथ्वी से अरबों प्रकाश-वर्ष की विराट दूरियों पर हैं।

पहली दृष्टि में यह प्रतीत हो सकता है कि कोई खास बात नहीं होती। सिर्फ खगोलविदों को लाल स्थानांतरण की जगह बैंगनी स्थानांतरण प्रेक्षित होता, इसके अतिरिक्त और कोई नई बात देखने को नहीं मिलती, क्योंकि मंदाकिनियाँ पृथ्वी से अरबों प्रकाश-वर्ष की विराट दूरियों पर हैं।

लेकिन वास्तविकता में बात इतनी सरल नहीं है...एक छोटा-सा प्रश्न ही लें : रात को अंधेरा क्यों रहता है? यह सचमुच एक बहुत गंभीर समस्या है, जिसने ब्रह्मांड संबंधी हमारी वैज्ञानिक अवधारणाओं के विकास में एक महत्त्वपूर्ण भूमिका निभाई है। खगोलिकी के इतिहास में यह समस्या प्रकाशमितिक विरोधाभास के नाम से प्रसिद्ध है। इसका सार नीचे दिया जा रहा है।

ब्रह्मांड में तारे सर्वत्र बिखरे हुए हैं और वे सभी औसतन लगभग समान मात्रा में प्रकाश उत्सर्जित करते हैं, इसलिए उनकी चकतियों से सारा नभ मंडल आच्छादित रहना चाहिए था। यहाँ इस बात से कोई फर्क नहीं पड़ता कि वे मंदाकिनियों के रूप में अलग-अलग पुंजों में विभक्त हैं, क्योंकि महा-मंदाकिनी में अरबों तारे हैं, जिस आकाश को हम धरती से देखते हैं, उसका एक भी बिंदु तारे से रिक्त नहीं होना चाहिए था।

अन्यतः, तारक-मंडित आकाश का हर हिस्सा वैसा ही चमकदार होना चाहिए था, जैसा सूर्य की चकती का क्षेत्र होता है, क्योंकि उपरोक्त स्थिति में दृश्यमान सतह की चमक दूसरी पर निर्भर नहीं करती। आकाश से हम पर चकाचौंध करने वाले प्रकाश की गर्म वर्षा होती रहती, जो करीब 6 हजार डिग्री सेंटीग्रट तापक्रम के अनुरूप होती। यह सूर्य के प्रकाश से करीब 200 000 गुना अधिक होता। फिर भी रात्रि-नभ ठंडा और अंधेरा है। क्या कारण है।

प्रकाशमितिक विरोधाभास को दूर करने के लिए एक समय यह अनुमान व्यक्त किया गया था : प्रकाश अंतरातारक व्योम में बिखरे द्रव्य द्वारा अवशोषित हो जाता है। लेकिन सन् 1937 में सोवियत खगोलविद वसीली फेसेन्कोव (1889-1972) ने सिद्ध किया कि इससे समस्या का हल नहीं होता। अंतरातारक द्रव्य प्रकाश को जितना अवशोषित नहीं करता, उससे कहीं अधिक प्रकीर्णित कर देता है। बात और भी जटिल हो गई।

प्रसारमान महामंदाकिनी के सिद्धांत से प्रकाशमितिक विरोधाभास अपने

आप दूर हो जाता है। चूँकि मंदाकिनियाँ दूर भाग रही हैं, इसलिए उनके स्पेक्ट्रम में स्पेक्ट्रमी रेखाओं का लाभ स्थानांतरण होता है। इसके फलस्वरूप फोटोनों की आवृत्ति कम हो जाती है और इसलिए उनकी ऊर्जा भी कम होती है। क्योंकि लाल स्थानांतरण का अर्थ है विद्युचुंबकीय विकिरण का लंबी तरंगों के परास की ओर सिमटना। और तरंगें जितनी ही लंबी होंगी, विकिरण में ऊर्जा उतनी ही कम होगी। दूसरी ओर मंदाकिनी जितनी ही दूर होती है, उसके स्पेक्ट्रम में लाल स्थानांतरण उतना ही अधिक होता है, अतः उससे आने वाले फोटोन की ऊर्जा और भी कम होती है।

एक बात और है। पृथ्वी और मंदाकिनी के बीच दूरी निरंतर बढ़ते रहने का नतीजा यह होता है कि मंदाकिनी से उत्सर्जित हर अगले फोटोन को हम तक पहुँचने के लिए पहले से कुछ अधिक दूरी तय करनी पड़ती हैं। इसके फलस्वरूप अभिग्राही तंत्रों में फोटोनों के आने की बारंबारता कम होती है, बनिस्बत कि स्रोत द्वारा उनके उत्सर्जन की। इसलिए इकाई समय में आने वाले फोटो नों की संख्या कम होती जाती है, इकाई समय से हम तक पहुँचने वाली ऊर्जा की मात्रा घटती जाती है।

निष्कर्ष : लाल स्थानांतरण हर मंदाकिनी के विकिरण को उतना ही अधिक क्षीण करता है, जितनी अधिक दूर वह होती है। इस प्रकार, लाल स्थानांतरण के कारण विकिरण अधिक निम्न आवृत्तियों के परास की ओर खिसक आता है और साथ ही क्षीण भी हो जाता है। इसीलिए रात को आकाश काला रहता है।

अब हम अपने प्रश्न के उत्तर तक पहुँच गये हैं। प्रश्न था : यदि महामंदाकिनी संकोचमान होती, तो क्या होता?

यदि संकोचन शुरू हुए कम से कम अरब वर्ष भी बीत चुके होते, तो मंदाकिनियों के स्पेक्ट्रमों में हम लाल स्थानांतरण की जगह बैंगनी स्थानांतरण देखते। विकिरण अधिक उच्च्य आवृत्तियों के परास की ओर सिमट आता, और आकाश की चमक क्षीण होने की बजाय प्रबल हो उठती।

ऐसी परिस्थितियों के अधीन ब्रह्मांड के हमारे 'कोने' में जीवन संभव नहीं होता इसका मतलब है कि हम जो मंदाकिनियों के प्रसारमान तंत्र में जी रहे हैं और उनके स्पेक्ट्रमों में लाल स्थानांतरण देखते हैं—यह सब कोई संयोग नहीं है।

अ. जेल्मानोव ने एक बहुत बुद्धिमानी की बात कही थी कि हम एक निश्चित प्रकार की ही प्रक्रियाओं को देखते हैं, क्योंकि अन्य प्रकार की प्रक्रियाओं को देखने वाला कोई होता ही नहीं है। प्रसारण के प्रारंभिक और संकोंचन के अंतिम चरणों पर जीवन संभव नहीं है।

खगोलिक मरीचिकाएँ

1979 के मध्य में संराशि उर्सा मेजर (बृहत ऋक्ष; सप्तर्षि के एक भाग) में एक असाधारण आकाशीय वस्तु की खोज हुई—एक दुहरे क्वाजार की। दोनों के बीच कोणिक दूरी बहुत छोटी है और वास्तविक दूरी सिर्फ 500 प्रकाश-वर्ष है। ये इंडेक्स Q 0957+561A,B के नाम से दर्ज हुए हैं। Q का अर्थ है क्वाजार, संख्याएँ उनके आकाशीय दिशांक बताती हैं, A व B से तात्पर्य है कि यह एक दुहरी वस्तु है।

इनके बीच इतनी छोटी दूरी खुद अपने-आप में एक आश्चर्य है, क्योंकि क्वाजार कमोबेश समरूपता से वितरित हैं और एक दूसरे से बहुत दूर होते हैं। लेकिन इससे भी बढ़ कर आश्चर्य की बात है कि ये दोनों पिंड जुड़वे की तरह हैं। इनके स्पेक्ट्रम बिल्कुल समान हैं, अतः रासायनिक गठन भी एक जैसा है। यहाँ तक कि स्पेक्ट्रमी रेखाओं की तीव्रताएँ भी एक जैसी हैं। इनके स्पेक्ट्रम पराबैंगनी परास में भी समान हैं। दोनों क्वाजार पृथ्वी से एक ही वेग-0.7 प्रकाश-वेग-से दूर हो रहे हैं और इसका अर्थ है कि दोनों पिंड नभमंडल में एक ही जगह प्रक्षिप्त ही नहीं हैं, वे वास्तव में पृथ्वी से एक ही दूरी पर स्थित है।—करीब एक नील या 100 खरब किलोमीटर की दूरी पर।

इस संवृत्ति की व्याख्या क्या है? क्या यह प्रकृति में एक संयोग मात्र है? लेकिन ऐसे संयोगों की संभावना प्रकृति में बहुत कम है। कहीं वास्तविकता में ऐसा तो नहीं है कि कोई क्वाजार है ही नहीं, यह सिर्फ एक भ्रम है—मरीचिका की तरह? ऐसी परिकल्पना में आश्चर्य की कोई बात नहीं है। 1916 में ही आइंस्टीन ने सामान्य (व्यापक) सापेक्षिकता-सिद्धांत के आधार पर दिखाया था कि विराट द्रव्यमान वाले खपिंडों के गुरुत्वाकर्षण-क्षेत्र में प्रकाश-किरणें विचलित हो सकती हैं। यह विचार 29 मई 1919 को पूर्ण सूर्य-ग्रहण से संबंधित आंकड़ों द्वारा बिल्कुल सिद्ध हो गया।

पिछले समय आइंस्टीन के सिद्धांत पर आधारित खोजों द्वारा सिद्धांतविद इस निष्कर्ष पर पहुँचे हैं कि अतिविशाल पिंड (विशेषकर काले विवर) प्रकाशकिरणों को विचलित ही नहीं करते, उन्हें संकेंद्रित भी करते हैं और इस तरह गुरुत्वाकर्षी लेंस की भूमिका निभाते हैं। उदाहरणार्थ, यदि दो तारे एक ही दृष्टि-रेखा पर स्थित हैं और एक तारा प्रेक्षक के निकट है तथा दूसरा उससे आगे है, तो निकटस्थ तारा दूरस्थ तारे के प्रकाश को संकेंद्रित करता हुआ प्रेक्षक के लिए बहुत अधिक तीव्र हो जा सकता है।

उपरोक्त क्वाजारों से उत्सर्जन इतना असाधारण रूप से शक्तिशाली था कि कुछ खगोलविद इसे इन पिंडों के आंतरिक गुणों द्वारा नहीं, बल्कि बाह्य व्योम में स्थित गुरुत्वाकर्षी लेंस द्वारा समझाने के लिए प्रेरित हुए। लेकिन बाद के अध्ययन से पता चला कि क्वाजार सचमुच ऊर्जा के शक्तिशाली स्रोत हैं; इसमें गुरुत्वाकर्षी लेंस का कोई हाथ नहीं है।

लेकिन इसका अर्थ यह कतई नहीं है कि शक्तिशाली गुरुत्वाकर्षण-क्षेत्रों में प्रकाशकिरणों का विचलन कोई भ्रम नहीं उत्पन्न कर सकता। इस संदर्भ में उपरोक्त क्वाजार अभी भी रोचक हैं। कल्पना करें कि एक संहत भारी-भरकम पिंड—एक अतिभारी काला विवर या एक मंदाकिनी-किसी आकाशीय पिंड, जैसे क्वाजार, और पृथ्वी के बीच में स्थित है।

लेकिन इस पिंड के लिए क्वाजार की प्रकाशकिरणें सरल रेखाओं पर मगन करती हुई इसका सामान्य प्रतिबिंब बनाती हैं। रास्ते में भारी पिंडकी उपस्थिति से चित्र काफी बदल जा सकता है। शक्तिशाली गुरुत्वाकर्षी क्षेत्र से प्रभावित होकर प्रकाशकिरणें विचलित होंगी और प्रेक्षक क्वाजार को उसकी असली जगह पर नहीं देख पाएगा। वह देखेगा कि क्वाजार की प्रकाश-किरणें पिंड का दायें और बायें से चक्कर लगाती हुई आ रही हैं, जैसे पानी की धारा रास्ते में कोई बाधा पड़ने पर उसके अगल-बगल से निकल कर फिर एक हो जाती है। क्वाजार का एक (प्राथमिक) प्रतिबिंब नहीं, बल्कि दो (द्वितीयक) प्रतिबिंब दिखेंगे, जो प्रेक्षक द्वारा ग्रहित मुड़ी किरणों की स्पर्श रेखाओं पर होंगे। इस तरह द्वितीयक प्रतिबिंब एक दूसरे से कुछ दूर होंगे। अन्यतः, इस संवृत्ति की भौतिक प्रकृति वैसी ही होती, जैसी पार्थिव परिस्थितियों में मरीचिकाओं के बनने की होती है।

सिद्धांततः यह सिद्ध किया जा चुका है कि और भी जटिल एवं बहुगुणित (अर्थात् अधिक संख्या में) प्रतिबिंब बन सकते हैं; यह प्रेक्ष्य पर स्थित प्रेक्षक की पारस्परिक स्थितियों पर निर्भर करता है।

अब हम अपने दुहरे क्वाजारों की ओर लौटें। ये यथार्थ पिंड हैं या प्रकाशिकीय भ्रम? कलनों के अनुसार, दुहरे प्रतिबिंब बनाने वाले किरण-पुंज गुरुत्वाकर्षी लेंस से विखंडित होने के बाद प्रेक्षक तक पहुँचने में भिन्न दूरियाँ तय करेंगे। इसका मतलब है कि एक किरण-पुंज पृथ्वी तक दूसरे की तुलना में कुछ पहले पहुँचेगा।

गुरुत्वाकर्षी लेंस को कतरा कर किरण-पुंज के देर से पहुँचने का एक कारण व्यापक सापेक्षिकता-सिद्धांत के एक परिग्रह पर भी आधारित है कि शक्तिशाली गुरुत्वाकर्षी क्षेत्र में समय (कालप्रवाह) का मंदन विद्युचुंबकीय सिग्नलों में एक

अतिरिक्त ब्रेकिंग (गतिरोध) उत्पन्न करता है। यदि विचाराधीन दुहरे पिंड भ्रम ही हैं, तो इसके एक घटक में होने वाले सभी परिवर्तन ठीक उसी क्रम में दूसरे घटक में भी दुहराये जाने चाहिए। यदि समय के एक निश्चित अंतराल के बाद सभी प्रेक्षित परिवर्तन दूसरे घटक में दुहरा जाते हैं, तो किरण पुंज के विखंडन और अंतरिक्षी मरीचिका के उत्पन्न होने की परिकल्पना के समर्थन में एक गंभीर प्रमाण मिल जाता है।

1980 में सोवियत विज्ञान-अकादमी की विशेष खभौतिकीय वेधशाला में 6 मीटर व्यास वाले टेलीस्कोप से प्रेक्षण करने पर दिखा कि घटक A की चमक क्रमशः क्षीण हो रही है और घटक B की तीव्र हो रही है।

बाद में पता चला कि इस तरह के परिवर्तन रेडियो तथा पराबैंगनी किरणों के भी परास में अनुवेदित किए जा सकते हैं। इससे आशा बंधती है कि क्वाजार का दुहरापन सचमुच एक प्रकाशिकीय भ्रम है। सही उत्तर आगे के प्रेक्षणों से ही मिल सकता है।

सिद्धांतविदों ने कलन किया है कि घटकों A व B के प्रेक्षण में समय का अंतर पाँच से छे वर्ष होना चाहिए, अतः निकट भविष्य में यह ज्ञात हो जा सकता है कि परिवर्तन संपात करते हैं या नहीं।

फिलहाल तर्क-वितर्क चल रहे हैं। एक वितर्क (विरोध में तर्क) यह है कि प्रेक्षण के समय पाया गया कि घटक A घटक B से कुछ लाल है। रेडियोव्यतिमापी अध्ययन से प्राप्त रेडियो बिंब भी यही दिखाते हैं कि इस रहस्यमय जोड़े के घटकों का गठन भिन्न है।

माउंट पैलोमार की वेधशाला के खगोलविदों ने इन भिन्नताओं की एक व्याख्या प्राप्त की है, जो कमोबेश रूप से निर्णायक है। उन्होंने विशेष टेलीविजन और कंप्यूटर से लैस 5 मीटर व्यास वाले एक टेलीस्कोप से जो आकड़े प्राप्त किए हैं, वे दिखाते हैं कि लाल प्रकाश में घटक B घटक A से कुछ बड़ा है। उनका निष्कर्ष यह था कि घटक B गुरुत्वाकर्षी लेंस की भूमिका निभाने वाली मंदाकिनी के साथ संलीन हो जाता है।, इसीलिए उसकी परिरेखाएँ विकृत हो जाती हैं घटक B में से घटक A 'घटा कर' उन्होंने B का वह भाग प्राप्त किया, जो शायद गुरुत्वाकर्षी लेंस रूपी मंदाकिनी है।

यदि यह सब सही है तो घटक B से इसकी कोणिक दूरी 8 सेकेंड होनी चाहिए। माप से इसका समर्थन भी हो गया। इस तरह, घटक B का उत्सर्जन लेंस रूपी मंदाकिनी के माध्यम में यात्रा करता है और इस उत्सर्जन का लाल परास लेंस रूसी मंदाकिनी में स्थित तारों के लाल उत्सर्जन द्वारा परिवर्धित हो जाता है।

गुरुत्वाकर्षी लेंस की परिकल्पना द्वारा दुहरे क्वाजार के घटक A व B की चमक में अंतर की संभव व्याख्या यही है।

भ्रम की उत्पत्ति कुछ दूसरी तरह की हो सकती है। यदि गुरुत्वाकर्षी लेंस की भूमिका निभाने वाले पिंड का द्रव्यमान बहुत बड़ा होगा (जैसे काले विवर का), तो वह किसी प्रकाश-स्रोत की किरणों को विचलित ही नहीं, काफी बड़ी कोणिक दूरी पर मोड़ भी दे सकता है और एक आश्चर्यजनक भ्रम उत्पन्न कर सकता है।

काले विवर के एक और कुछ दूरी पर स्थित तारे से प्रकाश-किरण जब पृथ्वी की ओर चलेगी, तो रास्ते में काले विवर को घेरती हुई गोल पथ निरूपित करेगी। इससे पृथ्वी पर स्थित प्रेक्षक को तारा उसकी आँखों तक आई किरण की सीध में दिखेगा। यह बात कई तारों से आने वाली किरणों के साथ हो सकती है : फल यह होगा कि काले विवर के क्षेत्र में भिन्न तारों की किरणें विभिन्न मात्राओं में विचलित होकर एक अत्यंत चमकदार वस्तु का भ्रम (सभी तारों के सामूहिक बिंब के रूप में) उत्पन्न करेंगी, जबकि वास्तविकता में वहाँ काला विवर ही होगा, जो किसी भी प्रकार का विकिरण नहीं उत्सर्जित करता।

कोई आश्चर्य नहीं, यदि सभी क्वाजार ब्रह्मांड में प्रकाशिकीय भ्रम ही हों, जो काले विवरों द्वारा तारों के प्रकाश को फोकस (संकेंद्रित) करने से बने हों।

एक और प्रश्न है : यदि काला विवर ठीक पृथ्वी और प्रेक्ष्य तारे को मिलाने वाली रेखा पर हो, तो प्रेक्षक को क्या दिखेगा?

इस स्थिति में पृथ्वी तक गुरुत्वाकर्षण से विचलित किरणें ही नहीं, अनेक अन्य किरणें भी आएँगी, जो काले विवर के गुरुत्वाकर्षण-क्षेत्र से छूटते-छूटते उसका कई चक्कर लगा चुकी होंगी। सिद्धांतविदों का अनुमान है कि पृथ्वी पर स्थित प्रेक्षक को तारा अनेक सहकेंद्रिक चमकदार वलयों (छल्लों) की एक भीड़ के रूप में दिखेगा; छल्ले विशाल दूरी की वजह से आपस में घुल-मिल कर कहीं अधिक चमकदार और अधिक विस्तृत वस्तु का आभास देंगे।

अब ऐसी स्थिति की कल्पना करें : एक तारा मंदाकिनी के केंद्र की परिक्रमा करें : एक तारा मंदाकिनी के केंद्र की परिक्रमा करता हुआ किसी क्षण पृथ्वी और एक काले विवर को मिलाने वाली काल्पनिक रेखा पर पहुँच जाता है। उपरोक्त कारणों से उसकी चमक अचानक बहुत तीव्र हो उठेगी, वह कहीं अधिक विस्तृत हो उठेगा, मानो लहक उठा हो, और फिर इस रेखा से हटते ही पूर्व अवस्था को प्राप्त कर लेगा। यह चित्र एक अतिनव्य (तारे) के विस्फोट जैसा होगा, जो एक जानीपहचानी संवृत्ति है।

यह कहने की जरूरत नहीं है कि क्वाजार और अतिनव्य पूरी तरह

वास्तविक पिंड हैं, जो ब्रह्मांड में प्रेक्षित होते हैं। यहाँ तक क्वाजारों का संबंध है तो ऐसी अनेक भौतिक घटनाएँ ज्ञात हैं, जो इन पिंडों को शुद्ध प्रकाशिकीय प्रभाव की श्रेणी में रखना संभव सिद्ध कर देती हैं। अतिनव्यों के विस्फोट से गैसीय कुहेलिका (निहारिका) उत्पन्न होती है, जो तारे द्वारा निस्सृत द्रव्य का भाग है; इसे प्रेक्षित किया जा सकता है और यह अतिनव्य के अस्तित्व का विश्वस्त प्रमाण है।

फिर अंतरिक्षी भ्रमों पर वार्ता का तुक ही क्या है? बात यह है कि यदि उपरोक्त प्रकाशिकीय प्रभाव सिद्धांततः संभव हैं, तो वे किन्हीं परिस्थितियों में उत्पन्न भी हो सकते हैं। इस बात की संभावना को बिल्कुल नकार नहीं देना चाहिए कि ब्रह्मांड की कुछ संवृत्तियाँ गुरुत्वाकर्षी लेंसों से भी संबंधित हो सकती हैं।

सिद्धांतविदों का विश्वास है कि साधारण लेंसों की तुलना में गुरुत्वाकर्षी लेंसों में कुछ असाधारण गुण होने चाहिए। उदाहरणार्थ, गुरुत्वाकर्ष लेंस और प्रेक्षक की दूरी बढ़ने पर अंतरिक्षी पिंड की चमक बढ़नी ही चाहिए, घटनी नहीं। इसके अतिरिक्त गुरुत्वाकर्षी लेंस की कोई निश्चित नाभिक दूरी नहीं होती; इस वजह से वह किरणों को एक बिंदु पर नहीं, बल्कि एक शंकु की सतह पर संकेंद्रित करता है, जो उससे किसी अल्पतम दूरी से शुरू होता है। और अनंत तक प्रसारित करता है।

ऐसे शंकु के बाहर स्थित प्रेक्षक पिंड को वास्तविक रूप और दिशा में देखेगा। यदि प्रेक्षक शंकु के भीतर होगा, तो उसे पिंड के कम से कम तीन बिंब दिखेंगे। यही नहीं, यदि गुरुत्वाकर्षी लेंस की बनावट कुछ विशेष होगी, तो पाँच या अधिक बिंब भी दिख सकते हैं।

फिर दुहरे क्वाजारों Q 0957+561 A, B की स्थिति में सिर्फ दो बिंब क्यों दिखते हैं? यदि दुहरापन सचमुच में गुरुत्वाकर्षण द्वारा किरणों को मोड़ने से उत्पन्न हुआ भ्रम है, तो प्रेक्षक को तीन बिंब क्यों नहीं दिखते, जैसा कि सिद्धांतविदों का दावा है। कुछ इसका कारण यह मान कर समझाते हैं कि तीसरा बिंब या तो घटक B के साथ संलीन है या गुरुत्वाकर्षी लेंस की भूमिका निभाने वाली मंदाकिनी के साथ।

स्वाभाविक है कि यह सिद्धांत व्यवहार द्वारा एक निश्चित सीमा के अंदर ही जाँचा जा सकता है। प्रथमतः, जिन कलनों पर यह आधारित है, वे कुछ सरलीकरण के साथ संपन्न किए गए हैं। दूसरे, गुरुत्वाकर्षी लेंस द्वारा विचलित की गई किरणें अन्य पिंडों के गुरुत्वाकर्षण द्वारा भी प्रभावित होती हैं।

गुरुत्वाकर्षी लेंस के बारे में एक विशेष बात यह है कि विद्युचुंबकीय

विकिरणों पर उसका प्रभाव उनकी तरंग-लंबाई पर निर्भर नहीं करता, अर्थात् वे दृश्य-प्रकाश की तरह ही रेडियो-तरंगों, पराबैंगनी किरणों, एक्स-किरणों और गामा-विकिरण को भी संकेंद्रित करते हैं।

भौतिक जगत-ब्रह्मांड-के प्रेक्ष्य क्षेत्र का आधुनिक चित्र एक वर्तुल (गोला) है, जिसमें मंदाकिनियाँ, क्वाजार तथा अन्य अंतरिक्षी पिंड भरे हुए हैं। मंदाकिनियों के दूर होते जाने की क्रिया से इस वर्तुल की त्रिज्या तेजी से बढ़ती जा रही है।

व्योम में अंतरिक्षी पिंडों की स्थिति के बारे में हमारी धारणा इस मान्यता पर आधारित है कि विद्युचुंबकीय विकिरण (जिसमें दृश्य-प्रकाश भी शामिल है) सरल रेखाओं पर गमन करता है। दूसरी ओर, हमारा ब्रह्मांड खाली (रिक्त) नहीं है, बल्कि विभिन्न द्रव्यमान वाले पिंडों से भरा पड़ा है। लेकिन सामान्य सापेक्षिता-सिद्धांत के अनुसार द्रव्यमान व्योम को विकृत (वक्रित) कर देता है, अतः विद्युचुंबकीय विकिरणों के पथ ऋजु (सीधे) नहीं हो सकते। इसका अर्थ है कि किसी पिंड को हम पृथ्वी से जहाँ देखते हैं, वहाँ वास्तविकता में वह नहीं भी हो सकता है और प्रेक्षक तथा प्रेक्ष्य पिंड की दूरी जितनी ही बड़ी होगी, पिंड की वास्तविक एवं प्रतीयमान स्थितियों में उतना ही अधिक अंतर होगा।

वास्तविकता में ब्रह्मांड की ज्यामिति बहुत जटिल भी हो सकती है और प्रकाश-किरणों के पथ बहुत भ्रामक सिद्ध हो सकते हैं। कुछ परिकल्पनाओं के अनुसार प्रकाश किरणें प्रेक्षक तक सीधे नहीं, बल्कि पूरे ब्रह्मांड के व्योम का कई-कई बार चक्कर लगा कर पहुँच सकती हैं। इसके फलस्वरूप प्रेक्षक जो कुछ देखेगा उसकी तुलना सिर्फ निम्न स्थिति से की जा सकती है : आमनेसामने समांतर बड़े दर्पणों के बीच खड़ा होने पर समात्मिक (बिल्कुल समान) बिंबों की अनंत कतार दिखती है। अन्य शब्दों में : एक ही अंतरिक्षी पिंड हमें समान पिंडों की एक लरी के रूप में दिख सकता है, जिनमें से सिर्फ एक, जो हमसे निकटतम है, वास्तविक होगा, बाकी सभी काल्पनिक बिंब होंगे। ऐसे बिंबों को एक प्रभावशाली नाम दिया जा सकता है—'भूतों' का।

लेकिन इस बात को एक बार फिर से बल दे कर कहना चाहिए कि यह सब सिर्फ सैद्धांतिक संभावनाएँ हैं और कभी उनकी पुष्टि हो भी सकेगी या नहीं, यह कहना बहुत मुश्किल है।

सभी ज्ञात अंतरिक्षी पिंडों के पूर्ण व तुलनात्मक अध्ययन से पता चलाता है कि 30 करोड़ प्रकाश वर्ष की सीमा में समात्मिक बिंबों की कोई लरी नहीं है। और भी बड़ी दूरियों के लिए यह बात सही है या नहीं, यह तो भविष्य ही बता सकता है।

दुहरा क्वाजार भी ऐसी किसी लरी का भाग नहीं हो सकता, क्योंकि इसके दोनों घटक पृथ्वी से समान दूरी पर स्थित हैं। इससे भी अधिक महत्त्वपूर्ण यह तथ्य है कि दोनों समान तीव्रता से चमक रहे हैं। जहाँ तक 'भूतों' का प्रश्न है, तो वे प्रकाश- किरणों द्वारा इतने लंबे पथ पार करने पर बनते हैं कि उनकी चमक समान नहीं हो सकती।

गुरुत्वाकर्षी लेंस (यदि वे सचमुच में हैं) एक और आश्चर्यजनक संभावना प्रस्तुत करते हैं—हब्ल का स्थिरांक जाँचने की।

यह स्थिरांक ब्रह्मांड के प्रसार की दर को लंछित करता है। प्रेक्षक दिखाते हैं कि मंदाकिनियों के एक-दूसरे के सापेक्ष भागने का वेग उनकी आपसी दूरियों का समानुपाती है। यदि अन्य शब्दों में कहा जाए, तो मंदाकिनियाँ जितनी ही दूर होती हैं, उतनी ही तेजी से भागती हैं। हब्ल का स्थिरांक मंदाकिनियों के स्थानीय ग्रुप (जिसमें हमारी आकाश-गंगा भी है) और मंदाकिनियों के किसी दूर भागते पुंज के बीच की दूरी और इस सुदूर पुंज के भागने की दर का अनुपात है।

हब्ल का स्थिरांक निर्धारित करना बहुत कठिन है, क्योंकि दूरस्थ मंदाकिनियों की सही दूरी नापने का कोई तरीका नहीं है। इसीलिए इसमें कोई आश्चर्य नहीं होना चाहिए कि हब्ल के स्थिरांक में कई बार संशोधन हो चुका है। हाल ही में यह 100 किलोमीटर प्रति सेकेंड प्रति मेगापारसेक* के बराबर माना जाता था। इसके बाद इसका मान आधा कर दिया गया, फिर बिल्कुल कुछ ही समय पूर्व फ्रांसीसी खगोलविदों ने इसका मान पूर्ववत स्थापित कर दिया; यह उन्होंने मंदाकिनियों के प्रेक्षणों से प्राप्त विस्तृत आँकड़ों के आधार पर किया है।

यदि यह अंतिम मान सही है, तो सभी अंतरिक्षी दूरियों को संशोधित कर के उनमें तदनुरूप कमी करनी होगी, इसका अर्थ यह भी है कि ब्रह्मांड की उम्र में भी (प्रारंभिक महाविस्फोटों के क्षण से, जब प्रसारण शुरू हुआ था, आज तक की अवधि में) संशोधन लाना होगा।

हब्ल के स्थिरांक को इतने भिन्न मान दिए जा रहे हैं, यह तथ्य ही प्रमाणित करता है कि इसे निर्धारित करने के आधुनिक साधन पर्याप्त नहीं हैं।

गुरुत्वाकर्षी लेंस इसमें क्या मदद कर सकते हैं? यदि भावी प्रेक्षणों से यह निर्धारित किया जा सकेगा कि गुरुत्वाकर्षी लेंस द्वारा मुड़ी किरण को आने में कितनी देर हुई है, तब यह कलन किया सकेगा कि पृथ्वी पर स्थित प्रेक्षक तक सीधी किरण को आने में कितना समय लगता; और इससे प्रेक्षाधीन पिंड की दूरी ज्ञात हो जाती। यह दूरी और पिंड के स्पेक्ट्रम में लाल स्थानांतरण का मान ज्ञात कर लेने के बाद इनके आधार पर हब्ल का स्थिरांक ज्ञात हो जाता।

मुड़ी किरण के आने में कितनी देर लगती है, यह जान लेने पर गुरुत्वाकर्षी लेंस की भूमिका निभाने वाले मंदाकिनी का यही द्रव्यमान भी ज्ञात हो जाता, और यह भी पता चल जाता कि इस द्रव्यमान में न्युट्रीनों के द्रव्यमान का अंश कितना है।

अंत में यह भी बता दें कि क्वाजार PC 1115-08 के पड़ोस में दो अत्यंत क्षीण नभ-पिंड ज्ञात हुए हैं, जिनके स्पेक्ट्रम क्वाजार जैसे ही हैं। यह शायद किसी गुरुत्वाकर्षी लेंस द्वारा उत्पन्न एक और नया भ्रम है।

●●●